弹药保障信息技术

主　编　蔡军锋
副主编　高欣宝　宣兆龙
编著者　蔡军锋　高欣宝　宣兆龙
　　　　武洪文　傅孝忠　姚　恺
　　　　李天鹏　翟黎明　毛小松

国防工业出版社
·北京·

内 容 简 介

本书针对我军弹药保障的特点以及相关信息技术的发展趋势，全面、系统地阐述了弹药保障信息技术的基本原理、技术方法、系统构成和典型运用。全书共7章，主要内容包括绪论、信息识别与采集技术、信息传输与跟踪技术、信息储存与管理技术、信息处理与决策支持技术、弹药仓库环境监控信息技术、军事物联网与弹药保障可视化等。

本书可作为弹药工程、装备管理等相关专业本科生、国防生和研究生课程的教材，也可作为部队相关技术人员的参考书。

图书在版编目(CIP)数据

弹药保障信息技术／蔡军锋等编著．—北京：国防工业出版社，2018.5
ISBN 978-7-118-11519-2

Ⅰ.①弹… Ⅱ.①蔡… Ⅲ.①信息技术–应用–弹药保障 Ⅳ.①E932-39

中国版本图书馆 CIP 数据核字(2018)第 058744 号

※

国防工业出版社出版发行
(北京市海淀区紫竹院南路23号　邮政编码100048)
三河市德鑫印刷厂印刷
新华书店经售

*

开本 787×1092　1/16　印张 15½　字数 381 千字
2018 年 5 月第 1 版第 1 次印刷　印数 1—2000 册　定价 89.00 元

(本书如有印装错误，我社负责调换)

国防书店：(010)88540777　　发行邮购：(010)88540776
发行传真：(010)88540755　　发行业务：(010)88540717

前　言

　　随着信息技术的迅猛发展和新军事变革的快速推进,传统的机械化战争模式正在发生深刻的变化,信息化战争成为一种新的战争形态。信息化战争条件下对弹药保障提出了更高的要求,弹药保障必须适应信息化战争的快节奏和高精度,实施"适时、适地、适量"的精确保障。

　　实现弹药保障信息化,核心是现代信息技术的运用。随着科技的进步,信息技术的发展突飞猛进,以条码识别技术、射频识别技术为代表的自动识别与采集技术,以数据通信技术、电子数据交换技术、卫星导航定位技术等为代表的信息传输与跟踪技术,以数据库、管理信息系统为代表的信息存储与管理技术,以数据仓库、数据挖掘为基础的智能决策支持技术等信息技术的发展日益成熟,军事应用越发广泛。以美军为例,在近年来发生的几场局部战争中,美军将射频识别技术、数据通信技术、电子数据交换技术、GPS卫星导航定位技术以及智能决策支持技术等信息技术广泛应用于战场综合保障中,依靠信息技术支持,美军后装保障实现了"感知－反应"信息化战场综合保障。

　　随着信息技术在我军的广泛应用,弹药保障领域的信息技术含量急剧增加,信息技术对我军弹药保障的发展起到了巨大的推动作用。熟练运用相关信息技术分析和解决弹药保障中存在的问题,提高弹药保障效能,是信息化战争条件下从事弹药保障工作者应具备的基本素质和能力。本书针对我军弹药保障特点以及相关信息技术的发展趋势,系统论述了弹药保障信息化的概念、内涵以及实现弹药保障信息化所涉及的关键信息技术的基本原理、技术方法、系统构成和典型运用。通过本书的学习,旨在提高运用相关信息技术解决弹药保障中出现的新情况、新问题,提高信息化条件下弹药保障能力,实现弹药保障的信息化。

　　全书共分为7章:第一章概述弹药保障信息化的相关概念、基本内容和弹药保障信息化的国内外动态;第二章介绍信息识别与采集技术的概念、原理、分类和发展趋势,重点阐述条码识别技术和射频识别技术以及在弹药保障中的应用;第三章介绍数据通信技术、电子数据交换技术、卫星导航定位技术和地理信息系统的概念、原理、系统构成以及在弹药保障中的地位与应用;第四章介绍数据库技术和管理信息系统的相关概念、基本构成和具体应用,在此基础上介绍目前在全军应用的弹药数质量管理信息系统;第五章介绍决策支持系统的概念、结构组成和发展趋势,重点介绍智能决策支持系统在弹药保障中的应用和弹药储运装载管理决策支持系统;第六章介绍弹药仓库环境监控信息技术,主要包括库房温湿度监控、消防安全监控和安防监控等智能监测控制技术;第七章主要介绍物联网技术以及军事应用、弹药保障可视化和美军联合全资产可视化系统。

全书由蔡军锋统稿。其中:第一至五章由蔡军锋执笔;第六章由高欣宝执笔;第七章由宣兆龙执笔;姚恺、傅孝忠、武洪文、李天鹏、翟黎明、毛小松等参与了本书部分章节的编写、修订。在本书的编写过程中,参考了国内外有关著作、资料及相关学术研究成果,在此向文献作者表示深深的谢意。

限于作者水平,书中疏漏在所难免,恳请广大读者批评指正。

作 者

2018 年 1 月

目 录

第一章 绪论 ·· 1
  第一节 基本概念 ·· 1
    一、弹药保障 ·· 1
    二、弹药保障信息化 ·· 1
    三、弹药保障信息技术 ·· 3
  第二节 弹药保障信息化 ·· 3
    一、建设内容 ·· 3
    二、发展动态与展望 ··· 6
  第三节 弹药保障信息技术 ·· 8
    一、信息识别与采集技术 ·· 8
    二、信息传输与跟踪技术 ·· 8
    三、信息储存与管理技术 ·· 9
    四、信息处理与决策支持技术 ·· 9
    五、信息技术综合运用 ·· 10
  思考与练习 ·· 10

第二章 信息识别与采集技术 ·· 11
  第一节 概述 ·· 11
    一、信息识别与采集技术概念 ··· 11
    二、信息识别与采集技术原理 ··· 12
    三、信息识别与采集技术分类 ··· 12
    四、信息识别与采集技术发展趋势 ······································· 13
  第二节 条码识别与信息采集技术 ·· 14
    一、条码识别技术概述 ·· 14
    二、一维条码识别技术 ·· 16
    三、二维码识别技术 ··· 19
    四、条码识读原理与设备 ··· 24
    五、条码识别技术的应用 ··· 25
  第三节 射频识别与信息采集技术 ·· 28
    一、射频识别技术概述 ·· 28
    二、射频识别系统构成 ·· 29
    三、射频识别系统原理与分类 ··· 35
    四、射频识别系统技术标准 ·· 38
    五、射频识别系统的安全与隐私 ·· 41

六、射频识别技术的应用 ································· 44
第四节　其他识别与信息采集技术 ································· 45
　　一、生物特征识别技术 ································· 45
　　二、磁条(卡)识别技术 ································· 47
　　三、智能卡识别技术 ································· 48
　　四、图像识别技术 ································· 49
第五节　自动识别技术在弹药保障中的应用 ································· 49
　　一、条码识别在弹药保障中的应用 ································· 49
　　二、射频识别在弹药保障中的应用 ································· 50
　　三、弹药保障自动识别发展趋势 ································· 53
思考与练习 ································· 53

第三章　信息传输与跟踪技术 ································· 54
第一节　数据通信技术 ································· 54
　　一、数据通信技术概述 ································· 54
　　二、有线数据通信技术 ································· 56
　　三、无线数据通信技术 ································· 59
第二节　电子数据交换技术 ································· 63
　　一、电子数据交换技术概述 ································· 63
　　二、电子数据交换原理与系统构成 ································· 65
　　三、电子数据交换标准与安全保密 ································· 66
　　四、电子数据交换系统在弹药保障中的应用 ································· 69
第三节　卫星导航定位技术 ································· 71
　　一、导航定位技术发展概况 ································· 71
　　二、卫星导航定位的基本原理 ································· 72
　　三、全球卫星导航定位系统 ································· 73
　　四、"北斗"系统在弹药保障中的应用 ································· 82
第四节　地理信息系统 ································· 83
　　一、地理信息系统的基本概念 ································· 83
　　二、地理信息系统的构成与功能 ································· 84
　　三、地理信息系统的军事应用 ································· 88
第五节　弹药保障跟踪与监控系统 ································· 92
　　一、系统简介 ································· 92
　　二、系统原理及组成 ································· 93
　　三、系统软件流程和功能 ································· 96
思考与练习 ································· 99

第四章　信息存储与管理技术 ································· 100
第一节　数据库技术 ································· 100
　　一、数据库概述 ································· 100
　　二、数据模型 ································· 105
　　三、数据库设计 ································· 110

第二节　管理信息系统 …… 112
一、管理信息系统的概念 …… 112
二、管理信息系统的功能与特点 …… 114
三、管理信息系统的结构 …… 115
四、管理信息系统在仓储管理中的应用 …… 118

第三节　弹药数量质量管理信息系统 …… 120
一、系统概述 …… 121
二、系统主要功能 …… 122
三、系统特点与发展趋势 …… 124

思考与练习 …… 125

第五章　信息处理与决策技术 …… 126

第一节　概述 …… 126
一、决策支持系统的产生与发展 …… 126
二、决策支持系统的基本概念 …… 127
三、决策支持系统的结构组成 …… 131

第二节　智能决策支持系统 …… 137
一、基于专家系统的智能决策支持系统 …… 137
二、基于数据挖掘的智能决策支持系统 …… 141
三、数据挖掘在弹药保障中的应用 …… 145

第三节　弹药储运装载管理决策支持系统 …… 148
一、系统概述 …… 148
二、系统主要功能 …… 150

思考与练习 …… 150

第六章　弹药仓库环境监控信息技术 …… 151

第一节　概述 …… 151
一、弹药仓库环境监控主要内容 …… 151
二、环境监控系统的原理与组成 …… 152
三、监控系统集成与数据融合 …… 154

第二节　弹药仓库温湿度自动监控技术 …… 155
一、温湿度传感器 …… 155
二、温湿度监控系统构成模式 …… 159
三、后方弹药仓库温湿度监控系统 …… 160

第三节　弹药仓库消防安全监控技术 …… 163
一、消防安全监控系统构成 …… 164
二、火灾探测子系统 …… 167
三、火灾报警控制子系统 …… 174
四、自动灭火子系统 …… 177

第四节　弹药仓库安全防范信息技术 …… 179
一、安全防范技术概述 …… 179
二、入侵探测与报警技术 …… 182

三、视频监控技术 ································ 191
四、出入口管理控制技术 ···················· 198
五、其他安全防范技术 ························ 203
思考与练习 ··· 205

第七章 军事物联网与弹药保障可视化 ········ 206
第一节 物联网及其军事应用 ··············· 206
一、物联网起源与发展 ························ 206
二、物联网总体架构 ···························· 209
三、物联网军事应用 ···························· 212
第二节 弹药保障可视化 ······················· 216
一、弹药保障可视化基本概念 ············ 216
二、弹药保障可视化体系架构 ············ 217
三、弹药保障可视化系统组成 ············ 219
第三节 美军联合全资产可视性系统 ···· 221
一、概念提出与建设历程 ···················· 221
二、体系构成与运行维护管理 ············ 225
三、建设经验与启示 ···························· 234
思考与练习 ··· 237

参考文献 ·· 238

第一章 绪 论

随着信息技术的迅猛发展和在军事领域的广泛应用,信息化战争已成为一种新的战争形态。在信息化战争条件下,信息化将是弹药保障最主要的特征。如何理解弹药保障信息化、如何运用信息技术实现弹药保障信息化,是摆在我们面前一个现实而又迫切的问题。本章主要阐述信息化、弹药保障信息化、弹药保障信息技术的相关概念、内涵、建设内容以及弹药保障信息化的发展动态等。

第一节 基 本 概 念

一、弹药保障

弹药保障是指从事装备工作的相关人员和组织,运用保障理论、保障技术、保障设施、保障装备和其他相关资源,为保持、恢复弹药战术技术性能,消除潜在安全隐患,以确保军队作战和建设等军事需要,所采取的各项保障性措施和相关的管理活动的统称。弹药保障包括弹药储供保障和技术保障两大任务:弹药储供保障是弹药储存保管与调拨供应的简称,储存保管是对质量合格的弹药,要努力保持其技术状态良好,延缓其战术技术性能的下降,延长其实际储存寿命;调拨供应是将预定品种数量且质量可靠的弹药及时、准确地预储预置到指定位置和投送到作战人员手中。技术保障又包括质量监控、修理延寿、销毁处理等内容。

弹药的燃烧爆炸和一次性使用特性,加之战场目标数量众多、性能各异,决定了战时必然大量消耗,这就要求平时储存必需品种数量足够、质量状态良好,战前预储预置必须到位到点、战时供应必须及时准确。不管战争发展到什么阶段,弹药的供应保障都将是战争准备的重中之重,能否将完好的弹药及时准确地供应保障到位,将直接影响到战争的胜败。邓小平同志曾说:"要准备弹药,打仗没有弹药毫无办法。"简单朴素的语言极其深刻地阐明了战争中弹药保障的地位和作用。

二、弹药保障信息化

1. 内涵

弹药保障信息化的含义概述:在国家和军队的统一规划下,充分利用现代信息技术,依托国家、国防信息基础设施,实现保障信息采集、存储、传输、处理、使用、反馈的一体化和自动化,从而做到弹药保障资源需求的完全透明,提高弹药保障决策、指挥、控制水平,实现弹药保障的实时、精确、高效。简言之,就是把信息作为重要的战争资源和保障资源,将保障装备作为信息平台,以信息保障为主导,通过信息技术实现信息化保障。

弹药保障信息化的内涵,包括弹药保障信息化的相关政策与法规、弹药保障力量的信息化、弹药保障信息化基础设施、各种弹药保障活动的信息化和装备保障信息化技术标准规范等方面。与保障信息化相关的政策与法规主要指弹药保障信息化建设的大政方针,它是实施弹药保障信息化的依据与指南。弹药保障力量的信息化主要包括保障力量的可视化,保障装备的信息化和拥有大量的保障信息化人才。保障力量的可视化,主要是指实现及时、准确地向保障指挥机构及有关部门提供保障部队、人员和装备所在位置、状况、特性与弹药请领跟踪等信息。保障装备的信息化是指在提高现有保障装备机械化程度的同时,用信息技术加以横向一体化改造,使其具有横向协同性和联动性,就可大幅度提高整个保障系统的整体效能,收到事半功倍的效果。保障信息化建设的关键是人才,保障信息化人才应该具有较高的信息修养和丰富的装备保障理论知识。弹药保障信息化基础设施主要指传输信息的计算机网络与指挥通信网络,为保障信息快速、流畅地流动提供平台。广义上,保障装备和设施设备的信息平台也属于保障信息化基础设施。保障活动信息化主要是指在保障战备、组织指挥、防卫、保障实施等行动中运用信息技术,发挥信息技术的优势,提高保障活动效能的过程,还包括形成的各种相应的装备保障管理信息系统。保障信息化技术标准规范主要是指保障信息化建设中产生的应用软件和硬件(含装备)要以统一的标准、接口和内容设计,以提高系统的兼容性与互通性,也包括以统一的标准对器材或保障装备及保障信息进行分类与识别等。

2. 外延

弹药保障信息化的外延涉及国家信息化、军队信息化、作战信息化、指挥信息化、后勤保障信息化和装备保障信息化等方面,其关系如图1-1所示。

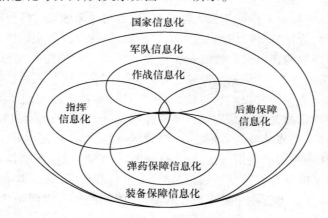

图1-1 弹药保障信息化的外延

国家信息化指在国家统一规划和组织下,在农业、工业、科学技术、国防及社会生活各个方面应用现代信息技术,深入开发、广泛利用信息资源,加速实现国家现代化。

军队信息化指在人类文明走向信息社会或信息时代的过程中,在信息化战争需求的牵动下,利用信息革命的成果武装军队,使军队能实时获取信息,实时处理信息,实时传输信息,实时利用信息,实时准确攻击目标,最终建成信息化军队的活动。

作战信息化指在陆、海、空、天、信息、认知、心理等七维战略空间中,充分发挥信息技术的优势,使得信息在整个信息化军队作战体系中快速、流畅、有序地流动,并通过对作战信息的使用和转化,实现信息和知识成为主要作战力量,附带杀伤降到最低限度的战争过程。

指挥信息化指在军队战斗中,在作战指挥和战斗部队遂行作战任务等行动领域中,全面应用信息技术,并深入开发与转化利用,提高作战效能的过程。

后勤保障信息化指在国家和军队统一规划和组织下,在后勤指挥、业务管理、保障手段、日常办公等各个方面,全面应用现代信息技术和信息资源,并深入开发与转化利用,提高后勤指挥与保障效能,加速后勤现代化的进程。

装备保障信息化指在国家和军队统一规划和组织下,在装备指挥、业务管理、保障手段、日常办公等各个方面,全面应用现代信息技术和信息资源,并深入开发与转化利用,提高保障指挥与保障效能,达到适时、适量精确保障。

三、弹药保障信息技术

信息技术是研究生物、人类和计算机如何获取、识别、转换、存储、传递以及控制掌握各种信息的规律及其应用的科学技术。通过信息技术运用,可以替代或辅助人们完成对信息的识别、变换、存储、传递、计算、提取、控制和利用,拓展人的信息处理能力。

弹药保障信息技术主要是指在弹药保障领域应用到的信息技术,是信息技术在弹药保障中的具体运用。弹药保障是一个复杂的系统工程,按照信息在弹药保障过程中的作用,可将弹药保障信息技术分为信息识别与采集技术、信息传输与跟踪技术、信息储存与管理技术、信息处理与决策支持技术四大类别。

弹药保障信息技术是信息化条件下弹药保障的灵魂,在复杂战争条件下弹药送到哪里、送给谁、怎么送、送多少、能否送到,是指挥员首先要考虑解决的问题。充分信息技术,对弹药保障信息进行精确掌控,达到"适时、适地、适量"的精确保障,是未来弹药保障的发展趋势。

第二节　弹药保障信息化

弹药保障信息化是一个复杂的系统工程。它包括:军委机关、战区、仓库和全体官兵保障理念的信息化;保障决策、保障指挥和组织管理的信息化;保障设施设备和保障装备的信息化以及保障模式与保障手段的信息化等。同时,弹药保障信息化的概念也是不断发展的,它随着保障思想、保障体制、管理理念、实现手段、作战样式等因素的发展而发展。

一、建设内容

1. 储供信息网络化

目前我军弹药保障机构由军委、战区、联勤保障基地、部队以及后方仓库和队属仓库等机构构成,弹药保障指挥体制采用逐级指挥为主、从上到下、纵长横窄的"树状"结构。目前这种模式,效率和效益相对低下,已不适应信息化战争的需求。

储供信息网络化是一个利用现代信息技术、数学和管理科学方法对弹药储供信息进行收集、加工、存储、分析和交换的人机综合系统。此系统是以军委和战区弹药管理部门为信息处理中心,各军兵种、联勤保障部队为子系统,各后方仓库和部队用户为终端,并且该系统与军队指挥自动化系统相连接。系统中用户权限不同,每个有权限的用户都可以看见在权限范围内有关弹药储供信息的详细情况,通过此系统可获取与弹药储供相关装备及物资资源配置、储备、消耗等方面的信息。通过网络系统,储供信息处理中心可以通过网络对全军弹药储供动态进行全时跟踪调查评估,储供信息更加透明,并可根据部队的任务、性质动态调整弹药物资储备,确定最佳决策,提供可靠、快捷、经济的保障方式。

在储供信息网络化的基础上,以信息网络为基础,通过射频识别(RFID)技术、电子数据交换(EDI)技术、卫星导航定位技术(北斗-2)、地理信息系统(GIS)、管理信息系统(MIS)等相关技术,实现指挥决策智能化、储供可视化、保障精确化。储供信息网络化将促进后方仓库的

"智能化",即智能仓库的产生。智能仓库不同于一般的仓库,它采用多元信息传输、监控、管理以及一体化集成等一系列高新技术,建立了仓库信息流的内外传输网络,实现了仓库模拟信息源的实时监控和数值化信息的分时管理,达到了仓库信息、资源和任务的共享,提高了仓库管理的智能化。

2. 仓储作业自动化

弹药仓储作业自动化是弹药保障信息化建设的重要内容,实现仓库物资收发储存作业自动化,广泛应用信息技术提高信息化水平,发展自动化仓储机械设备、设施是重要的发展趋势。以美军为例,美军在总部一级大仓库装备了统一的仓库管理信息系统。该系统包括中央控制计算机和装在仓库现场的终端设备,能够自动处理不同仓库业务。例如,核对出入库物资的数量和品种,确定物资的储存位置,进行库存统计、编制发货运输计划和文件等。近年来,美军新型仓库管理系统不断出台。美陆军研制装备供应物资自动化请领系统,目的在于解决物资供应上存在层次多、手续复杂、效率不高的问题,大大缩短供应周期。美空军实施了"现代化管理系统",这个系统可在全球范围内快速自动化传递、计算与综合处理空军所需物资的采购、储存、分发、运输、维修、人事、卫生、财务等数据,并与全军指挥联网。对于我军仓储作业自动化建设和发展来看,有以下几个发展动向。

（1）物资储运集装化。建立运输工具、储存和装卸设备的标准化体系,加强集装箱、托盘等在弹药储运中的推广应用,实现弹药等军用物资集装化、单元化储存和运输。通过物资集装化,实现门对门直达运输的要求,减少运输环节,加快物资周转,提高储运质量和效率,降低物流成本。

（2）仓储装卸搬运机械高效化。通过引入计算机、自动控制技术和人工智能等技术对仓储机械的技术改造,仓储机械的技术性能将较大提高。载重量大、机动性强、操作方便、可维修性好的叉车、无人叉车、牵引车、托盘搬运车、码垛机等先进的装卸搬运机械设备将广泛应用于弹药仓储系统。

（3）建设发展自动化仓库。人工智能技术的发展正推动自动化仓库向智能化方向发展。射频识别技术、条码技术等数据采集技术将更多地应用于仓库堆垛机、自动导引车和传送带等运输设备上,仓储中的物流必须伴随着并行的信息流;仓储物资的控制和管理实时、协调和一体化,信息技术成为仓储自动化技术的核心;移动式机器人也将作为柔性物流工具在仓储中发挥日益重要的作用;自动化库房建设更加注重实用性和安全性,在满足仓储要求的条件下,将更多要求规模小、反应速度快、用途广的自动化仓库。

（4）机器人活跃于仓储领域。随着人工智能技术和机器人技术的飞速发展,机器人将在军事仓储领域得到广泛应用。

3. 环境监控电子化

弹药仓库的核心工作基本可归结为库区安全监控、库房环境控制、库内物资管理3个方面。这3项工作分别保障了装备物资的储存安全、质量可靠、数量准确。对于库区安全监控、库房环境控制两项工作来说,智能化监测监控是其发展方向。

弹药仓库环境监控系统主要包括温湿度监控系统、入侵探测与报警系统、火灾报警系统、出入库管理与控制系统、视频监控系统、哨兵巡逻管理系统等。随着科技的发展,环境监控不断向智能化方向发展。监控系统中各种传感器以及监控专用设备的可靠性和智能化程度不断提高。例如,在普通探头内置入CPU芯片,做成智能探头,可以持续不断地测量探头所在环境条件下物理量变化,所有数据和参数都送到CPU,与设定值比较,CPU能相应地计算出它的最佳设定值,并修正它对环境变化的反应值。智能探头还可以对干扰效应和因素按照给定的结构和算法进行测定,以消除干扰因素的影响。智能探头能够根据现场火灾的特征与探头内存储的火灾特征曲线参数进行比较,以消除周围环境变化的影响。又如,新一代分散式智能离子感烟报警探头,可根据环境变化进行火灾预测,对进一步可能发生的情况向中央火灾报警控制器发出信号,并能对探测器的污染程度和老化程度进行判断,以消除误报,提高火灾预报的可靠性。

4. 储供保障可视化

储供保障可视化主要是指依托国家、国防信息基础设施和军队自动化信息网络体系,以计算机技术、网络技术、通信技术、自动识别技术、电子数据交换技术等为主要支撑,实时、准确地获取弹药保障资源、保障需求、保障状态等信息,实现弹药的适时、适地、适量保障。

弹药保障可视化主要包括以下几个方面。

(1)保障资源可视化。弹药保障资源可视化可分为静态信息可视化和动态信息可视化。静态信息可视化是指保障资源的数、质、时、空等静态参数的可视化。动态信息可视化是指保障资源流通和变化参数的可视化。保障资源可视化的关键是弹药管理的标准化、制度化和弹药储存数据库的建设。

(2)保障需求可视化。将保障需求可视化,才能知道部队实时需要什么,才能利用可视的保障资源实施有效的保障,以提高保障效益。只有实现保障需求和资源的双重可视化,才能实现保障资源和保障对象的关系可视化。

(3)保障过程可视化。实现弹药筹措、运输、储存、供应等一系列物流过程的可视化,真正建立起一道弹药保障和保障资源之间的可视化"桥梁"。只有掌握了从工厂到战场的整个过程的物资状态,才能制定科学的保障计划,做出正确的决策。

(4)保障控制可视化。通过建立客观、可信的各类保障历史数据库。充分研究弹药保障的实现方式和保障规律,运用数学模型,掌握保障资源的管理准则,利用数字化处理方式,实现对保障全过程的控制信息数字化处理,以达到实时或近实时的可知、可视。

(5)保障环境可视化。平时,弹药保障环境包括工厂、仓库、交通运输线路、可动员资源和保障力量等;战时,还包括战场信息及其作战地理环境。

5. 运输投送立体化

运输投送立体化指运用陆、水、空等运输装备和投送手段,建立前沿纵深相互贯通,陆、水、空相互配套的立体保障体系,在不同作战空间和不同作战时节,对作战部队实施持续、高效的弹药保障。对于地面投送装备,着力提高车辆的机动能力、越野能力和防护能力,并发展如整装整卸车等弹药保障专用装备,除了地面运输车辆外,进一步发展空中投送装备,联合空军、陆军航空兵训练弹药空中运输能力和掌握高空精确空投技术。

在信息化战争条件下,保障装备的信息化水平关系到弹药保障水平与效能。要围绕作战需求,贴近作战行动,拓展保障方式,确保弹药供应及时、准确、不间断。随着高技术武器装备投入战场,立体化投送是一个与现代战争作战样式相适应的弹药保障模式,立体化投送保障在未来战争弹药保障中具有重要意义,是对传统保障方式的重大发展和飞跃,使弹药保障模式由"水平"向"立体"拓展,构建了全方位的立体保障空间。

6. 指挥决策智能化

指挥决策智能化指充分利用储供信息网络技术,借助计算机模拟技术、人工智能、专家系统等先进技术,开发决策支持系统,实现储供指挥决策智能化。

（1）在储供指挥决策上引入人工智能技术。人工智能是研究利用计算机模拟人类智能活动的有关理论问题和技术方法。在储供指挥决策中应用人工智能技术，模拟指挥员的决策思维活动，能够在战时对抗状态下短时间内帮助指挥员完成情况判断，定下决心，制定弹药保障计划，下达命令等决策活动；应用人工智能技术，为后方仓库布局和战备物资储备规划，提供决策辅助作用等。

（2）建立弹药储供专家系统。专家系统是一个智能计算机程序，其内部具有大量专家水平的某个领域内的知识和经验，能够利用人类专家的知识和经验进行推理和判断，模拟人类专家的决策思想和解决问题的方法。人的素质是制约我军储供管理水平的重要因素，建立弹药储供专家系统，将相关专家的知识和经验总结出来，建成知识库，并按照合适的控制策略，模仿专家的思维过程，建立类似专家解决问题的推理机制，构成推理系统，当外界输入需要解决的问题时，系统运用专家知识进行分析、判断和推理，提出解决问题的策略和方法，用于辅助储供指挥决策，提高我军弹药储供决策的科学性。

（3）将计算机模拟仿真技术应用于弹药保障。随着现代军事科学技术的发展，弹药储供系统越来越复杂，通过计算机模拟，确定未来一段时间内野战弹药仓库和其他保障设施的配置位置，所需保障物资的种类、数量、时间、地点，提高弹药保障的预见性和准确性。

二、发展动态与展望

1. 美军发展动态

美军是"后装合一"的体制，弹药保障涵盖于后勤保障中。美军在伊拉克战争中尝到了网络中心战的甜头，同时坚定了美军向网络中心战样式的联合作战方向转型的决心。为适应网络中心战的保障需要，美军在总结伊拉克战争经验教训的基础上提出了"感知与反应后勤"的理念及其一系列理论。

"感知与反应后勤"是以网络为中心的动态自适应后勤，"感知"就是实时感知需求，包括作战与后勤需求，"反应"就是在规定时间达到作战要求的反应。

美军提出的"感知与反应后勤"理论的特征主要有以下几个方面。

（1）以网络为中心。感知与反应后勤以网络力量为基础，因此要求拥有动态保障网络和基于全资产可视化的高度灵活的补给网。所有保障和勤务活动均与作战情形动态地适应。它将跨兵种、跨军种、跨组织的各种后勤资源和后勤能力，整合在一个动态的保障网络中，通过信息技术支持，实现数据共享和战场态势感知，实时追踪后勤资源的消耗与需求，以及保障任务的完成情况。同时分析保障能力，在动态调整、自动协调中，提供保障军事任务顺利完成的最佳方案，从而实现作战指挥官的意图。

（2）对战场态势变化适应性强。感知与反应后勤以保障不断变化的作战任务和基于效果的作战行动为目的，其动态保障网络具有高度的自适应性，网络上各个节点的职能和任务依据具体战场环境的变化进行动态调整，并根据当前的职能对其加以描述，进而根据作战指挥官的意图、设定的保障方案和对当前战场态势的感知来协调各节点间的关系。感知与反应后勤的机制、具体实施方法和程序都是灵活、可变的，能根据具体情况加以调整，并能在降低后勤保障风险、提高后勤保障效果和减少后勤资源占用之间实现平衡。

（3）保障行动基于能力。感知与反应后勤强调以适应能力、自同步能力、快速反应能力和对战场态势的适时感知能力实施对基于效果的网络中心战的保障。获得适应能力和自同步能力是实现感知与反应后勤的内在要求。保障部门、作战部队和供应商要适应各种战场环境、各种作战样式,以及依据战场态势自动调整角色。既当信息提供者,又当信息使用者;既是提供保障者,又是被保障者。

(4) 强调速度和效果。速度和效果是网络中心战独特的主导属性,是感知与反应后勤的两个非常重要的因素。美军认为,在高度模块化、适时化的分布式适应性作战中,后勤需求在本质上是无法准确预测的,因此高效率的后勤保障要求认知模式的转换和反应速度的提高,而单靠对补给链的有效管理来提高反应速度,其潜力是有限的,只有提高后勤系统的灵活性才是提高反应速度的最佳途径。

(5) 后勤与作战、情报一体化。美军明确提出,必须将部队视为一个整体,实现后勤与作战、情报一体化。通过后勤职能与作战、情报职能的一体化,为作战决策提供保障。在整个军队系统中,动态自适应指挥与控制以及感知与反应机制,将与作战、情报和后勤这3个领域进行一体化。美军感知与反应后勤理念的提出,必将对全球军事后勤保障理念的转型、后勤保障方式的变革起到极大的促进作用。

2. 我军发展展望

经过多年的建设,我军弹药保障体系得到了长足的进步,弹药保障效能和保障能力得到了很大的提高。但与美军等军事发达国家相比还有很大差距,弹药保障仍存在着保障组织体系不完善、保障装备机械化、信息化程度低、装备保障力量薄弱等突出问题,难以满足信息化战争的需求。随着信息化战争的快速推进和以信息技术为核心的高新技术在军事领域的广泛应用,加快弹药保障信息化建设步伐势在必行。

(1) 设立高层领导机构,统一负责弹药保障信息化建设。弹药保障信息化是军队信息化的一部分,涉及军委机关、战区、仓库、部队和分队等弹药保障信息化,是一个涉及范围广、建设周期长、组织协调工作复杂、需要上下左右协调发展的庞大系统工程,渗透到部队的方方面面,因此,要加快信息化进程,提高建设效益,必须实行强有力的集中统一领导。

(2) 顶层设计,需求牵引。我军弹药保障信息化建设必须纳入全军信息化建设总体框架,从保障需求和客观实际出发,对信息化建设和发展进行统筹规划,避免或少走弯路。同时,弹药保障信息化必须与军事斗争准备结合起来,认真研究信息化战争对装备指挥、战场建设等的基本要求,从部队实际出发,加强现有保障装备的信息化改造,逐步实现信息化弹药保障。

(3) 划分阶段,突出重点,逐步展开,稳步建设。根据不同的需要,突出重点环节和关键系统,分阶段、分步骤进行建设。依据外军经验,弹药(后勤)保障信息化建设可分为数字化、智能化和全面信息化3个阶段。数字化阶段以制定规划、标准和硬件建设为主,通过对保障指挥机构、保障力量的数字化改造,把保障体系置于一个统一的网络之中,调整体制结构,提高保障体系的整体保障能力;智能化阶段重点是进行软件建设,赋予保障信息化系统"智力";全面信息化阶段,重点实现弹药保障中的储、运、供的全面信息化。

(4) 平战结合,以战为主,保证安全。军队信息化建设的目的是为了打赢未来信息化战争,同样,弹药保障信息化建设就是为了适应信息化战争需求,保障打赢这样一场战争。如果平战保障要素脱节,平时的保障工作就没有任何意义。20世纪70年代初期,美国就按国防部计划在各军种范围内统一建立和使用 C^4I 系统,注意解决软件的标准化和通用性问题,以统一的技术标准和应用标准来规范和构建各类系统,使单个的自动化系统能相互链接起来,避免重复投资和劳动,真正实现信息互通、资源共享。同时,在整个建设过程中,都应将安全保密工作放在重要位置,确保保障信息能够安全可靠地使用。

(5) 军民融合,梯次更新。弹药保障信息技术具有较强的军民通用性,依靠军民整体科研力量:一方面可以避免重复研究,提高科研经费的使用效益;另一方面借鉴地方先进的技术成果,借助地方科研力量的优势,为部队服务。同时坚持边建边用,建用结合,在应用中深化需求、反复实践、不断完善更新、促进发展,使保障信息化建设成为一个螺旋式上升的过程,形成具有我军特色的弹药保障信息化建设之路。

第三节 弹药保障信息技术

针对弹药保障特点,本书主要阐述信息识别与采集技术、信息传输与跟踪技术、信息储存与管理技术、信息处理与决策支持技术以及在弹药保障中的综合应用。

一、信息识别与采集技术

信息识别与采集技术是应用识别装置,通过被识别物品和识别装置之间的接近活动,主动地获取被识别物品的相关信息,并提供给后台的计算机处理系统来完成相关后续处理的一种技术,又称为自动识别技术。信息识别与采集技术是以计算机技术和通信技术发展为基础的综合性科学技术,是信息数据自动识读、自动输入计算机的重要方法和手段。正是自动识别技术的崛起,提供了快速、准确地进行数据采集输入的有效手段,解决了由于计算机数据输入速度慢、错误率高等造成的"瓶颈"难题。常用的自动识别技术主要有生物识别技术、磁卡(条)识别技术、IC卡技术、图像识别技术、光学字符识别技术、条码识别技术、射频识别技术。信息识别与采集技术在弹药保障领域应用最为广泛的是条码识别技术和射频识别技术。

条码识别技术是研究如何将计算机所需的数据用一组条码表示,以及如何将条码所表示的信息转变为计算机可读的数据,具有采集和输入数据快、可靠性高、信息采集量大、使用灵活、采集自由度大、设备结构简单、成本低等优点。条码按维数可分为一维条码和二维码。

射频识别(RFID)技术是一种非接触的自动识别技术,基本原理是利用射频信号和空间耦合(电感或电磁耦合)或雷达反射的传输特性,实现对被识别物体的自动识别。RFID系统一般包含电子标签和阅读器两部分。电子标签是射频识别系统的数据载体,电子标签由标签天线和标签芯片组成。依据电子标签供电方式的不同,电子标签可以分为有源电子标签、无源电子标签和半无源电子标签。相对于其他识别技术来说,射频识别技术具有非接触识读、识别无"盲区"、抗恶劣环境能力强、可识别高速运动物体、抗干扰能力强、保密性强、环境适应性强、可同时识别多个识别对象等突出特点。目前,射频识别技术在车辆自动识别管理、货物跟踪、管理及监控、高速公路收费及智能交通系统、仓储、配送等物流环节、电子钱包、电子票证、生产线产品加工过程自动控制、动物跟踪和管理等方面得到了广泛的应用。

二、信息传输与跟踪技术

信息传输与跟踪技术主要依靠通信网络,实现各保障要素间无缝隙连接,不仅是信息互通共享的"纽带"和"神经",更是信息系统的重要组成部分。在弹药保障中,除了数据通信技术和计算机网络技术等基础信息技术外,信息传输与跟踪技术主要包括电子数据交换(EDI)技术、卫星导航定位技术和地理信息系统等。

电子数据交换(Electronic Data Interchange,EDI)技术是通过计算机网络传输标准化的电子数据文件来代替纸面文件,实现高效业务管理的一项重要手段。通过EDI可以消除信息交换中大量重复数据缓慢、复杂的处理,达到提高物资出入库效率、实现合理化管理、降低库存和成本、减少纸张单据和错漏、最大限度减少人工参与。EDI 就是一种数据交换的工具和方式，参与 EDI 的用户按照规定的数据格式，通过 EDI 系统在不同用户的信息处理系统之间交换有关业务文件，达到快速、准确、方便、节约、规范的信息交换目的。

卫星导航定位技术是利用卫星在全球范围内实时进行定位、导航，称为全球导航卫星系统（Global Navigation Satellite Systems, GNSS）。全球导航卫星系统主要包括美国的 GPS 系统、中国的北斗卫星导航系统、俄罗斯的 GLONASS 系统和欧洲的 Galileo 卫星导航系统等。目前，全球卫星导航系统已进入国民经济各部门，应用领域遍及海、陆、空、天，在军民两个市场发挥着越来越大的作用，并开始逐步深入人们的日常生活。随着北斗导航系统的组网成功，卫星导航定位技术在弹药保障的应用将越来越广泛，并对弹药储供信息化的发展起到巨大的推动作用。

地理信息系统（Geographic Information System, GIS）是多学科交叉的产物，综合了数据库、计算机图形学、地理学、几何学等技术，以地理空间数据为基础，采用地理模型分析方法，适时地提供多种空间的和动态的地理信息，是一种以地理研究和决策服务为主的计算机技术系统。从技术和应用的角度，GIS 是解决空间问题的工具、方法和技术；从学科的角度，GIS 是在地理学、地图学、测量学和计算机科学等学科基础上发展起来的一门学科，具有独立的学科体系；从功能的角度，GIS 具有空间数据的获取、存储、显示、编辑、处理、分析、输出和应用等功能；从系统学的角度，GIS 具有一定的结构和功能，是一个完整的系统。目前，GIS 技术已经相当成熟，并得到广泛应用，军事地理信息系统在弹药保障领域得了广泛的应用。

三、信息储存与管理技术

信息储存与管理技术是综合运用以计算机为主的硬件和软件平台，对各种信息进行综合计算、整理转换、推理分析、存储更新、上报下达、显示输出的技术。主要有数据库技术和管理信息系统等。

数据库技术是 20 世纪 60 年代后期产生和发展起来的一项计算机数据管理技术，它的出现和发展使计算机应用渗透到人类社会的广阔领域。数据库的建设规模和性能、数据库信息量的大小和使用频度已成为衡量一个国家信息化程度的重要标志。目前，数据库研究领域中最热门的几个研究方向包括信息集成、数据流管理、传感器数据库技术、分布式数据库技术、实时数据库技术、网络数据管理、DBMS 自适应管理、移动数据管理、微小型数据库、数据库用户界面等。

管理信息系统是一个以人为主导，以科学的管理理论为前提，在科学的管理制度的基础上，利用计算机硬件、软件、网络通信设备以及其他办公设备进行信息的收集、传输、加工、储存、更新和维护，以改善工作的效益和效率为目的，支持管理高层决策、中层控制、基层作业的集成化的人机系统。信息系统将信息技术、信息和用户紧密连接在一起，全面地协调信息、信息技术和用户之间的关系，以求得信息建设的成功便成为其首要任务。

四、信息处理与决策支持技术

信息处理与决策支持技术是指基于一定的目的，对于所收集的信息以一定的方法（算法）处理后，能得到隐含在信息中有意义的内容（信息）。弹药保障中的信息处理与决策支持技术包括运用计算机硬件技术、计算机软件技术、软件开发技术、信息安全技术、物流仿真技术等对保障信息进行处理，根据具体环境和任务为决策者进行科学决策提供支持的技术。

信息处理与决策支持技术主要是运用决策支持系统进行辅助决策，保证作战决策科学与及时。决策支持系统(DSS)的目标就是要在人的分析和判断能力的基础上,借助计算机与科学方法支持决策者对半结构化和非结构化问题进行有序的决策,以获得尽可能令人满意的客观的解决方案。决策支持系统目标要通过所提供的功能来实现,系统的功能由系统结构决定,不同结构的决策支持系统功能不尽相同,大致体现为:决策支持系统能为决策者提供决策所需的数据、信息和背景资料,帮助明确决策目标和进行问题的识别,建立或修改决策模型,提供各种备选方案,并对各种方案进行评价和选优,通过人—机对话进行分析、比较和判断,为正确决策提供有益帮助。

五、信息技术综合运用

本书除了阐述信息识别与采集技术、信息传输与跟踪技术、信息储存与管理技术、信息处理与决策支持技术分别在弹药保障中的应用外,还分两章着重阐述了信息技术在弹药仓库环境监控中的应用和物联网技术与弹药保障可视化技术。

弹药仓库管理核心工作可归结为库内物资管理、库房环境控制、库区安全监控3个方面。这3项工作所应用到的信息技术主要有库房温湿度监控技术、消防安全监控技术和安防监控技术等。这3个方面技术保障了装备物资的数量准确、质量可靠和储存安全。

军事物联网是弹药储供信息化发展的高级形式,弹药保障可视化是物联网在弹药保障领域中的具体应用。军事物联网在弹药保障方面的应用彻底解决了以往的"前方需求"、"后方资源"和"保障过程"三大迷雾问题,实现"前方需求可知、后方资源可视、保障过程可控",使保障更加精确、快捷和充分。弹药保障可视化以计算机技术、网络技术、通信技术、自动识别技术、电子数据交换技术等为主要支撑,实时、准确地获取弹药保障资源、保障需求、保障状态等信息,实现弹药的适时、适地、适量保障。

思考与练习

1. 简述弹药保障信息化的基本概念。
2. 简述弹药保障信息化的建设内容。
3. 弹药保障信息技术主要包括哪些内容?
4. 简述弹药保障信息化的发展动态。

第二章 信息识别与采集技术

在弹药保障过程中，及时、准确地掌握弹药在保障过程中的相关信息是实现弹药保障信息化的核心之一，保障数据信息能否实时、方便、准确地采集并且高效地进行信息传递将直接影响整个保障系统的保障效能，甚至影响到信息化保障实施的成败。因此，信息的识别与采集起着相当重要的作用，是弹药保障中的一项最基本的工作。本章将阐述弹药保障中应用的各种自动识别与采集技术，重点阐述条码识别技术和射频识别技术。

第一节 概 述

一、信息识别与采集技术概念

随着信息技术的发展，超大规模集成电路和超高速计算机技术突飞猛进，计算机技术的数据处理、信息管理、自动控制等方面都得到了飞速的发展，而在数据的输入方面却拖着计算机技术发展的后腿，如何改变手工数据输入现状，加快输入速度，减少错误发生率，降低劳动强度，使输入质量和速度大幅提高，成了急需解决的重要问题。信息识别与采集技术就是在这样的环境下应运而生的，它是以计算机、光电技术和通信技术为基础的一项综合性科学技术。

信息识别与采集技术包括信息识别技术与数据采集技术，信息识别技术是应用一定的识别装置，通过被识别物品和识别装置之间的接近活动，主动地获取被识别物品的相关信息，并提供给后台的计算机处理系统来完成相关后续处理的一种技术。数据采集技术是将外部模拟世界的各种模拟量，通过各种传感元件作适当转换后，再经信号调理、采样、编码、传输等步骤，最后送到控制器进行数据处理或存储记录的过程。信息识别与采集技术一般简称为自动识别技术。

信息识别与采集技术从 20 世纪 40 年代开始进行研究开发，70 年代逐渐形成了规模，在近 30 年的时间里取得了长足发展，在全球范围内得到了广泛应用，初步形成了一个包括条码识别技术、射频识别技术、生物识别技术、语音识别技术、图像识别技术等以计算机、光、机、电、通信技术为一体的高新科学技术。信息识别与采集技术可以有效提高数据采集的便利性和准确性，减少相关劳动的复杂程度，不仅推动各行业信息化建设的步伐，而且为其他信息技术发展提供了重要的基础保证，在全球信息化和商业、物流、制造业等国民经济领域信息化发展中扮演着越来越重要的角色。

信息识别与采集技术现已应用在计算机管理的各个领域，渗透到了商业、工业、交通运输业、邮电通信业及物资管理、仓储、医疗卫生、安全检查、餐饮旅游、票证管理、军事装备、工程项目等国民经济各行各业和人民日常生活中。我国信息识别与采集技术起步虽晚，但近几年发展很快，尤其是在供应链与物流管理中得到了广泛应用。信息识别与采集技术作为一种革命性的高新技术，正迅速为人们所接受。

二、信息识别与采集技术原理

信息识别与采集系统模型一般由自动识别系统、应用程序接口或中间件、应用系统软件构成,如图2-1所示。自动识别系统完成系统的采集和存储工作,应用系统软件对自动识别系统所采集的数据进行应用处理,应用程序接口软件则提供自动识别系统和应用系统软件之间的通信接口,将自动识别系统采集的数据信息转换成应用系统软件可以识别和利用的信息,并进行数据传递。

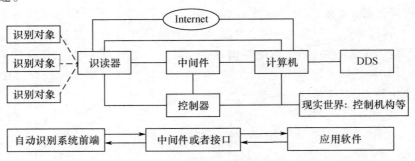

图2-1 信息识别与采集系统模型

信息识别与采集系统根据输入信息可分为特定格式信息和图像图形格式信息,特定格式信息就是采用规定的表现形式来表示规定的信息,如条码符号、IC卡中的数据格式都属于此类。图像图形格式信息则是指二维图像与一维波形等信息,如二维图像所包括的文字、地图、照片、指纹与语音等一维波形均属于这一类。特定格式信息由于其信息格式固定且具有量化特征,数据量相对较小,所对应的自动识别系统模型也较为简单,如图2-2所示。

图2-2 特定格式信息的识别系统模型

图像图形格式信息的获取信息和处理信息的过程较特定格式信息来说要复杂得多:首先,它没有固定的信息格式;其次,为了让计算机能够处理这些信息,必须使其量化,而量化的结果往往会产生大量的数据;最后,还要对这些数据做大量的计算与特殊的处理。因此其系统模型也较为复杂,图像图形格式信息的识别系统模型如图2-3所示。

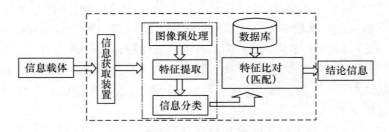

图2-3 图像图形格式信息的识别系统模型

三、信息识别与采集技术分类

按照信息识别与采集技术不同分类标准,有两种分类方法:一种是按照数据采集技术进行分类,其基本特征是需要被识别物体具有特定的识别特征载体,可以分为光存储器、磁存储器和电存储器 3 种;另一种是按照特征提取技术进行分类,其基本特征是根据被识别物体本身的行为特征来完成数据的自动采集,可以分为静态特征、动态特征和属性特征。具体的分类如图 2-4 所示。

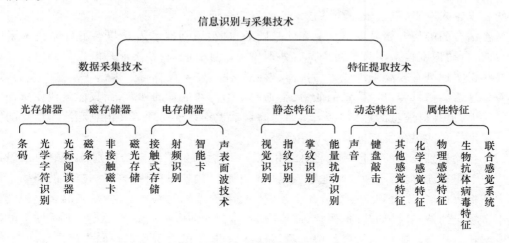

图 2-4 信息识别与采集技术分类

四、信息识别与采集技术发展趋势

信息已经成为当代和未来社会最重要的战略资源之一,人类认识世界和改造世界的一切有意义的活动都离不开信息资源的开发、加工和利用。信息技术的突飞猛进,使得它的应用已经渗透到社会的各行各业、科学的各门学科,极大地提高了社会的生产力水平,同时也促进了许多相关技术的飞速发展。

信息识别与采集技术包含多个技术研究领域,由于这些技术都具有辨认或分类识别的特性,且工作过程都大同小异,故而构成为一个技术体系,正如一条大河由许多支流组成一样。所以说,自动识别技术体系是各种技术发展到一定程度时的综合体。自动识别技术体系中各种技术的发展历程各有不同,但其共同点都是随着信息技术的需求与发展而发展起来的。

目前,信息识别与采集技术发展很快,相关技术的产品正向多功能、远距离、小型化、软硬件并举、信息传递快速、安全可靠、经济适用等方向发展。出现了许多新型技术装备,其应用也正在向纵深方向发展。随着人们对自动识别技术认识的加深、其应用领域的日益扩大、应用层次的提高,信息识别与采集技术将具有光明的发展前景。信息识别与采集技术的发展趋势主要有以下几个方面。

(1) 自动识别系统向多种识别技术集成化发展。事物的要求往往是多样性的,而一种技术的优势只能满足某一方面的需求。由于这种矛盾,必然使人们将几种技术集成应用,以满足事物多样性的要求。例如,将生物特征识别技术与条码识别技术、射频识别技术相集成,利用二维码、电子标签数据储存量大的特点,可将人的生物特征如指纹、虹膜、照片等信息存储在二维码、电子标签中,现场进行脱机认证,既提高了效率,又节省了联网在线查询的成本,同时极大地提高了应用的安全性。又如,对一些有高度安全要求的场合,需进行必要的身份识别,防止未经授权的进出,此时可采用多种识别技术的集成来实施对不同级别的身份识别。例如,一般级别身份的识别可采用带有二维码的证件检查,特殊级别身份的识别可使用在线签名的笔迹鉴定,绝密级别身份的识别则可应用虹膜识别技术(存储在电子标签或二维码中)来保证其安全性。

(2) 自动识别技术的智能化水平越来越高。目前,自动识别的输出结果主要用来取代人工输入数据和支持人工决策,用于进行"实时"控制的应用还不广泛。随着对控制系统智能化水平的要求越来越高,仅仅依靠测试技术已经不能全面地满足需要,所以自动识别技术与控制技术紧密结合的端倪开始显现出来。在此基础上,自动识别技术需要与人工智能技术紧密结合。目前,自动识别技术还只是初步具有处理语法信息的能力,并不能理解已识别出信息的意义。要真正实现具有较高思维能力的机器,就必须使机器不仅具备处理语法信息的能力,还必须具备处理语义信息和语用信息的能力;否则就谈不上对信息的理解,而只能停留在感知的水平上。所以,提高对信息的理解能力,从而提高自动识别系统处理语义信息和活用信息的能力是自动识别技术向纵深发展的一个重要趋势。

(3) 自动识别技术的应用领域将继续拓宽,并向纵深发展。自动识别技术中的条码技术最早应用于零售业,此后不断向其他领域延伸和拓展。例如,目前条码识别技术的应用市场主要集中在物流运输、零售和工业制造 3 个领域。随着二维码的发展,一些新兴的条码识别技术的应用市场正悄然兴起,如政府、医疗、商业服务、金融、出版业等领域的条码应用等正以较高的速度增长。从条码应用的发展趋势来看,条码识别技术的发展重点正向着生产自动化、交通运输现代化、金融贸易国际化、医疗卫生高效化、票证金卡普及化、安全防盗防伪保密化等领域推进。随着 RFID 技术的发展以及成本的降低,RFID 技术的应用领域越来越广泛,包括交通运输、市场流通、物流领域、信息、食品、医疗卫生、商品防伪、金融、养老、残废事业、教育文化、劳动就业、智能家电、犯罪监视等领域都得到了广泛的应用。

第二节　条码识别与信息采集技术

条码识别技术是在计算机的应用实践中产生和发展起来的一种自动识别技术。它是为实现对物品信息的自动扫描而设计的,是实现快速、准确采集数据的有效手段。条码识别技术的广泛应用,解决了数据采集和数据录入的"瓶颈"问题,使得以计算机为基础的管理系统能够覆盖物流全过程,从而提高了各个物流环节的信息采集能力,为物流信息在不同的经济主体及其职能部门之间实现共享奠定了基础,同时也促进了各种物流活动之间的相互协调和紧密配合。

一、条码识别技术概述

（一）条码的产生与发展

条码最早出现在 20 世纪 40 年代,但得到实际应用和发展是在 70 年代左右。早在 40 年代,美国乔伍德兰德等工程师就开始研究用代码表示食品项目及相应的自动识别设备,于 1949 年获得了美国专利。这种代码图案很像微型射箭靶,被称为公牛眼代码。

1970 年,美国超级市场 AdH 委员会制定了通用商品代码——UPC(Universal Product Code),并首先在杂货零售业中试用。1973 年,美国统一代码委员会 UCC(Uniform Code Council)成立,同年建立了 UPC 商品条码应用系统,为条码技术在商业流通销售领域里的广泛应用奠定了基础。

1974 年,Intermec 公司的戴维·阿利尔(Davide Allair)博士推出 39 码,很快被美国国防部采纳,作为军用条形码制,后来,39 码被广泛用于工业领域。

1977 年,欧洲共同体在 UPC – A 商品条码的基础上,开发出欧洲物品编码系统(European Article Numbering System),简称 EAN 系统。1981 年,EAN 组织发展成为一个国际性组织,改称为国际物品编码协会(International Article Numbering Association),简称 EAN International。

20 世纪 80 年代后,条码技术以及识读设备得到快速发展,形成了一系列标准,如美国军用标准 1189、ANSI 标准以及一些行业标准。同时,49 码、PDF417 码、QR 码等二维码得到广泛应用。

在国内,1988 年底我国成立"中国物品编码中心"。1991 年,"中国物品编码中心"代表中国加入"国际物品编码协会"。在弹药保障领域,2004 年,通用弹药条码标准实施,采用"龙贝码"作为弹药条码码制,应用于弹药储供信息系统。

(二)条码的分类及特点

1. 条码分类

条码按照不同的分类方法、不同的编码规则可以分成多种类型,现在已知国内外正在使用的条码就有 250 种之多。条码的分类方法有许多种,主要依据条码的编码结构和条码的性质来决定。按照维数可分为一维条码、二维码和三维码。

(1)一维条码。一维条码可分为很多种,按条码的长度可分为定长和非定长条码;按排列方式可分为连续型和非连续型;按校验方式可分为自校验和非自校验条码等;按条码应用可分为商品条码、物流条码和其他条码等。商品条码包括 EAN 码、UPC 码等;物流条码包括 128 码、ITF 码、39 码、库德巴码等。

(2)二维码。二维码根据构成原理和结构形状的差异,可分为两大类型:一类是堆叠式二维码(行列式二维码),如 PDF417、CODE49、CODE16K 码等;另一类是矩阵式二维码(棋盘式二维码),如 QR 码、Data Matrix、龙贝码、Code one、Maxicode 等。

(3)三维码。随着条码应用的进一步普及,人们对条码的信息容量提出了更高的要求,希望条码能够承载更多的信息。因此,在二维码的基础上引入高度的概念,利用色彩或灰度(或称黑密度)表示不同的数据并进行编码,将条码的维度从二维增加到三维,从而使编码容量大幅提高,因此称为彩色码或三维码。当前已有采用三维码技术与图像识别技术相结合,通过等宽双色码的识别处理,实现奶牛个体的自动识别。

2. 条码特点

与其他自动识别技术相比,条码识别主要有以下特点。

(1)信息采集速度快。普通计算机的键盘录入速度是 200 字符/min,利用条码扫描录入信息的速度是键盘录入的 20 倍。

(2)信息可靠性高。键盘录入数据,误码率为 1/300,采用条码扫描录入方式,误码率仅有 10^{-6},首读率可达 98% 以上。

(3)信息采集量大。一维条码扫描一次可以采集几十位字符的信息;二维码扫描一次可采集数百至上千字符信息,可以包括图片等其他格式信息。

(4)使用灵活。条码符号作为一种识别手段可以单独使用,可以和有关设备组成识别系统实现自动化识别,可和其他控制设备联系起来实现整个系统的自动化管理。

(5)采集自由度大。一维条码,条码符号在条的方向上有部分残缺,仍可以从正常部分识读正确的信息;二维码,如 PDF 码、QR 码纠错能力可达 50%。

(6)设备结构简单,成本低。条码符号识别设备的结构简单,操作容易,与其他自动化识别技术相比较,推广应用条码技术所需费用较低。

二、一维条码识别技术

(一)一维条码的概念

一维条码是由一维排列规则的条、空及对应字符组成的标记,用以表示一定的信息,并需要通过数据库建立起条码与商品信息的对应关系,当条码数据被传送到计算机上时,由计算机上的应用程序对数据做进一步的操作和处理。普通的一维条码在使用过程中仅作为识别信息,它所对应的商品信息通常需要对数据库的查询来得到。

商品条码包括 EAN 码、UPC 码;物流条码包括交叉 25 码、EAN128 码、39 码、库德巴码等。EAN 条码系列是国际物流及商业通用的条码符号标识体系,主要用于商品贸易单元的标识,具有固定的长度;UPC 条码主要应用于北美地区;交叉 25 码主要应用于包装、运输领域;EAN128 条码是由国际物品编码协会和美国统一代码委员会联合开发、共同推广的一种主要用于物流单元标识的条码,它是一种连续型、非定长的高密度条码,可以表示生产日期、批号、数量、规格、保质期、收货地等许多商品信息;库德巴码主要用于血库、图书馆等单位,用于物品的跟踪管理。

(二)一维条码的结构

一个完整的一维条码符号是由两侧静区、起始字符、数据字符、校验字符和终止字符组成,如图 2-5 所示。

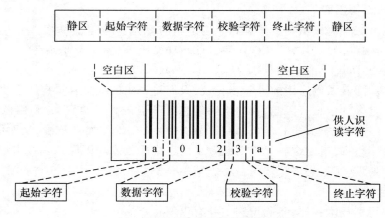

图 2-5 一维条码结构示意图

静区:条码左右两端外侧与空的反射率相同的限定区域,它能使阅读器进入准备阅读的状态。

起始字符:指条码符号的第一位字符,用来标识一个条码符号的开始,扫描器首先确认此字符的存在,然后处理由扫描器获得的一系列脉冲信号。

数据字符:位于起始符后面的字符,用来标识一个条码符号的具体数值。

校验字符:用来判定此次阅读是否有效的字符,通常是一种算术运算的结果,扫描器读入条码进行解码时,先对读入各字符进行运算,如运算结果与校验符相同,则判定此次阅读有效。

终止字符:条码符号的最后一位字符是终止字符,用于标识一个条形码符号的结束。它也具有特殊的条、空结构。当扫描器识别到终止字符时,便可知道条码符号已扫描完毕。

(三) 一维条码的编码方法

条码的编码方法是指条码中条空的编码规则以及二进制的逻辑表示的设置，通过设计条码中条与空的排列组合来表示不同的二进制数据。条码的编码系统是条码的基础，不同的编码系统规定了不同用途代码的数据格式、含义及编码原则。编制代码须遵循有关标准或规范，根据应用系统的特点与需求选择适合的代码及数据格式，并且遵守相应的编码原则。

一维条码的编码方法有两种，即模块组合法和宽度调节法。模块组合法是在条码符号中，条与空是由标准宽度的模块组合而成。一个标准宽度的条表示二进制的"1"，而一个标准宽度的空模块表示二进制的"0"，如图2-6所示。宽度调节法是指条码中，条与空的宽窄设置不同，是以窄单元(条或空)表示逻辑值"0"，宽单元(条或空)表示逻辑值"1"。宽单元通常是窄单元的2~3倍，如图2-7所示。

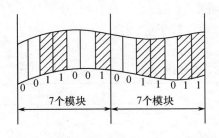

图2-6 模块组合法

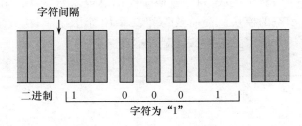

图2-7 宽度调节法

(四) 典型一维条码

一维条码的类型有很多，但在国际上通用的标准主要有商品条码(EAN/UPC码)、贸易单元128条码(EAN/UCC-128)、交叉25码，我国也相应地制定了国家标准。

1. 商品条码(EAN/UPC码)

商品条码最早出现于1973年美国超级市场，继而由欧洲国家发展出EAN码，推广至全世界。就EAN码而言，每个申请国均有其专属的国家码，再由该国专司机构管理境内厂商，使每个申请厂商有其专属的厂商码。经注册登记后的厂商，方可赋予其产品一个属于产品本身的商品条码，也就是说每种产品仅有一个对应的条码，类似独一无二的身份证号码。

商品条码使用至今，已被相当广泛地运用，商品条码包括4种形式的条码符号，即EAN-13码、EAN-8码、UPC-A码和UPC-E码。这里仅对EAN-13码进行详细介绍。

(1) EAN-13商品条码的结构。EAN-13商品条码由左侧空白区、起始符、左侧数据符、中间分隔符、右侧数据符、校验符、终止符、右侧空白区及识别符组成，如图2-8所示。

图2-8 EAN-13条码结构

左侧空白区：位于条码符号最左侧与空的反射率相同的区域，其最小宽度为11个模块宽。

起始符:位于条码符号左侧空白区的右侧,表示信息开始的特殊符号,由3个模块组成。

左侧数据符:位于起始符右侧,表示6位数字信息的一组条码字符,由42个模块组成。

中间分隔符:位于左侧数据符的右侧,是平分条码字符的特殊符号,由5个模块组成。

右侧数据符:位于中间分隔符右侧,表示5位数字信息的一组条码字符,由35个模块组成。

校验符:位于右侧数据符的右侧,表示校验码的条码字符,由7个模块组成。

终止符:位于条码符号校验符的右侧,表示信息结束的特殊符号,由3个模块组成。

右侧空白区:位于条码符号最右侧的与空的反射率相同的区域,其最小宽度为7个模块宽。

(2) 商品条码的条码字符集。商品条码数据字符由两个条和两个空构成,每一条或空由1~4个模块组成,每一条码字符的总模块数为7。用二进制"1"表示条的模块,用二进制"0"表示空的模块。商品条码可表示10个数字字符,其字符集是数字0~9。

条码字符集的二进制表示如表2-1所列。

表2-1 商品条码字符集的二进制表示

数字符	左侧数据符		右侧数据符
	A	B	C
0	0001101	0100111	1110010
1	0011001	0110011	1100110
2	0010011	0011011	1101100
3	0111101	0100001	1000010
4	0100011	0011101	1011100
5	0110001	0111001	1001110
6	0101111	0000101	1010000
7	0111011	0010001	1000100
8	0110111	0001001	1001000
9	0001011	0010111	1110100

(3) EAN-13商品条码的校验码。EAN-13商品条码是自校验条码,最后一位为校验码,校验码代表一种算术运算的结果,阅读器在对条码进行解码时,对读入的各字符进行运算,如运算结果与校验码相同,则判定此次阅读有效,图2-9所示的数字"2"为校验码。

图2-9 EAN-13商品条码校验码

校验码的计算步骤为:将此13位数从右到左按顺序编号,校验字符为第1号;从第2号位置开始,将所有偶数号位置上的字符值相加,然后此结果乘以3;从第3号位置开始,将所有奇数号位上的字符值相加;将第2、3步骤中的结果相加,使之能成为10的倍数的最小差值,则为校验字符的值。

2. EAN-128 码

EAN-128 条码是一种长度可变、连续性的高密度条码,可表示 ASCII0~ASCII127 共 128 个字符,故称为 128 条码。与其他一维条码相比较,128 条码所使用的条码字符除数字、英文字母、标点符号外,还可以是部分控制字符。条码字符的长度根据不同的应用领域,可在 3~33 之间变化,并且在编制条码的过程中,又有不同的编码方式可供选择使用,因此它是一种较为复杂的条码。128 码广泛应用在企业内部管理、生产流程和物流控制系统等方面,由于其优良的特性,经常应用于管理信息系统的设计中。

EAN-128 码由 A、B、C 三套字符集组成,包括数据符、校验符、终止符,其中 C 字符集能以双倍的密度来表示全部数字的数据。它能够更多地标识贸易单元的信息,如产品批号、数量、规格、生产日期、交货地、有效期等。如我国制定的《贸易单元 128 条码》(GB/T 15429—94)国家标准。

三、二维码识别技术

(一)二维码概念

二维码是用某种特定的几何图形按一定规律在平面(二维方向上)分布的黑白相间的图形记录数据符号信息的;它在代码编制上巧妙地利用构成计算机内部逻辑基础的"0""1"比特流的概念,通过使用若干个与二进制相对应的几何形体来表示文字数值信息。通过图像输入设备或光电扫描设备自动进行条码识读以实现信息自动处理。二维码能够在横向和纵向两个方位上同时表达信息,因此它能在很小的面积内表达大量的信息。

二维码根据构成原理和结构形状的差异,可分为两大类型。一类是堆叠式二维码(行列式二维码),其编码原理是建立在一维条形码的基础上,采用多层符号,在一维条码高度的层叠,与一维条码技术兼容,典型代表有 PDF417、CODE49、CODE 16K 等,如图 2-10 所示。

 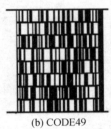 

(a) PDF417　　　　　　　(b) CODE49　　　　　　　(c) CODE 16K

图 2-10　堆叠式二维码

另一类是棋盘式或矩阵式二维码,矩阵式二维码是建立在计算机图像处理技术、组合编码原理等基础上的一种新型图形符号自动识读处理码制,它以矩阵的形式组成,点代表"1",点不出现代表"0",点的排列组合确定了矩阵码所代表的意义。典型代表有 Data Matrix、Code one、Maxi code、QR 码、汉信码、龙贝码等,如图 2-11 所示。

(a) Data Matrix　　　(b) Code one　　　(c) QR码　　　(d) 龙贝码

图 2-11　矩阵式二维码

(二) 二维码的特点

二维码的主要特点是二维码符号在水平和垂直方向均表示数据信息。二维码除具备一维条码的优点外,同时还具有编码密度高、信息容量大、编码范围广、容错能力强、具有纠错功能、译码可靠性高、可引入加密措施、保密性和防伪性好、成本低、易制作、持久耐用等特点。

(1) 编码密度高,信息容量大。二维码的主要特征是二维码符号在水平和垂直方向均表示数据信息,正是由于这一特征,也就使得其信息容量要比一维条码大得多。一般地,一个一维条码符号大约可容纳 20 个字符;而二维码动辄便可容纳上千字符。例如,在国际标准的证卡有效面积上(相当于信用卡面积的 2/3,约为 76mm×25mm),PDF417 码可以容纳 1848 个字母字符或 2729 个数字字符,约 1000 个汉字信息,比普通的条形码信息容量高几十倍。QR 码用数据压缩方式表示汉字,仅用 13bit 即可表示一个汉字,比其他二维码表示汉字的效率提高了 20%。这为二维码表示汉字、图像等信息提供了方便。

(2) 编码范围广。大多数一维条码所能表示的字符集不过是 10 个数字、26 个英文字母及特殊字符。用一维条码表示其他含有大量编码的语言文字(如汉字、日文等)是不可能的。二维码可以把图片、声音、文字、签字、指纹等以数字化的信息进行编码,用条码表示出来;可以表示多种语言文字,可表示图像数据。

(3) 译码可靠性高,容错能力强,具有纠错功能。二维码引入了错误纠正机制。这种纠错机制使得二维码发生因穿孔、污损等引起局部损坏时,照样可以得到正确识读,损毁面积达 50% 仍可恢复信息,如图 2-12 所示。

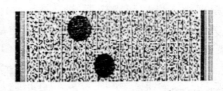

图 2-12 二维码的纠错机制

例如,在 PDF417 码中,某一行除了包含本行的信息外,还有一些反映其他位置上的字符(错误纠正码)的信息。这样,即使当条码的某部分遭到损坏,也可以通过存在于其他位置的错误纠正码将其信息还原出来。PDF417 码纠错能力依错误纠正码字数的不同分为 0~8 共 9 级,级别越高,纠正码字数越多,纠正能力越强,条形码也越大。当纠正等级为 8 时,即使条形码污损 50% 也能被正确读出。QR 码具有四级纠错能力;L 级约可纠错 7% 的数据码字;M 级约可纠错 15% 的数据码字;Q 级约可纠错 25% 的数据码字;H 级约可纠错 30% 的数据码字。

(4) 可引入加密措施,保密性、防伪性好。加密措施的引入是二维码的又一优点。例如,PDF417 码具有多重防伪特性,它可以采用密码防伪、软件加密以及利用所包含的信息如指纹、照片等进行防伪,因此具有极强的保密防伪性能。龙贝码具有 4 种加密措施,即特殊掩膜码加密、分离信息加密、不同等级加密和用户自行加密。

(5) 成本低,易制作,持久耐用。利用现有的点阵、激光、喷墨、热敏/热转印、制卡机等打印技术,即可在纸张、卡片、PVC 甚至金属表面上印出二维码,由此所增加的费用仅是油墨的成本,因此人们又称二维码为"零成本"技术。

(三)典型二维码

1. PDF417 码

PDF417 条码是由留美华人王寅敬博士发明,取自英文 Portable Data File 单词的首字母,意为"便携数据文件"。因为组成条码的每一符号字符都是由 4 个条和 4 个空共 17 个模块构成,所以称为 PDF417 条码。PDF417 码示例如图 2-13 所示。

PDF417 条码是一种多层、可变长度、具有高容量和错误纠正能力的连续型二维码。每个 PDF417 码符号可以表示超过 1100 个字节、1800 个 ASCⅡ字符或 2700 个数字的数据,其具体数量取决于所表示数据的种类及表示模式。

PDF417 条码符号是一个多行结构。符号的顶部和底部为空白区。上下空白区之间为多行结构。每行数据符号字符数相同,行与行左右对齐直接衔接。其最小行数为 3 行,最大行数为 90 行。每行构成为左空白区、起始符、左行指示符码词、1~30 个数据符号字符、右行指示符码词、终止符、右空白区。PDF417 码结构如图 2-14 所示。

图 2-13 PDF417 码图

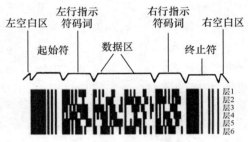

图 2-14 PDF417 码结构

美国国防部在军人身份证上采用 PDF417 码作为机读标准,已在世界各地美军基地投入使用。另外,美国国防部还将 PDF417 条码作为后勤管理和纸面 EDI 应用标准。菲律宾、埃及等许多国家在身份证或驾驶证上采用了 PDF417 二维条形码;我国香港特别行政区护照上也采用了 PDF417 码技术。

2. QR 码

QR 码是由日本 Denso 公司于 1994 年 9 月研制的一种矩阵二维码符号,它除具有一维条码及其他二维码所有的信息容量大、可靠性高、可表示汉字及图像多种文字信息、保密防伪性强等优点外,还具有高速全方位识读、能有效表示汉字等特点。QR 码示例如图 2-15 所示。

QR 码的英文名称为 Quick Response Code,可以看出,超高速识读特点是 QR 码区别于其他二维码的主要特性。由于在用 CCD 识读 QR 码时,整个 QR 码符号中信息的读取是通过 QR 码符号的位置探测图形来实现,因此,信息识读过程所需时间很短。用 CCD 二维码识读设备,每秒可识读 30 个含有 100 个字符的 QR 码符号;对于含有相同数据信息的 PDF417 码符号,每秒仅能识读 3 个符号。QR 码的超高速识读特性使它能够广泛应用于工业自动化生产线管理等领域。QR 码具有全方位(360°)识读特点,这是 QR 码优于行排式二维码(如 PDF417 码)的另一主要特点,由于 PDF417 码是将一维条码符号在行排高度上的截短来实现的,因此,它很难实现全方位识读,其识读方位角仅为 ±10°。

图 2-15 QR 码

由于QR码用特定的数据压缩模式表示中国汉字和日本汉字,它仅用13bit表示一个汉字,而PDF417码、Data Martix等二维码没有特定的汉字表示模式,因此仅用字节表示模式来表示汉字,在用字节模式表示汉字时,需用16bit(二个字节)表示一个汉字,因此QR码比其他的二维码表示汉字的效率提高了20%。QR码符号共有40种规格,分别为版本1到版本40。版本1的规格为21模块×21模块,版本2为25模块×25模块,以此类推,每一版本符号比前一版本每边增加4个模块,直到版本40,规格为177模块×177模块。

3. 汉信码

汉信码由中国物品编码中心研发,拥有完全自主知识产权,汉信码作为一种矩阵式二维码,它具有汉字编码能力强、抗污损、抗畸变、信息容量大等特点,具有广阔的市场前景。汉信码提供4种纠错等级,使得用户可以根据自己的需要在8%、15%、23%和30%各种纠错等级上进行选择,从而具有高度的适应能力,如图2-16所示。

4. 龙贝码

龙贝码(LP Code)是具有国际领先水平的全新码制,拥有完全自主知识产权,由上海龙贝信息科技有限公司开发,如图2-17所示。目前,我军弹药保障所用二维码码制为龙贝码。

龙贝码与国际上现有的二维码相比,具有更高的信息密度、更强的加密功能,可以对所有汉字进行编码,适用于各种类型的识读器,最多可使用多达32种语言系统,具有多向编码/译码功能、极强的抗畸变性能、可对任意大小及长宽比的二维码进行编码和译码等,其技术优势主要包括以下几个方面。

图2-16 汉信码

图2-17 龙贝码

(1)信息密度高。条码的信息密度是指在单位条码面积所能存储的信息量。条码在相同的信息内容、相同的纠错能力及相同的最小分辨尺寸情况下,信息密度与条码的面积成反比。在相同的编码信息(01234567890123456789)、相同的纠错能力(10%)及相同的最小分辨尺寸下,龙贝二维码所占面积约为PDF417条码所占面积的6%、QR码所占面积44%。可见,龙贝二维码在这3种条码中具有最高的信息密度。

(2)多向性编码和译码功能。二维码是一种在结构和原理上与一维条码、堆栈码完全不同的条码,其编码信息序列按照一定的分布规律被放置于编码区域(Encoding Region)内的编码信息单元上,所以必须对编码信息进行定向。为了使图像处理系统在译码时能找到与编码时相同的起始点,现有二维码全都采用各种类型的功能图形(Function Pattern)来对起始点进行定位。例如,在QR码中,其码形区域4个角中的其中3个上设置有特殊的位置探测图形(Position Detection Pattern);又如,在Maxi Codes中设计了条码寻找标志(Finder Pattern),其中心有一组同心圆,并用该组同心圆旁边的6组定位信息单元(每组3个定位信息单元)来定位它们各自的起始点。由上可见,二维码的这种定位方式存在以下的缺点:首先是定位起始点的功能图形将占用一定的条码有效面积,减少了编码区域的面积,从而导致信息密度的降低。其次,更为严重的是,用于定位二维码起始点的功能图形缺乏任何保护措施,一旦这些功能图形受损,将会直接导致译码失败。而龙贝二维码是二维码中唯一具有多向性编码和译码功能的条码,这不仅降低对那些衰退样本的译码出错率,还大大提高了龙贝二维码的数据密度。

(3) 全方位同步信息二维码系统。龙贝二维码是一种具有全方位同步信息二维码系统,这是龙贝二维码不同于其他二维码的又一重要特征。条码本身就能提供非常强的同步信息。从根本上改变了以往二维矩阵条码对识读器系统同步性能要求很高的现状,它是面向各种类型条码识读设备的一种先进的二维矩阵码。它不仅适用于二维 CCD 识读器,而且它能更方便、更可靠地适用各种类型的、廉价的采用一维 CCD 的条码识读器。甚至不采用任何机械式或电子同步控制系统的简易卡槽式及笔式识读器。这样可以降低产品的成本,提高识读器工作可靠性。由于龙贝二维码采用了全方位同步信息的特殊方式,还可以有效地克服对现有二维码抗畸变能力很差的问题,这些全方位同步信息可有效地用来指导对各种类型畸变的校正和图像的恢复。

(4) 多重信息加密功能。龙贝码具有多重信息加密功能。主要有:特殊掩膜码加密,当叠加到相当于二进制数 8960 位时,其加密能力最强,破译难度最大,适合于弹药基本信息在开发媒体中传输;分离信息加密,可以根据特殊的要求,把编码信息分离存放在条码和识读器内,只有当分离存放的信息完整对应和结合才可以进行解码。这样只有用这种专用的识读器才能解读这种特殊的龙贝二维码。不同的加密等级,一个龙贝二维码可以允许同时对不同的信息组以不同的等级进行加密。允许用户自行可靠地进行加密,允许根据弹药信息安全需要可自行对不同的信息组以不同的等级进行加密和不同的加密方式进行加密。

(5) 多种及多重语言系统。可采用多种不同种语言进行编码,设计了可使用多达 32 种文字的语言的对接系统。龙贝二维码不仅可以用多种语言进行编码,而且可以用多重语言进行编码。多重语言进行编码就是在同一个龙贝二维码上面允许同时用两种语言进行编码。龙贝二维码是以英语为常驻系统,可以任选一种其他语言系统。

(6) 可以任意连续调节龙贝二维码的外形及长宽比。龙贝码提出了一种全新、通用的对编码信息在编码区域中分配算法。不仅能最佳地符合纠错编码算法对矩阵码编码信息在编码区域中分配的特殊要求,大幅度地简化了编码/译码程序,而且首次实现了二维矩阵码对外形比例的任意设定。龙贝二维码可以对任意大小及长宽比的二维码进行编码和译码。因此,龙贝码在尺寸、形状上有极大的灵活性,如图 2-18 所示。

图 2-18　龙贝码型长宽比任意变化示意图

四、条码识读原理与设备

(一)条码识读原理

条码的阅读与识别涉及光学、电子学、计算机数据处理等多种学科。通常,其识别过程要经过以下环节。

(1)要求建立一个光学系统,该光学系统能够产生一个光点,该光点能够在自动或手动控制下,在条形码信息上沿某一路线做直线运动。另外,要求该光点直径与待扫描条形码中最窄条的宽度基本一致。

(2)要求有一个接收系统。该接收系统能够采集到光点在条形码条符上运动时反射回来反射光。光点打在黑色条符上的反射光弱,而打在白色条符及左右空白区的反射光强,通过对所接收到的反射光强弱及其延续时间的测定,就可对黑色条符或白色条符进行分辨,并可识别出条符的宽窄。

(3)要求有一个电子电路系统,能够将接收到的光信号不失真地转换为电脉冲信号。

(4)要求建立某种算法,通过这一算法对已经获取的电脉冲信号进行译码,从而得到所需信息。

条码的识读器通常包括以下几个部分,即光源、接收装置、光电转换部件、译码电路和计算机接口。其基本工作原理:光源发出的光通过光学系统照射到条形码符号上;条形码符号反射的光经光学系统成像在光电转换器上;光电转换器在接收到光信号后,产生一个与光强度成正比的模拟电压,模拟电压通过整形处理,被转换成矩形脉冲,矩形脉冲是一个二进制脉冲信号;再由译码器将二进制脉冲信号翻译成计算机可直接使用的数据,如图 2-19 所示。

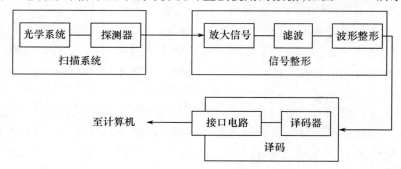

图 2-19　一维条码误读原理

二维码识读原理分为两种情况:对于堆叠式二维码(如 PDF417),识读原理与一维条码相同;对于矩阵式二维码,主要采用面阵 CCD 摄像方式将条码图像摄取后进行分析和解码。

(二)条码识读设备

1. 一维条码识读设备

一维条码识读设备大体上可分为接触式、非接触式、手持式和固定式扫描器等。目前常用的有激光枪、CCD 扫描器、光笔与卡槽和全向扫描平台等扫描器。

(1)光笔条形码扫描器。光笔条形码扫描器是一种轻便的条形码读入装置。在光笔内部有扫描光束发生器和反射光接收器。目前,市场上出售的这类扫描器有很多种,它们主要在发光的波长、光学系统结构、电子电路结构、分辨率、操作方式等方面存在不同。光笔条形码扫描器有一个特点,即在识读条形码信息时,要求扫描器与待识读的条形码接触或离开一个极短的距离(一般仅在 0.2~1mm 内)。由于光笔条形码扫描器在扫描识读过程中,通常会与被扫描识读的条形码相接触。因此,在使用过程中会对条形码产生一定的破坏,其目前已逐渐被电子耦合器件所取代。

(2) 手持式枪型条形码扫描器。手持式枪型条形码扫描器内一般都安装有对扫描光束进行控制的自动扫描装置。在使用过程中不需与条形码符号接触,因此,对条形码标签没有损害。扫描头与条形码标签的距离短的在 0~20mm 范围内,而长的可以达到 500mm 左右。手持式枪型条形码扫描器具有扫描光点匀速扫描的优点,因此其识读效果比光笔扫描器要好,而且扫描速度也快。

(3) 台式条形码扫描器。台式条形码扫描器适用于不便使用手持式扫描方式进行条形码识读的场合。例如,某些工作环境下不允许操作者用一只手处理附有条形码信息的物体,而用另一只手操纵手持条形码扫描器进行操作,这时就可以选用台式条形码扫描器。这种扫描器可以被安装在生产流水线传送带旁的某一固定位置,当标附有条形码标签的待测物体以平稳、缓慢的速度进入扫描范围时,可对其进行识读,从而对自动化生产线进行控制。

(4) 激光式条形码扫描器。激光式扫描器优点是扫描光强度高,可进行远距离扫描,而且扫描速度快。某些产品的扫描速度可达到 1200 次/s,这种扫描器可以在 0.01s 的时间内对某一条形码标签进行多次扫描,而且可以做到每一次扫描不重复上次扫描的轨迹。扫描器内部光学系统可以将单束光转换成十字光或米字光,从而保证了被测条形码从各个不同角度进入扫描范围时都可以被识读。

2. 二维码识读设备

二维码的阅读设备依阅读原理的不同可分为以下几种。

(1) 线性 CCD 和线性图像式阅读器。线性 CCD 和线性图像式阅读器只能阅读堆叠式二维码(如 PDF417),在阅读时需要沿条码的垂直方向扫过整个条码。

(2) 带光栅的激光阅读器。阅读线性堆叠式二维码。阅读将光线对准条码,由光栅元件完成垂直扫描,不需要手工扫动。

(3) 图像式阅读器。图像式阅读器采用面阵 CCD 摄像方式将条码图像摄取后进行分析和解码,可阅读所有类型的二维码。

二维码的识读设备对于二维码的识读会有一些限制,但是均能识别一维条码。

五、条码识别技术的应用

(一) 一维条码的应用

一维条码作为一种及时、准确、可靠、经济的数据输入手段主要应用物流领域,在物料管理、生产管理、仓库管理、市场销售链管理、产品售后跟踪服务、产品质量管理及分析等方面得到了广泛的应用。下面简单介绍在仓储管理和配送管理系统中的应用。

1. 一维条码在仓储管理系统中的应用

在仓储管理系统中,通过对商品包装上的条码进行扫描,就可自动记录下物品的流动情况,随时掌握库存物品情况。条码技术与信息处理技术的结合,可以帮助管理人员合理有效地利用仓库空间,优化仓库作业,并保证正确的进货、验收、盘点和出货,为客户提供优质快捷的服务。仓库管理系统在引入条码技术后,可以对仓库的到货检验、入库、出库、调拨、移库移位、库存盘点等各个作业环节的数据进行自动化的数据采集,保证仓库管理各个作业环节数据的输入效率和准确性,确保企业及时、准确地掌握库存的真实数据,从而合理保持和控制库存量。

2. 一维条码在配送管理系统中的应用

在传统的配货作业过程中，分拣、配货要占去全部所用劳力的60%，而且容易发生差错。在分拣、配货过程中应用条码，能提高拣货效率和正确性。在配送货物的过程中，首先将订货信息通过计算机网络传送到仓储中心，然后通过打印机进行打印，以条码和拣货单的形式输出（条码分别记录了预拣选商品的编码及出货地编号）。仓储中心的工作人员将条码贴在集装箱的侧面，并将拣货单放入集装箱内。在拣货过程中，当集装箱到达指定的货架前，自动扫描装置就会立即读出条码的内容，并自动进行分货。工作人员根据拣货单的要求，将拣选好的货物放入集装箱，待作业结束后，只要按一下"结束"按钮，装有货物的集装箱便会按照顺序向下一个货架移动。待全部作业结束后，相关工作人员利用自动分拣系统将贴有条码的集装箱运往指定的出货口，将其转入发运工序。因此，在配送系统中使用条码技术，极大地提高了配送的效率和速度。

（二）二维码的应用

二维码依靠其庞大的信息携带量，能够把过去使用一维条码时存储于后台数据库中的信息包含在条码中，可以直接通过阅读条码得到相应的信息，并且二维码还有错误修正技术及防伪功能，增加了数据的安全性。现已应用在国防、公共安全、交通运输、医疗保健、工业、商业、金融、海关及政府管理等多个领域。

1. 表单应用

文件表单的资料若不愿或不能以磁碟、光碟等电子媒体储存备援时，可利用二维码来储存备援，携带方便，不怕折叠，保存时间长，又可影印传真，做更多备份。例如，运用QR码生成软件，可以将下面共148个文字用一个QR码符号表示（图2-20），可以很方便地进行保存、传递。

图2-20 表单应用示例

二维码在公文表单、商业表单、进出口报单等资料传送交换上得到了广泛的应用，减少人工重复输入表单资料，避免人为错误，降低人力成本。图2-21所示为龙贝码在邮政表单上的应用。

2. 证照应用

护照、身份证、挂号证、驾照、会员证、识别证、连锁店会员证等证照的资料登记及自动输入，发挥"随到随读""立即取用"的资讯管理效果。图2-22是二维码在护照和名片上的应用。

3. 数据防伪

目前的演唱会门票、火车票以及国航的登机票上的二维码都用了二维码的加密功能。经过二维码加密后，不仅便于明文传播，也做到了防伪，如图2-23所示。

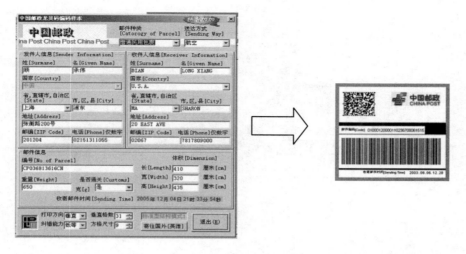

图 2-21　龙贝码在中国邮政中的应用

图 2-22　二维码在护照和名片上的应用

图 2-23　二维码在数据防伪中的应用

4. 溯源追踪应用

给产品分配一个二维码做物流码,以物流码为追踪线索,打造产品流通监控闭环,产品流通全环节均受监控,如图 2-24 所示。

5. 手机二维码

目前,二维码的使用远不如一维码普及,这主要有两个原因:一是编码本身较一维码复杂,出现较晚;二是配套硬件技术发展的限制,芯片的运行速度、器件价格、图像采集技术的限制。

但随着信息技术的发展,智能手机越来越普及,通过手机摄像头扫描条码,获得产品信息的应用,手机二维码将会在人们日常生活中得到广泛的应用。

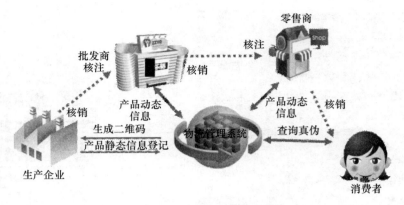

图 2-24 二维码溯源追踪应用

第三节 射频识别与信息采集技术

一、射频识别技术概述

(一)射频识别技术的概念

1. 射频

射频(Radio Frequency,RF)表示可以辐射到空间的电磁频率,频率范围在 100kHz～30GHz 之间。在电磁波频率低于 100kHz 时,电磁波会被地表吸收,不能形成有效的传输,但电磁波频率高于 100kHz 时,电磁波可以在空气中传播,并经大气层外缘的电离层反射,形成远距离传输能力,把具有远距离传输能力的高频电磁波称为射频。

2. 射频识别

射频识别(Radio Frequency IDentification,RFID)是一项利用射频信号通过空间耦合(交变磁场或电磁场)实现无接触信息传递并达到识别目的的技术。它是 20 世纪 90 年代兴起的一种自动识别技术,具有非接触、速度快、多目标识别等优点,被公认为 21 世纪十大重要技术之一。

(二)射频识别技术的产生与发展

RFID 最早的应用可追溯到第二次世界大战中用于区分联军和纳粹飞机的"敌我辨识"系统。已方的飞机上装载有主动式射频系统,当雷达发出询问的信号,这些标签就会发出适当的响应,藉以识别出自己是友军还是敌军。此系统称为 IFF(Identify Friend or Foe)。目前世界上的飞行管制系统是在此基础上建立的。

1948 年,出现了早期研究 RFID 技术的一篇具有里程碑意义的论文——"Communication by Means of Reflected Power",奠定了 RFID 的理论基础;晶体管集成电路、微处理器芯片、通信网络等技术的发展拉开了 RFID 技术研究的序幕;出现了一系列 RFID 技术论文及专利文献。

20 世纪 60 年代,出现了商用 RFID 系统——电子商品监视(Electronic Article Surveillance,EAS)设备。EAS 被认为是 RFID 技术最早且最广泛应用于商业领域的系统。

20 世纪 70 年代,RFID 技术成为人们研究的热门课题,出现了一系列的研究成果,并且将 RFID 技术成功应用于自动汽车识别(Automatic Vehicle Identification,AVI)的电子计费系统、动物跟踪以及工厂自动化等。

20世纪80年代是充分使用RFID技术的10年。美国、法国、意大利、西班牙、挪威及日本等国家都在不同程度、不同应用领域安装和使用了RFID系统。

20世纪90年代是RFID技术繁荣发展的10年,主要表现在美国大量配置了电子收费系统,汽车可以高速通过计费站。世界上第一个包括电子收费系统和交通管理的系统于1992年安装在休斯敦。同时,在欧洲也广泛使用了RFID技术,如不停车收费系统、道路控制和商业上的应用。

从20世纪末到21世纪初,RFID标准化问题日趋为人们所重视,RFID产品种类更加丰富,有源电子标签、无源电子标签及半有源电子标签均得到发展,电子标签成本不断降低。沃尔玛公司、美国军方等要求供货商强制使用RFID技术,促进了RFID技术的高速发展。

RFID在我国很多领域得到应用,但与我国经济规模相比还不相适应,远没达到发达国家水平,有很大的发展空间;2006年6月,中国发布了《中国RFID技术政策白皮书》,标志着RFID的发展已经提高到国家产业发展战略层面。"感知中国""智慧城市""智能家庭"等项目正推动RFID技术在我国的快速发展。

二、射频识别系统构成

典型的RFID系统主要由电子标签、阅读器、中间件及应用系统软件组成,如图2-25所示。

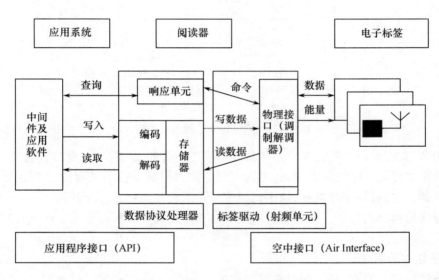

图2-25 RFID系统组成示意图

(一)电子标签

电子标签是RFID系统的核心部分。标签中保存有约定格式的电子数据,在实际应用中,无线标签附着在待识别物体表面。存储在芯片中的数据,由阅读器以无线电波的形式非接触地读取,并通过阅读器的处理器,进行信息解读并进行相关的管理。

1. 电子标签的组成

电子标签由标签芯片和标签天线两部分组成;标签天线的功能是收集阅读器发射到空间的电磁波,和将芯片本身发射的能量以电磁波的方式发射出去;标签芯片的功能是对标签接收的信号进行解调、解码等各种处理,并把电子标签需要返回的信号进行编码、调制等各种处理。

（1）标签天线。电子标签天线是电子标签与阅读器进行能量和数据交换的工具，用来接收由阅读器送来的信号，并把要求的数据传送回给阅读器。电子标签中标签式样和大小主要取决于天线面积。电子标签天线主要有线圈型、微带贴片型、偶极子型3种基本形式，其中，线圈型天线工作距离一般小于1m，工艺简单，成本低，主要应用于中低频段的电子标签。微带贴片型天线由贴在带有金属底板的介质基片上的辐射贴片导体构成，具有重量轻、体积小、剖面薄等特点，主要应用于高频及微波电子标签。偶极子型天线可以分为4种类型，即半波偶极子天线、双线折叠偶极子天线、三线折叠偶极子天线和双偶极子天线，一般由两段同样粗细和等长的直导线排成一条直线构成，主要应用于高频及微波电子标签。对电子标签天线来说，其设计及性能要求主要有以下几个方面：①足够小，以至于能够贴到所需要的物品上；②有全向或半球覆盖的方向性；③有提供最大可能的信号给标签的芯片；④无论物品处于何种方向，天线的极化都能与读卡机的询问信号相匹配；⑤作为损耗件的一部分，天线的价格必须非常便宜。

（2）标签芯片。标签芯片是电子标签的核心部分，其作用包括标签信息存储、标签接收信号的处理和标签发射信号的处理。电子标签芯片主要由电压调节器、调制器、解调器、逻辑控制单元和存储单元等模块组成，如图2-26所示。

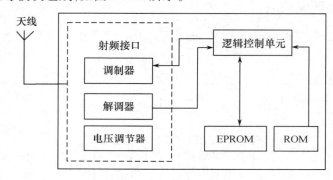

图2-26 电子标签芯片组成结构

电压调节器：把由阅读器送来的射频信号转换为直流电源，并经大电容存储能量，再通过稳压电路以提供稳定的电源。调制器：逻辑控制电路送出的数据经调制电路调制后加载到天线返给阅读器。解调器：去除载波，取出调制信号。逻辑控制单元：译码阅读器送来的信号，并依据要求返回数据给阅读器。存储单元：包括ERPROM和ROM，是系统运行及存放识别数据的地方。

2. 电子标签的封装

为了保护标签芯片和天线，同时也便于使用，射频电子标签必须进行封装，从硬件角度看，封装在标签成本中占据了2/3的比例，在RFID产业链中占重要的地位。

（1）封装材质。封装材质一般分为纸标签、塑料标签、玻璃标签等，如图2-27所示。

图2-27 标签的材质

①纸标签。一般都具有自粘功能,用来粘贴在待识别物品上。这种标签比较便宜,一般由面层、芯片线路层、胶层、底层组成。

②塑料标签。采用特定的工艺将芯片和天线用特定的塑料基材封装成不同的标签形式,如钥匙牌、手表形标签、狗牌、信用卡等形式。

③玻璃标签。应用于动物识别与跟踪,将芯片、天线采用一种特殊的固定物质植入一定大小的玻璃容器中,封装成玻璃标签。

(2)封装形状。常见的封装形状有信用卡标签、圆形标签、钥匙和钥匙扣标签、手表标签、物流线性标签等,如图2-28所示。

图2-28 标签的封装

3. 电子标签的功能及技术参数

(1)功能。电子标签一般具备以下功能:①具有一定容量的存储器,用以存储被识别对象的信息;②支持标签数据的读出和写入;③能够维持对识别对象的识别及相关信息的完整;④进行编程写入后,永久性数据不能再修改;⑤具有确定的使用期限,使用期限内无需维修;⑥对于有源标签,通过读写器能够知道电池的工作状况。

(2)技术参数。根据射频标签的技术特征,针对标签的技术参数有能量需求、读写速度、封装形式、内存、工作频率、传输速率和数据安全性等。①标签的能量需求:激活标签芯片所需要的能量范围,在一定距离内的标签,激活能量太低就无法激活。②标签的传输速率:标签向读写器反馈所携带的数据传输速率以及接收来自读写器的写入数据命令的速率。③标签的读写速度:由标签被识别和写入的时间决定,一般为毫秒级,UHF标签运动速度可以达100m/s。④标签的工作频率:标签工作时采用的频率,如低频、中频、高频、超高频、微波等。⑤标签的容量:标签携带的可供写入数据的内存量,一般可以达到1KB的数据量。⑥标签的封装形式:主要取决于标签天线形状,不同天线可以封装成不同的标签形式,具有不同的识别性能。

4. 标签的发展趋势

在电子标签方面,电子标签芯片所需的功耗更低,无源标签、半无源标签技术更趋成熟。总的来说,电子标签具有以下发展趋势。

(1)作用距离更远。由于无源RFID系统的距离限制主要是在电磁波束给标签能量供电上,随着低功耗IC设计技术的发展,电子标签的工作电压进一步降低,所需功耗可以降到更低。这就使得无源系统的作用距离进一步加大,在某些应用环境下可以达到几十米以上的作用距离。

(2)无源可读写性能更加完善。不同的应用系统对电子标签的读写性能和作用距离有着不同的要求,为了适应需要多次改写标签数据的场合,需要更加完善电子标签的读写性能,使其误码率和抗干扰性能达到可以接受的程度。

(3)适合高速移动物识别。针对高速移动的物体,如火车、地铁列车、高速公路上行驶的汽车的准确快速识别的需要,电子标签与读写器之间的通信速度会提高,使高速物体的识别在不知不觉中进行。

(4) 快速多标签读/写功能。在物流领域中,由于会涉及大量物品需要同时识别,因此必须采用适合这种应用的系统通信协议,以实现快速的多标签读/写功能。

(5) 一致性更好。由于目前电子标签加工工艺的限制,电子标签制造的成品率和一致性并不令人满意,随着加工工艺的提高,电子标签的一致性将得到提高。

(6) 强磁场下的自保护功能更完善。电子标签处于读写器发射的电磁辐射场中,有可能距离阅读器很远,也可能距离读写器的发射天线很近。这样,电子标签有可能会处于非常强的能量场中,电子标签接收到的电磁能量很强,会在电子标签上产生很高的电压。为了保护标签芯片不受损害,必须加强电子标签在强磁场下的自保护功能。

(7) 智能性更强、加密特性更完善。在某些对安全性要求较高的应用领域中,需要对标签的数据进行严格的加密,并对通信过程进行加密。这样就需要智能性更强、加密特性更完善的电子标签,使电子标签在"敌人"出现的时候能够更好地隐藏自己而不被发现,并且数据不会因未经授权而被获取。

(8) 带有其他附属功能如传感器功能的标签。在某些应用领域中,需要准确寻找某一个标签,标签上会具有某种附属功能,如蜂鸣器或指示灯,当给特定的标签发送指令时,电子标签便会发出声光指示,这样就可以在大量的目标中寻找特定的标签了。

(9) 具有杀死功能的标签。为了保护隐私,在标签的设计寿命到期或者需要中止标签的使用时,读写器发送杀死命令或者标签自行销毁。

(10) 采用新的生产工艺,体积更小,成本更低。为了降低标签天线的生产成本,人们开始研制新的天线印制技术,其中,导电墨水的研制是一个新的发展方向。利用导电墨水,可以将 RFID 天线以接近于零的成本印制到产品包装上。通过导电墨水在产品的包装盒上印制 RFID 天线,比传统的金属天线成本低、印制速度快、节省空间,并有利于环保。由于实际应用的限制,一般要求电子标签的体积比被标记的商品小。这样,体积非常小的商品以及其他一些特殊的应用场合,就对标签体积提出了更小、更易于使用的要求。

(二) 阅读器

1. 阅读器的作用

阅读器的基本任务是触发作为数据载体的电子标签,与电子标签建立通信联系并且在应用软件和一个非接触的数据载体之间传输数据。其主要功能如下:

(1) 阅读器与电子标签之间的通信功能。

(2) 阅读器与计算机之间的通信功能。

(3) 对阅读器与电子标签之间要传送的数据进行编码、解码。

(4) 对阅读器与电子标签之间要传送的数据进行加密、解密。

(5) 能够在读写范围内实现多标签同时识读,具备防碰撞功能。

在系统结构中,应用系统软件作为主动方向阅读器发出读写指令,而阅读器则作为从动方对应用系统软件的读写指令做出回应。阅读器接收到应用系统软件的动作指令后,回应的结果是对电子标签做出相应的动作,建立某种通信关系。电子标签响应阅读器的指令,相对电子标签而言,阅读器变成指令的主动方,如图 2-29 所示。

在 RFID 系统的工作程序中,应用系统软件向阅读器发出读取指令,作为响应,阅读器和电子标签之间就会建立起特定的通信。阅读器触发电子标签,并对触发的电子标签进行身份

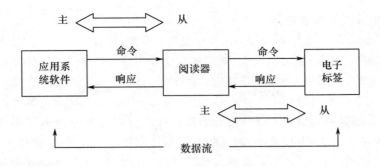

图 2-29 阅读器在系统中的位置

验证,然后电子标签开始传送要求的数据。因此,阅读器的基本任务就是触发作为数据载体的电子标签,与这个电子标签建立通信联系并且在应用软件和一个非接触的数据载体之间传输数据。这种非接触通信的一系列任务包括通信的建立、防止碰撞和身份验证等,均由阅读器进行处理。

2. 阅读器的结构

虽然各种 RFID 系统在耦合方式、通信方式、数据传输方法以及系统工作频率的选择上都存在着很大的区别,但是,RFID 阅读器的组成都大致相同,主要由天线、射频接口模块和逻辑控制单元组成,如图 2-30 所示。

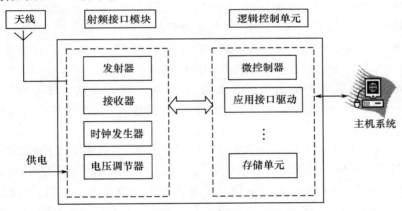

图 2-30 阅读器的结构框图

(1) 天线。天线是一种能将接收到的电磁波转换为电流信号,或者将电流信号转换成电磁波发射出去的装置。在 RFID 系统中,阅读器必须通过天线来发射能量,来形成电磁场,通过电磁场对电子标签进行识别。阅读器天线所形成的电磁场范围即为阅读器的可读区域。

(2) 射频接口模块。射频接口模块主要任务和功能有:①产生高频发射能量,激活电子标签并为其提供能量;②对发射信号进行调制,将数据传输给电子标签;③接收并调制来自电子标签的射频信号。

(3) 逻辑控制单元。逻辑控制单元也称读写模块,主要任务和功能有:①与应用系统软件进行通信,并执行从应用系统软件发送来的指令;②控制阅读器与电子标签的通信过程;③信号的编码与解码;④对阅读器和标签之间传输的数据进行加密和解密;⑤执行防碰撞算法;⑥对阅读器和标签的身份进行验证。

3. 阅读器的分类和发展趋势

(1) 阅读器的分类。根据天线和阅读器模块是否分离,可分为分离式阅读器和集成式阅读器。典型的分离式阅读器有固定式读头,典型的集成式阅读器有手持机。根据阅读器的工作场合,阅读器可分为固定式读头、原始设备制造商(OEM)模块、工业读头及手持机和发卡机。

RFID 系统工作于不同的频率上,根据其工作频率的不同,RFID 阅读器可以分为低频阅读器、高频阅读器和超高频阅读器。低频阅读器和高频阅读器的发射功率较小、频率较低,因此它们的设计比较简单,体积也比较小;超高频阅读器的发射功率较大、频率较高、工作距离也比低频阅读器和高频阅读器远,因此超高频阅读器的结构较为复杂,体积也相对较大。

(2) 发展趋势。随着 RFID 技术的发展,RFID 系统的结构和性能也会不断提高。越来越多的应用,对 RFID 系统的阅读器提出了更高的要求。未来的 RFID 阅读器将会有以下特点。

① 多功能。为了适应市场对 RFID 系统多样性和多功能的要求,阅读器将集成更多、更加方便实用的功能。另外,为了适应某些应用方面的要求,阅读器将具有更多的智能性和一定的数据处理能力,可以按照一定的规则将应用系统处理程序下载到阅读器中。这样,阅读器就可以脱离中央处理计算机,做到脱机工作时完成门禁、报警等功能。

② 小型化、便携式、嵌入式、模块化。随着 RFID 技术应用的不断增多,人们对阅读器使用是否方便提出了更高的要求,这就要求不断采用新的技术来减小阅读器的体积,使阅读器方便携带、方便使用、易于与其他系统进行连接,从而使得接口模块化。

③ 智能多天线端口、多种数据接口。为了进一步满足市场需求和降低系统成本,阅读器将会具有智能的多天线接口。这样,同一个阅读器将按照一定的处理顺序,智能地打开和关闭不同的天线,使系统能够感知不同天线覆盖区域内的电子标签,增大系统的覆盖范围。在某些特殊应用领域中,未来也可能采用智能天线相位控制技术,使 RFID 系统具有空间感应能力。RFID 技术应用的不断扩展和应用领域的增加,需要系统能够提供多种不同形式的接口,如 RS-232、RS-422、RS-485、USB、红外、以太网口、韦根接口、无线网络接口以及其他各种自定义接口。

④ 多制式、多频段兼容。由于目前全球没有统一的 RFID 技术标准,因此各个厂家的系统互不兼容,但只要这些标签协议是公开的或者是经过许可的,某些厂家的阅读器就会兼容多种不同制式的电子标签,以提高产品的应用适应能力和市场竞争力。同时,不同国家和地区的 RFID 产品具有不同的频率,阅读器将朝着兼容多个频段、输出功率数字可控等方向发展。

⑤ 更多新技术的应用。RFID 系统的广泛应用和发展,必然会带来新技术的不断应用,使系统功能进一步完善。例如,为了适应目前频谱资源紧张的情况,将会采用智能信道分配技术、扩频技术、码分多址等新的技术手段。

(三) 中间件

中间件是介于应用系统和系统软件之间的一类软件,它使用系统软件提供的基础服务(功能),衔接网络上应用系统的各个部分或不同的应用,以达到资源共享、功能共享的目的。中间件是一种独立的系统软件或服务程序,分布式应用软件借助这种软件在不同的技术之间共享资源。中间件位于客户机服务器的操作系统之上,管理计算资源和网络通信。

RFID 中间件是一种面向消息的中间件,其功能不仅是传递信息,还包括解译数据、安全性、数据广播、错误恢复、定位网络资源、消息与要求的优先次序以及延伸的除错工具等服务。RFID 中间件屏蔽了 RFID 设备的多样性和复杂性,能够为后台业务系统提供强大的支撑,从而驱动更广泛、更丰富的 RFID 应用。RFID 中间件的技术重点研究的内容包括并发访问技术、目录服务及定位技术、数据及设备监控技术、远程数据访问、安全和集成技术、进程及会话管理技术等。

RFID中间件的功能主要有阅读器协调控制、数据过滤与处理、数据路由与集成、进程管理4个方面,如图2-31所示。

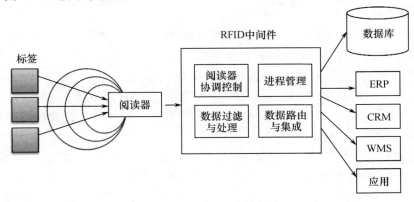

图2-31　RFID中间件的功能

(1) 阅读器协调控制。终端用户可以通过RFID中间件接口直接配置、监控以及发送指令给阅读器。一些RFID中间件开发商还提供了支持阅读器即插即用的功能,使终端用户新添加不同类型的阅读器时不需要增加额外的程序代码。

(2) 数据过滤与处理。当标签信息传输发生错误或有冗余数据产生时,RFID中间件可以通过一定的算法纠正错误并过滤掉冗余数据。RFID中间件可以避免不同的阅读器读取同一电子标签的碰撞,确保了阅读准确性。RFID中间件能够决定采集到的数据传递给哪一个应用。

(3) 数据路由与集成。RFID中间件能够决定采集到的数据传递给哪一个应用。RFID中间件可以与企业现有的企业资源计划(ERP)、客户关系管理(CRM)、仓储管理系统(WMS)等软件集成在一起,为它们提供数据的路由和集成,同时中间件可以保存数据,分批地给各个应用提交数据。

(4) 进程管理。RFID中间件根据客户定制的任务负责数据的监控与事件的触发。例如,在仓储管理中,设置中间件来监控货品库存的数量,当库存低于设置的标准时,RFID中间件会触发事件,通知相应的应用软件。

(四) 应用系统软件

应用系统软件是针对不同行业的特定需求开发的应用软件,它可以有效地控制阅读器对电子标签信息进行读写,并且对收集到的目标信息进行集中的统计与处理。应用系统软件可以集成到现有的电子商务和或其他管理信息系统中,与ERP(Enterprise Resource Planning,企业资源计划)、SCM(Supply Chain Management,供应链管理)等系统结合以提高各行业的生产效率。

三、射频识别系统原理与分类

(一) RFID工作原理

RFID系统基本工作原理:由阅读器通过发射天线发送特定频率的射频信号,当电子标签进入有效工作区域时产生感应电流,从而获得能量、电子标签被激活,使得电子标签将自身编码信息通过内置射频天线发送出去;阅读器的接收天线接收到从标签发送来的调制信号,经天线调节器传送到阅读器信号处理模块,经解调和解码后将有效信息送至后台主机系统进行相关的处理;主机系统根据逻辑运算识别该标签的身份,针对不同的设定做出相应的处理和控制,最终发出指令信号控制阅读器完成相应的读写操作。

电子标签与阅读器之间通过耦合元件实现射频信号的空间耦合,在耦合通道内,它根据时序关系实现能量的传递和数据的交换。根据两者之间的通信及能量感应方式来看,系统一般可以分为两类,即电感耦合系统和电磁反向散射耦合系统。

电感耦合通过空间高频交变磁场实现耦合,依据的是电磁感应定律;适合于中、低频工作的近距离 RFID 系统,典型工作频率为 125kHz、225kHz、13.56MHz。识别作用距离一般小于 1m,典型作用距离为 0~20cm。

电磁反向散射耦合基于雷达模型,发射出去的电磁波碰到目标后反射,同时携带目标信息,依据的是电磁波的空间传播规律。一般适用于高频、微波工作的远距离 RFID 系统,典型的工作频率为 433MHz、915MHz、2.45GHz 和 5.8GHz。识别作用距离大于 1m,典型距离为 4~6m。

电感耦合系统和电磁反向散射耦合系统如图 2-32 所示。

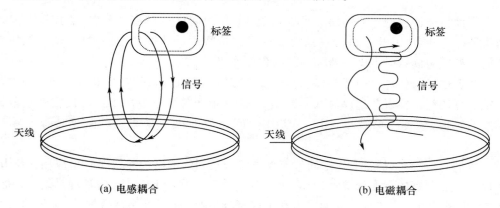

图 2-32 电感耦合与电磁耦合

在 RFID 系统工作过程中,始终以能量作为基础,通过一定的时序方式来实现数据交换。因此,在 RFID 系统工作的信道中存在 3 种事件模型。

(1) 以能量提供为基础的事件模型。读写器向电子标签提供工作能量。对于无源标签来说,当电子标签离开读写器的工作范围以后,电子标签由于没有能量激活而处于休眠状态。当电子标签进入读写器的工作范围以后,读写器发出的能量激活了电子标签,电子标签通过整流的方法将接收到的能量转换为电能存储在电子标签内的电容器里,从而为电子标签提供工作能量。对于有源标签来说,有源标签始终处于激活状态,和读写器发出的电磁波相互作用,具有较远的识别距离。

(2) 以时序方式实现数据交换的事件模型。时序指的是读写器和电子标签的工作次序。通常有两种时序:一种是 RTF(Reader Talks First,读写器先发言);另一种是 TTF(Tag Talks First,标签先发言),这是读写器的防冲突协议方式。

在一般状态下,电子标签处于"等待"或"休眠"工作状态,当电子标签进入读写器的作用范围时,检测到一定特征的射频信号,便从"休眠"状态转到"接收"状态,接收读写器发出的命令后,进行相应的处理,并将结果返回读写器。这类只有接收到读写器特殊命令才发送数据的电子标签称为 RTF 方式;与此相反,进入读写器的能量场就主动发送自身序列号的电子标签称为 TTF 方式。TTF 和 RTF 相比,TTF 方式的射频标签具有识别速度快等特点,适用于需要高速应用的场合。另外,它在噪声环境中更稳健,在处理标签数量动态变化的场合也更为实用。因此,更适于工业环境的跟踪和追踪应用。

(3) 以数据交换为目的的事件模型。读写器和标签之间的数据通信包括了读写器向电子标签的数据通信和电子标签向读写器的数据通信。在读写器向电子标签的数据通信中,又包括离线数据写入和在线数据写入。在电子标签向读写器的数据通信中,工作方式包括以下两种:一是电子标签被激活以后,向读写器发送电子标签内存储的数据;二是电子标签被激活以后,根据读写器的指令进入数据发送状态或休眠状态。

电子标签和读写器之间的数据通信是为应用服务的,读写器和应用系统之间通常有多种接口,接口具有以下功能:应用系统根据需要,向读写器发出读写器配置命令;读写器向应用系统返回所有可能的读写器的当前配置状态;应用系统向读写器发送各种命令;读写器向应用系统返回所有可能命令的执行结果。

(二) RFID 系统分类

RFID 系统主要根据 RFID 标签的不同特征进行分类,如表 2-2 所列。

表 2-2　RFID 系统分类

系统特征	系统分类		
工作频率	低频系统	中高频系统	超高频与微波
能量供应	无源系统	半有源系统	有源系统
工作方式	主动式	被动式	半主动式
信息注入方式	集成电路固化式	现场有线改写式	现场无线改写式
数据传输	电感耦合系统	电磁散射耦合系统	
标签的可读性	只读系统	可读写系统	
数据量	1bit 系统	多比特系统	

1. 按标签的工作频率分类

根据标签工作频率的不同可分为低频标签、高频标签和微波标签。低频标签的工作频率在 500kHz 以下,典型的工作频率有 125kHz、225kHz 等,这种标签的成本较低,标签内保存的数据量较少,阅读距离较短,常见的有行李识别标签、动物识别标签等。高频标签的工作频率为 500kHz～1GHz。常见的有门禁控制标签、电子门票等。微波标签的工作频率在 1GHz 以上,如高速公路不停车收费标签、集装箱自动识别标签等。

2. 按标签能量供应方式分类

根据能量供应方式的不同可分为有源标签和无源标签。有源标签是指标签内含有电池,这种标签的作用距离较远,但使用寿命有限、体积较大、成本高,且不适合在恶劣环境下工作。无源标签内没有电池,它利用波束供电技术将接收到的射频能量转化为直流电为标签内的电路供电,其作用距离相对有源标签要短,但其使用寿命长且对工作环境要求不高。

3. 按标签工作方式分类

按工作方式的不同可分为被动式标签、半主动式标签和主动式标签。被动式标签使用调制散射方式发射数据,它必须利用读写器的载波来调制自己的信号,其适用在门禁或交通应用中,因为读写器可以确保只激活一定区域内的标签。在有障碍物的情况下,用调制散射方式,读写器的能量必须来去穿过障碍物两次,衰减比较大。主动式标签含有电源,它通过自身的射频能量主动地发送数据给读写器。在有障碍物的情况下,主动式标签发射的信号仅穿过障碍物一次,能量衰减较小,因此主动式标签主要用于有障碍物的应用中,其工作距离可达 30m。

4. 按作用距离分类

根据 RFID 标签的作用距离,可以大致把射频标签分成 3 种类型,即密耦合标签、遥耦合标签和远距离标签。密耦合标签作用距离很小,其典型的工作距离是 0~1cm,工作时必须把标签插入阅读器中,或者放置在阅读器为此设定的表面上。遥耦合标签的工作距离为 1cm~1m。所有的遥耦合系统工作时都要通过电磁(感)耦合进行通信。目前,90%~95% 的商用 RFID 系统都属于遥耦合系统。远距离标签典型的工作距离为 1~10m,个别的系统可达更远的作用距离,所有的远距离系统都是在微波范围内用电磁波工作的,其发送频率通常为 2.45GHz,也有些系统使用的频率为 915MHz 和 5.8GHz。

四、射频识别系统技术标准

(一)标准的作用和内容

1. 标准的作用

标准指对产品、过程或服务中的现实和潜在问题做出规定,提供可共同遵守的工作语言,以利于技术合作和防止贸易壁垒;标准能够确保协同工作的进行、规模经济的实现、工作实施的安全性以及其他许多方面工作更高效地开展。RFID 标准化的主要目的在于通过制定、发布和实施标准,解决编码、通信、空中接口和数据共享等问题,最大程度地促进 RFID 技术与相关系统的应用。

标准的发布和实施,应处于恰当的时机。标准采用过早,有可能会制约技术的发展和进步;采用过晚,则可能会限制技术的应用范围。

RFID 标准主要有以下作用。

(1)规范接口和转送技术。比如,中间件技术,RFID 中间件扮演着 RFID 标签和应用程序之间的中介角色,从应用程序端使用中间件所提供的一组通用的应用程序接口,就可以连接到 RFID 读写器,读取电子标签数据。RFID 中间件采用程序逻辑及存储转发的功能来提供顺序的消息流,具有数据流设计与管理的能力。

(2)确定能够支持多种编码格式,达到一致性。如支持 EPC 等规定的编码格式,包括 EPC Global 所规定的标签数据格式标准。

(3)规范数据结构和内容,即数据编码格式及其内存分配。

(4)与传感器的融合。目前,RFID 技术与传感器系统逐步融合,物品定位采用 RFID 三角定位法及更多复杂的技术,还有一些 RFID 技术中采用传感器代替芯片,如实现温度和应变传感器的声表面波标签已经和 RFID 技术相结合。

由于 RFID 系统主要由数据采集和后台数据库网络应用系统两大部分组成,因此目前无论是已经发布还是正在制定中的标准都主要是与数据采集相关的,包括电子标签与读写器之间的空中接口、读写器与计算机之间的数据交换协议、RFID 电子标签与读写器的性能、一致性测试规范以及 RFID 电子标签的数据内容编码标准等。为构建全球范围的商品流通管理系统,需要对各种规范和技术要求进行研究,开展标准化工作。

2. 标准的内容

RFID 标准的主要内容包括以下几个方面。

（1）技术。技术包含的层面很多,主要是接口和通信技术,如空中间件接口技术和通信协议等。

（2）一致性。一致性主要指数据结构、编码格式和内存分配等相关内容。

（3）电池辅助及与传感器的融合。目前,RFID 技术也融合了传感器,能够进行温度和应变检测的应答器在物品追踪中应用广泛。几乎所有的带传感器的应答器和有源应答器都需要从电池获取能量。

（4）应用。RFID 技术涉及众多的具体应用,如不停车收费系统、身份识别、动物识别、物流、追踪和门禁等。各种不同的应用涉及不同的行业,因而标准还需要涉及有关行业的规范。

（二）RFID 标准化组织

目前,RFID 还未形成统一的全球化标准,市场为多种标准并存的局面,但随着全球物流行业 RFID 大规模应用的开始,RFID 标准的统一已经得到业界的广泛认同。RFID 系统主要由数据采集和后台数据库网络应用系统两大部分组成。目前已经发布或者是正在制定中的标准主要是与数据采集相关的,其中包括电子标签与读写器之间的空气接口、读写器与计算机之间的数据交换协议、RFID 标签与读写器的性能和一致性测试规范以及 RFID 标签的数据内容编码标准等。后台数据库网络应用系统目前并没有形成正式的国际标准,只有少数产业联盟制定了一些规范,现阶段还在不断演变中。RFID 标准主要有 ISO/IEC 制定的国际标准、国家标准、行业标准。

1. ISO/IEC

ISO 是世界上最大的、最有权威性的非政府性国际标准化专门机构,成立于 1947 年,其前身为国际标准协会和联合国标准协调委员会,ISO 标准的范围涉及除电工与电子工程以外的所有领域;IEC 成立于 1906 年,是世界上成立最早的国际性电工标准化机构,主要负责有关电气工程和电子工程领域中的国际标准化工作。因为 ISO 是公认的全球非营利性工业标准组织,和 EPC Global 相比,ISO/IEC 有着天然的公信力,ISO/IEC 在每个频段都发布了标准。ISO/IEC 组织下面有多个分技术委员会从事 RFID 标准研究。大部分 RFID 标准都是由 ISO/IEC 的技术委员会(TC)或分技术委员会(SC)制定的。

2. EPC Global

EPC Global 是由美国统一代码委员会(UCC)和 EAN 于 2003 年 9 月共同成立的非营利性组织,其前身是 1999 年 10 月 1 日在美国麻省理工学院成立的非营利中心——Auto–ID 中心。2005 年 1 月,EAN/UCC 正式更名为 GS1(全球第一标准化组织)。

Auto–ID 中心以创建物联网为使命,与众多成员企业共同制定一个统一的开放技术标准。旗下有沃尔玛集团、英国 Tresco 等 100 多家欧美零售流通业,同时有 IBM、微软、飞利浦、Auto–ID Lab 等公司提供技术研究支持。此组织除发布标准外,还负责 EPC Global 号码注册管理。

目前 EPC Global 已在加拿大、日本、中国等国建立了分支机构,专门负责 EPC 码段在这些国家分配与管理、EPC 相关技术标准制定、EPC 相关技术在本国的宣传普及以及推广应用等工作。

3. 泛在识别中心

泛在识别中心(Ubiquitous ID Center)是由日本政府的经济产业省牵头,主要由日本厂商组成,目前有日本电子厂商、信息企业和印刷公司等达 300 多家参与。该识别中心实际上就是日本有关电子标签的标准化组织。UID Center 技术体系架构由泛在识别码(Ucode)、信息系统服务器、泛在通信器和 Ucode 解析服务器等四部分构成,所制定 RFID 相关标准的思路类似于 EPC Global,目标也是构建一个完整的标准体系,即从编码体系、空中接口协议到泛在网络体系结构,但是每一个部分的具体内容存在差异。

4. AIM 和 IP-X

AIM 和 IP-X 的实力相对较弱小。AIDC(Automatic Identification and Data Collection)组织原先制定通行全球的条码标准,于 1999 年另外成立 AIM(Automatic Identification Manufacturers)组织,推出了 RFID 标准。不过由于原先条码的运用程度远不及 RFID,即 AIDC 未来是否有足够能力影响 RFID 标准的制定,将是一个未知数。AIM 全球有 13 个国家和地区性的分支,且目前的全球会员数已经快速累计达一千多个。而 IP-X 的成员则以非洲、大洋洲、亚洲等地的国家为主,主要在南非国家推行。

(三) RFID 标准体系结构

标准化的重要意义在于改进产品、过程和服务的适用性,防止贸易壁垒,促进技术合作。RFID 技术的标准化主要目标在于通过制定、发布和实施标准,解决编码、通信、空中接口和数据共享等问题,最大程度地促进 RFID 技术及相关系统的应用。由于 RFID 技术主要应用于物流管理等行业,需要通过射频标签来实现数据共享,因而 RFID 技术中的数据编码结构、数据的读取需要通过标准进行规范,以保证射频标签能够在全世界范围跨地区、跨行业、跨平台使用。

RFID 标准体系基本结构如图 2-33 所示,主要包括 RFID 技术标准、RFID 应用标准、RFID 数据内容标准和 RFID 性能标准。其中编码标准和通信协议(通信接口)是争夺比较激烈的部分,二者也构成了 RFID 标准的核心。

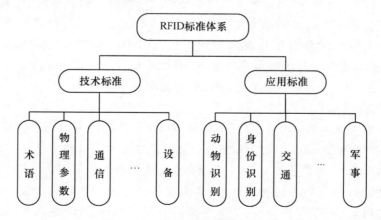

图 2-33 RFID 标准体系基本结构

1. RFID 技术标准

RFID 技术标准主要定义了不同频段的空中接口及相关参数,包括基本术语、物理参数、通信协议和相关设备等。例如,RFID 中间件是 RFID 标签和应用程序之间的中介,从应用程序端使用中间件所提供的一组应用接口(API),即能连接到 RFID 读写器,读取 RFID 标签数据。

RFDI 技术标准基本结构如图 2-34 所示。

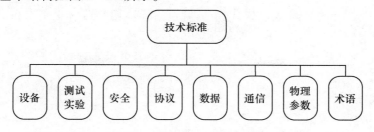

图 2-34　RFID 技术标准基本结构

2. RFID 应用标准

RFID 应用标准主要设计特定应用领域或环境中 RFID 构建规则，包括 RFID 在物流配送、仓储管理、交通运输、信息管理、动物识别、工业制造和休闲体育等领域的应用标准与规范。RFID 应用标准基本结构如图 2-35 所示。

图 2-35　RFID 应用标准基本结构

3. RFID 数据内容标准

RFID 数据内容标准主要涉及数据协议，数据编码规则及语法，包括编码格式、语法标准、数据符号、数据对象、数据结构、数据安全等。RFID 数据内容标准能够支持多种编码格式，比如，支持 EPC Global 和 DoD 等规定的编码格式，也包括 EPC Global 所规定的标签数据格式标准。

4. RFID 性能标准

RFID 性能标准主要涉及设备性能及一致性测试方法，尤其是数据结构和数据内容（即数据编码格式及其内存分配），主要包括印制质量、设计工艺、测试规范和试验流程等。由于 WiFi、微波接入全球互通、蓝牙、ZigBee、专用短程通信协议以及其他短程无线通信协议正用于 RFID 系统或融入 RFID 设备中，这使得 RFID 标准所包含的范围正在不断扩大，实际应用变得更加复杂。

五、射频识别系统的安全与隐私

与所有快速增长的新技术一样，RFID 技术在带来好处的同时也带来了与安全相关的问题。RFID 系统当初的设计思想是系统对应用完全开放，这是 RFID 系统出现安全隐患的根本原因。另外，在标签上执行加、解密运算需要耗用较多的处理器资源，会给轻便、廉价、成本可控的 RFID 标签增加额外的开销，因此使一些优秀的安全工具未能嵌入到 RFID 标签的硬件中，这也是 RFID 标签出现安全隐患的重要原因。

（一）RFID 系统安全与隐私威胁

RFID 系统隐私问题主要有两方面：一是标签信息泄露问题；二是通过标签的唯一标识符

进行恶意追踪问题。

信息泄露是指暴露标签发送信息,这个信息包括标签用户或者识别对象的相关信息。例如,RFID 图书馆通信信息是公开的,读者的读书信息其他任何人都可以获得。当电子标签应用于药品时,很可能暴露药物使用者的病理,隐私侵犯者可以通过扫描服用的药物推断出某人的健康状况。当个人信息如电子档案、生物特征添加到电子标签中时,标签信息泄露问题便极大地危害了个人隐私。

因为 RFID 系统后端服务器提供数据库,所以标签不用包含和传输大量的信息。通常情况下,标签只需要传输简单的标识符,人们可以通过这个标识符访问数据库获得目标对象的相关数据和信息。可以通过标签固定的标识符追踪它,即使标签进行加密后不知道标签的内容仍然可以通过固定的加密信息追踪标签。也就是说,可以在不同的时间和不同的地点识别标签,得出标签的定位信息。一旦标签的定位信息暴露也就意味着标签可以长期地被追踪。因此,可以通过标签的定位信息获得标签持有者的行踪,如得出其工作地点和到达、离开工作地点的时间。

从数据通信的角度来讲,RFID 安全与隐私威胁主要包括以下几个方面。

1. 数据秘密性问题

一个 RFID 标签不应当向未经授权的读写器泄露任何敏感的信息。一个完备的 RFID 安全方案必须能够保证标签中包含的信息仅能被授权读写器识别。事实上,目前读写器和标签间的无线通信在多数情况下是不受保护的(除了采用 ISO 14443 标准的高端系统)。因而未用安全机制的 RFID 标签会向邻近的读写器泄露标签内容和一些敏感信息。由于缺乏支持点对点加密和 PKI 密钥交换的功能,因此在 RFID 系统的应用过程中,攻击者能够获取并利用 RFID 标签上的内容。

同时,由于从读写器到标签的前向信道具有较大的覆盖范围,因此它比从标签到读写器的后向信道更加不安全。攻击者可以通过采用窃听技术,分析微处理器正常工作过程中产生的各种电磁特征来获得 RFID 标签和读写器之间或其他 RFID 通信设备之间的通信数据。

2. 数据完整性问题

在通信过程中,数据完整性能够保证接收者收到的信息在传输过程中没有被攻击者篡改或替换。在基于公钥的密码体制中,数据完整性一般是通过数字签名完成的。在 RFID 系统中,通常使用消息认证码进行数据完整性的检验。它使用的是一种带有共享密钥的散列算法,即将共享密钥和待检验的消息连接在一起进行散列运算,对数据的任何细微改动都会对消息认证码的值产生较大影响。事实上,除了采用 ISO 14443 标准的高端系统(该系统使用了消息认证码)外,在读写器和标签的通信过程中,传输信息的完整性无法得到保障。在通信接口处使用校验的方法也仅仅能够检测随机错误的发生。如果不采用数据完整性控制机制,可写的标签存储器有可能受到攻击。攻击者编写软件,利用计算机的通信接口,通过扫描 RFID 标签和响应读写器的查询,寻找安全协议、加密算法及其实现机制上的漏洞,进而删除或篡改 RFID 标签内的数据。

3. 数据真实性问题

标签的身份认证在 RFID 系统的许多应用中是非常重要的。攻击者可以从窃听到的标签与读写器间的通信数据中获取敏感信息,进而重构 RFID 标签,达到伪造标签的目的。攻击者可以利用伪造的标签代替实际物品,或通过重写合法的 RFID 标签内容,使用低价物品标签的内容替换高价物品标签的内容从而获取非法利益。同时,攻击者也可以通过某种方式隐藏标签,使读写器无法发现该标签,从而成功地实施物品转移。读写器只有通过身份认证才能确信消息是从正确的标签处发送过来的;反之亦然。

4. 用户隐私泄露问题

在许多应用中,RFID 标签中所包含的信息关系到使用者的隐私。这些数据一旦被攻击者获取,使用者的隐私权将无法得到保障,因而一个安全的 RFID 系统应当能够保护使用者的隐私信息或相关经济实体的商业利益。事实上,目前的 RFID 系统面临着巨大的隐私安全风险。同个人携带物品的商标可能泄露个人身份一样,个人携带物品的 RFID 标签也可能会泄露个人身份。通过读写器能够跟踪携带缺乏安全机制的 RFID 标签的个人,并将这些信息进行综合和分析,就可以获取使用者的个人喜好和行踪等隐私信息。如抢劫犯能够利用 RFID 读写器来确定贵重物品的数量及位置等。同时,一些情报人员也可能通过读取一系列缺乏安全机制标签的内容来获得有用的商业机密,如商业间谍人员可以通过隐藏在附近的读写器周期性地统计货架上的商品来推断销售数据。

(二) RFID 系统面临的攻击手段

针对 RFID 的主要安全攻击手段,可简单地分为主动攻击和被动攻击这两种类型。

1. 主动攻击

主动攻击主要包括从获得的 RFID 标签实体,通过物理手段在实验室环境中去除芯片封装,使用微探针获取敏感信号,进而进行目标 RFID 标签重构的复杂攻击;通过软件,利用微处理器的通用通信接口,通过扫描 RFID 标签和响应识读器的探询,寻求安全协议、加密算法以及它们实现的弱点,进而删除 RFID 标签内容或篡改可重写 RFID 标签内容的攻击;通过干扰广播、阻塞信道或其他手段,产生异常的应用环境,使合法处理器产生故障,拒绝服务的攻击等。

2. 被动攻击

被动攻击主要包括通过采用窃听技术,分析微处理器正常工作过程中产生的各种电磁特征,获得 RFID 标签和识读器之间或其他 RFID 通信设备之间的通信数据;通过识读器等窃听设备,跟踪商品流通动态等;美国 Weizmann 学院计算机科学教授 Adi Shamir 和他的一位学生利用定向天线和数字示波器监控 RFID 标签被读取时的功率消耗,通过监控标签的能耗过程研究人员推导出了密码。由于接收到读写器传来的密码不正确时,标签的能耗会上升,功率消耗模式可被加以分析以确定何时标签接收了正确和不正确的密码位。

主动攻击和被动攻击都会使 RFID 应用系统承受巨大的安全风险。主动攻击通过物理或软件方法篡改标签内容,以及通过删除标签内容及干扰广播、阻塞信道等方法扰乱合法处理器的正常工作,是影响 RFID 应用系统正常使用的重要安全隐患。而尽管被动攻击不改变 RFID 标签中的内容,也不影响 RFID 应用系统的正常工作,但它是获取 RFID 信息、个人隐私和物品流通信息的重要手段,也是 RFID 系统应用的重要安全隐患。

(三) RFID 系统安全与隐私问题的解决方法

1. 物理方法

(1) Kill 标签。Kill 标签由标准化组织 Auto – ID Center(自动识别中心)提出。它的方案原理为商品在结账时移除标签 ID 甚至完全杀死标签。移除标签 ID,隐私侵犯者仍然可以通过大量的产品扫描,确定相关的产品种类和制造信息,因此仍然存在信息推断问题。完全杀死标签可以完美地阻止扫描和追踪,但同时以牺牲 RFID 电子标签功能以及诸如售后服务、智能家庭应用、产品交易与回收等后续服务为代价。杀死标签的访问口令只有 8 位,因此恶意攻击

者仅以 2^8 的计算代价就可以获得标签访问权。因此,简单地移除标签 ID 或杀死标签并不是一个有效的检测和阻止标签扫描与追踪的隐私增强技术。

(2) 法拉第网罩。法拉第网罩是由金属网或金属箔片形成的无线电信号不能穿透的容器。外部的无线电信号不能进入法拉第网罩;反之亦然。这就意味着当人们把标签放进由传导材料构成的容器里时可以阻止标签被扫描,被动标签接收不到信号不能获得能量,主动标签发射的信号不能发出。利用法拉第网罩可以阻止隐私侵犯者通过扫描获得标签的信息。

(3) 主动干扰。主动干扰无线电信号是另一种屏蔽标签的方法。标签用户可以通过一个设备主动广播无线电信号以阻止或破坏附近的 RFID 阅读器的操作。这种初级的方法可能导致非法干扰。附近的其他的合法的 RFID 系统也会受到干扰,更严重的是它可能阻断附近其他使用无线电信号的系统。

(4) 阻止标签。阻止标签的原理:通过采用一个特殊的阻止标签干扰防碰撞算法来实现,阅读器读取命令每次总获得相同的应答数据,从而保护标签。

由于增加了阻止标签,因此使得应用成本偏高。其次,阻止标签可以模拟大量的标签 ID,从而阻止阅读器访问隐私保护区域之外的其他标签,因此阻止标签的滥用可能导致拒绝服务攻击。同时,阻止标签有其作用范围,超出隐私保护区域的标签将得不到保护。

2. 逻辑方法

逻辑方法是采用 RFID 安全协议来进行防护,目前提出的安全协议主要包括 Hash Lock 协议、随机化 Hash Lock 协议、Hash 链协议、数字图书馆 RFID 协议、分布式 RFID 询问应答认证协议和 LCAP 协议等。

安全协议的主要目的是通过协议消息的传递实现通信主体身份的认证,并在此基础上为下一步的秘密通信分配所使用的会话密钥。因此,对通信主体双方身份的认证是基础和前提。而且,在认证的过程中,对关键信息的秘密性及完整性的要求也是十分必要的。另外,作为与认证协议不同的另一类协议——电子商务协议,由于其自身的特点,也有一些特殊的性质要求。简单地说,安全协议的目的就是保证安全性质在协议执行完成时能够得以实现,换言之,评估安全协议的安全性就是检查其安全性质在协议执行时是否受到破坏。

六、射频识别技术的应用

1. 现代物流与供应链管理

电子标签技术应用在物品的流通环节,可以实现物品跟踪与信息共享,彻底改变了传统的供应链管理模式,提高企业运行效率。具体应用方向包括仓储管理、物流配送、零售管理、集装箱运输和邮政业务等。目前我国大部分企业还是依靠传统的商品条形码进行管理和识别,与传统的条形码相比,电子标签具有读取信息速度快、抗污染能力和耐久性较强、可重复使用、数据的记忆容量大、可穿透性和无屏障读取信息安全性高等特点。近年来,一些大型企业认识到电子标签在物流和供应链方面管理的优势,帮助企业大幅提高货物、信息管理的效率,还可以让销售企业和制造企业互联,从而更加准确地接收反馈信息,控制需求信息,优化整个供应链。

2. 生产管理和过程控制

用 RFID 技术在生产流水线上(汽车制造、家电生产、纺织服装等)可以实现自动控制、监视,提高生产率,改进生产方式,节约生产成本。例如,德国宝马汽车公司在装配流水线上应用射频技术,尽可能大量地生产用户定制的汽车,用户可以从上万种内部和外部选项中,选定自己所需车的颜色、引擎型号和轮胎式样等。然后,根据用户提出的要求式样定制生产。因此,汽车装配流水线上可以装配上百种式样的宝马汽车。宝马公司的做法是,在其装配流水线上配上 RFID 系统,使用可重复使用的电子标签,该电子标签上带有汽车所需的所有详细的要求,在每个工作点处都有读写器,这样可以保证汽车在各个流水线位置能准确地完成装配任务。

3. 公共安全

在公共安全领域可以通过应用 RFID 技术加强管理,如医药卫生、食品安全、危险品管理、防伪安全、煤矿安全、电子证照、动物标识、涉及公共卫生安全的门禁管理等。我国的第二代居民身份证其实就是一种电子标签,采用的标准是 ISO 14443 协议,第二代居民身份证与第一代居民身份证比较,克服了不能机读、防伪造和防变造性能差等方面的缺点。此外,第二代居民身份证可以与阅读身份证的机具进行相互认证,通过机读信息进行安全性确认,实现现代化人口信息管理。电子标签具有成本低和难以伪造等特点,在商品上使用电子标签,可以有效制止假冒伪劣商品。例如,中国铁路车号识别系统在投入应用期间,在 55 万节车厢上安装了电子标签,较好地杜绝了"以旧换新"等侵吞国家财产的行为。上海市将电子标签用于气瓶防伪,在电子标签中存储气瓶的出厂日期、报废日期等信息,有效地避免了气瓶超期服役现象。

4. 交通管理

利用 RFID 技术对高速移动物体识别的特点,可以对运输工具进行快速、有效地定位与统计,方便对车辆的管理和控制。具体应用方向包括公共交通票证、不停车收费车辆管理及铁路机车车辆相关设施管理等,如高速公路自动收费系统是中国在 RFID 技术方面最成功的应用之一。佛山市政府是我国第一个在高速公路安装自动收费系统的单位,整个系统主要用于自动收取路桥费以提高车辆通过率,缓解公路交通瓶颈。读写设备可以在过往车辆达 250km/h 情况下用少于 0.5ms 的时间正确读取识别车辆信息,并且正确率达 99.95%。高速公路实施项目后,可在高速公路不同地段设计安装读写器,实现高速公路对过往车辆的全程监控,另一方面在收费站实现不停车收费,节省过往车辆的排队交费时间,充分发挥了高速公路的作用。

5. 移动追踪

利用携带在某个移动物体上的 RFID 标签中的信息实现对物体的追踪。目前,美国的一些医院已经将 RFID 标签应用于新生婴儿的护理中,通过 RFID 标签能有效确认新生儿的身份,防止婴儿的误领。另外,利用标签可以监控婴儿在医院的行踪,一旦发现婴儿离开监控有效区,系统将会报警,从而防止陌生人未经允许带走小孩。医院还可以使用标签追踪医疗设备和仪器的移动情况,进行有效管理,图书馆也可以利用标签,有效管理大量图书,对图书进行规整分类。

第四节 其他识别与信息采集技术

一、生物特征识别技术

(一) 生物特征识别技术概述

生物特征识别技术以生物技术为基础,以信息技术为手段,将生物和信息这两大技术融于一体。生物特征识别技术主要是利用人的生物特征,因为人的生物特征是唯一的(与他人不同),因而能够用来鉴别身份。用于生物特征识别的生物特征应具有以下特点。

广泛性——每个人都应该具有这种特征。

唯一性——每个人拥有的特征应该各不相同。

稳定性——所选择的特征应该不随时间的变化而发生变化。

可采集性——所选择的特征应该便于测量。

研究和经验表明，人的指纹、掌纹、面孔、发音、虹膜、视网膜、骨架等都具有唯一性和稳定性等特征。符合上述要求的生物特征可分为生物特征和行为特征，其中，生理特征包括手形、指纹、手指、手掌、虹膜、视网膜、面孔、耳廓、DNA、体味、脉搏、足迹等。行为特征有签字、声音、按键力度、步态、红外温谱图等。目前已经比较成熟并得到广泛应用的生物特征识别技术有指纹识别、人脸识别、虹膜识别、视网膜识别、掌形识别、签名识别、多模态识别、基因识别、步态识别等。基于各种不同生物特征的识别系统各有优缺点，分别适用于不同的范围。

（二）典型生物特征识别技术

1. 指纹识别技术

指纹识别主要根据人体指纹的纹路、细节特征等信息对操作或被操作者进行身份鉴定，是目前生物检测学中研究最深入、应用最广泛、发展最成熟的技术。

指纹的固有特性主要有3个方面：一是确定性，每幅指纹的结构是恒定的，胎儿在4个月左右就形成指纹，以后就终身不变；二是唯一性，两个完全一致的指纹出现的概率非常小；三是可分类性，可以按指纹的纹线走向进行分类。

指纹识别技术主要涉及指纹图像采集、指纹图像处理、特征提取、数据存储、特征值的比对与匹配等过程。首先，通过指纹读取设备读取到人体指纹的图像，并对原始指纹图像进行初步的处理，使之更清晰。然后，运用指纹识别算法建立指纹的数字表示——特征数据，这是一种单方向的转换，可以将指纹转换为特征数据，但不能将特征数据转换成为指纹，而且两个不同的指纹不会产生相同的特征数据。最后，通过计算机模糊比较的方法，把两个指纹的模板进行比较，计算出它们的相似程度，最终得到两个指纹的匹配结果。

相对于其他身份识别技术，指纹识别是一种更为理想的身份确认技术，它不仅具有许多独到的信息安全角度的优点，更重要的是还具有很高的实用性和可行性。因为每个人的指纹独一无二，两人之间不存在相同的指纹；每个人的指纹是相当固定的，很难发生变化，指纹不会随着人年龄的增长或身体健康状况的变化而变化；指纹样本便于获取，易于开发识别系统，实用性强。因此，指纹识别技术主要用于个人身份鉴定，可广泛用于考勤、门禁控制、PC登录认证、私人数据安全、电子商务安全、网络数据安全、身份证件、信用卡、机场安全检查、刑事侦破与罪犯缉捕等。

2. 人脸识别技术

人脸识别可以说是人们日常生活中最常用的身份确认手段。人脸识别通过与计算机相连的摄像头动态捕捉人的面部，同时把捕捉到的人脸与预先录入的人脸特征进行比较、识别。人们对这种技术一般没有任何的排斥心理，从理论上讲，人脸识别可以成为一种最友好的生物特征识别技术。

人脸识别通过对面部特征和它们之间的关系来进行识别。用于捕捉面部图像的两项技术为标准视频技术和热成像技术。标准视频技术通过一个标准的摄像头摄取面部的图像或者一系列图像，捕捉一些核心点（如眼睛、鼻子和嘴巴等）以及它们之间的相对位置，然后形成模板。热成像技术通过分析由面部毛细血管的血液产生的热线来产生面部图像。与标准视频技术不同，热成像技术并不需要在较好的光源条件下进行，即使在黑暗情况下也可以使用。

人脸识别的优点在于不需要被动配合，可以用在某些隐蔽的场合，而其他生物特征识别方法都需要个人的行为配合;可远距离采集人脸,利用已有的人脸数据库资源可更直观、更方便地核查个人的身份,因此可以降低成本。但人脸识别的缺点也是显而易见的。人脸的差异性并不是很明显,误识率可能较高。对于双胞胎,人脸识别技术不能区分。人脸的持久性差,如长胖、变瘦、长出胡须等,都会影响人脸识别的正确性。人的表情也是丰富多彩的,这也增加了识别的难度。人脸识别受周围环境的影响较大。由于这些因素,人脸识别的准确率不如其他生物特征识别技术。

3. 虹膜识别技术

虹膜是眼球血管膜的一部分,它是一个环状的薄膜,具有终生不变性和差异性。人眼中的虹膜由随瞳孔直径变化而拉伸的复杂纤维状组织构成。人在出生前的生长过程造成了各自虹膜组织结构的差异。虹膜总体上呈现一种由里到外的放射状结构,它包含许多相互交错的类似斑点以及细丝、冠状、条纹、隐窝等形状的细微特征。这些特征信息对于每个人来说都是唯一的,其唯一性主要是由胚胎发育环境的差异所决定的。通常,人们将这些细微特征信息称为虹膜的纹理信息。

与其他生物特征相比,虹膜是一种更稳定、更可靠的生理特征。而且,由于虹膜是眼睛的外在组成部分,因此,基于虹膜的生物特征识别系统对使用者来说可以是非接触的。虹膜的唯一性、稳定性、可采集性、准确性和非侵犯性使得虹膜识别技术具有广泛的应用前景。

4. 视网膜识别技术

视网膜是一些位于眼球后部十分细小的神经,它是人眼感受光线并将信息通过视神经传给大脑的重要器官。它同胶片的功能有些类似,用于生物特征识别的血管分布在神经视网膜周围,即视网膜四层细胞的最远处。在采集视网膜的数据时,扫描器发出一束光射入使用者的眼睛,并反射回扫描器,系统会迅速描绘出眼睛的血管图案,并录入到数据库中。

视网膜识别技术的优点是具有相当高的可靠性。视网膜的血管分布具有唯一性,即使是双胞胎,这种血管分布也是有区别的。除了患有眼疾或者严重的脑外伤外,视网膜的结构形式在人的一生中都相当稳定。视网膜识别系统的误识率低。录入设备从视网膜上可以获得700个特征点,这使得视网膜扫描技术录入设备的误识率低于 10^{-6}。视网膜是不可见的,因此也不可能被伪造。

5. 多模态识别技术

随着对社会安全和身份鉴别的准确性和可靠性要求的日益提高,单一的生物特征识别已远远不能满足社会的需要,进而阻碍了该领域更广泛的应用。由于没有任何一个单一的生物特征识别系统能提供足够的精确度和可靠性,因此,多模态识别系统的出现是一个可选的策略,如声音和人脸可以结合在一起组成一个多模态识别系统。随着需求的增加,多模态生物特征识别的研究和应用逐渐兴起和深入。

二、磁条(卡)识别技术

磁条(卡)识别技术应用了物理学和磁力学的基本原理。磁条就是一层薄薄的由定向排列的铁性氧化粒子组成的材料(也称为涂料),用树脂黏合在一起并粘在诸如纸或者塑料这样的非磁性基片上。数字化信息被存储在磁条中。类似于将一组小磁铁头尾连接在一起,磁条记录信息的方法是变化小块磁物质的极性。在磁性氧化的地方具有相反的极性(如S-N和N-S),识读器能够在磁条内分辨到这种磁性变换。这个过程被称为磁变。一部解码器识读到磁性变换,并将它们转换回字母和数字的形式以便由计算机来处理。

磁条(卡)识别技术的优点是：数据可读写，即具有现场改写数据的能力；数据存储量能满足大多数需求，便于使用，成本低廉，还具有一定的数据安全性；它能黏附于许多不同规格和形式的基材上。磁卡的价格也很便宜，但是很容易磨损，磁卡不能折叠、撕裂，数据量较小。

磁条(卡)识别技术在很多领域都得到了广泛的应用，如信用卡、银行 ATM 卡、机票、公共汽车票、自动售货卡、会员卡、现金卡等。磁卡还使用在对保安建筑、旅馆房间和其他设施的进出控制。其他应用包括时间与出勤系统、库存追踪、人员识别、娱乐场所管理、生产控制、交通收费系统和自动售货机。现在，每年有 100 多亿张磁卡在各种应用中使用，而应用的范围还在不断扩大。

三、智能卡识别技术

智能卡是一种通过嵌在塑料卡片上的微型集成电路芯片来实现数据读写、存储的 AIDC 技术。在中国，智能卡最广为人知的称呼是"IC 卡"，这是英文"Integrated Circuits Card"的缩写，译为"集成电路卡"。

根据所封装的 IC 芯片的不同，IC 卡可分为存储器卡、逻辑加密卡和 CPU 卡 3 种。

1. 存储器卡

存储器卡(Memory Card)卡内芯片为电可擦除可编程只读存储器(Electrically Erasable Programmable Read – Only Memory, EEPROM)以及地址译码电路和指令译码电路。存储卡属于被动型卡，通常采用同步通信方式。这种卡片存储方便、使用简单、价格便宜，在很多场合可以替代磁卡。但该类 IC 卡不具备保密功能，因而一般用于存放不需要保密的信息。

存储器卡卡内嵌入的芯片为存储器芯片，这些芯片多为通用 EEPROM(或 Flash Memory)；无安全逻辑，可对片内信息不受限制地任意存取；卡片制造中也很少采取安全保护措施。存储器卡功能简单，没有(或很少有)安全保护逻辑，但价格低廉，开发使用简便，存储容量增长迅猛，因此多用于某些内部信息无须保密或不允许加密的场合，如电话卡、停车卡、临时出入卡等。

2. 逻辑加密卡

逻辑加密卡(Memory Card with Security Logic)由非易失性存储器和硬件加密逻辑构成，一般均为专门为 IC 卡设计的芯片，具有安全控制逻辑，安全性能较好；同时采用 ROM、PROM、EEPROM 等存储技术；从芯片制造到交货，均采取较好的安全保护措施，如运输密码(Transport Card, TC)的取用；支持 ISO/IEC 7816 国际标准。为提高安全性，逻辑加密卡的存储空间被分为多个不同的功能区。逻辑加密卡有一定的安全保证，多用在需要保密但对安全性要求不太高的场合，如保险卡、加油卡、驾驶卡、借书卡、IC 卡电话、小额电子钱包等。目前，逻辑加密卡是 IC 卡在非金融领域的最主要的应用形式。

3. CPU 卡

CPU 卡也称为保密微控制器卡、加密微控制器卡(片内带加密协处理器)。CPU 卡的硬件构成包括 CPU、存储器(含 RAM、ROM、EEPROM 等)、卡与读写终端通信的 I/O 接口及加密运算协处理器 CAU，ROM 中则存放有 COS(Chip Operation System，片内操作系统)。

由于 CPU 卡具有很高的数据处理和计算能力以及较大的存储容量，因此应用的灵活性、适应性较强。同时，CPU 卡在硬件结构、操作系统、制作工艺上采取了多层次的安全措施，这保证了其极强的安全防伪能力。它不仅可验证卡和持卡人的合法性，而且可鉴别读写终端，已成为一卡多用及对数据安全保密性特别敏感场合的最佳选择，如金融信用卡、手机 SIM 卡等。

虽然通常将所有IC卡都称为智能卡,但严格地讲,只有CPU卡才真正具有智能特征,也即只有CPU卡才是真正意义上的"智能卡"。

四、图像识别技术

随着微电子技术及计算机技术的蓬勃发展,图像识别技术得到了广泛的应用和普遍的重视,现已广泛应用于遥感、工业检测、机器人视觉、军事、生物医学、地质、海洋、气象、农业、灾害治理、货物检测、邮政编码、金融、公安、银行、工矿企业、冶金、渔业、机械、交通、电子商务、多媒体网络通信等领域。

图像是用各种观测系统以不同形式和手段观测客观世界而获得的,可以直接或间接作用于人眼并进而产生视觉的实体。人的视觉系统就是一个观测系统,通过它得到的图像就是客观景物在人心目中形成的影像。我们生活在一个信息时代,科学研究和统计表明,人类从外界获得的信息约有75%来自视觉系统,也就是从图像中获得的。这里的图像是比较广义的范畴,如照片、绘图等都属于图像的范畴。

第五节 自动识别技术在弹药保障中的应用

当前,在我军弹药保障体系中,弹药供应链中的信息流和物资流发展已日臻完善,依赖传统的弹药喷字标识、目视识别和手工填写的登记管理模式,已成为由信息采集、信息传输和信息处理组成的弹药信息流中的最薄弱环节,与弹药保障信息化需求极不适应。通过采用信息识别与采集技术,将弹药储供信息进行编码并应用于弹药保障中,实现弹药信息采集自动化,对于有效保证弹药信息采集的准确性、快速性,进而提高我军通用弹药保障能力具有重要的作用。本节主要介绍二维码与RFID技术在弹药保障中的应用。

一、条码识别在弹药保障中的应用

1. 外军应用情况

条码技术自20世纪80年代初出现以来,在美陆军和国防部的账目登记中就得到了广泛的应用,从军事物资采购开始,遍及后勤补给链的每一步。自1981年开始,美国国防部就先后发布了《国防部通用条码标准》《美国军用物资的识别标记》《美国军用财产识别标记》等12个与条码有关的标准,用以规范各类物品标识。这些标准是美军条码标识的主要依据。经过20多年的发展,美国在二维码、RFID技术方面已开展广泛应用。

美国国防部先后使用了两种条码,即一维条码和二维条码。美国国防部采用的一维条码是39码。美军物资管理采用这种由数字和字母混合编码的39码,能准确、迅速地对自动化仓库内各种物资进行识别,而且还可以对入库的物资进行登记、跟踪、分类和控制。随着二维码和RFID的发展,一维条码在美军后勤保障中的应用逐渐萎缩。

目前,美国军方要求其所有的军品供应商必须使用基于PDF417码的运输标签,并于1999年颁布标签标准MIL STD197,在全美24个后勤军需仓库中使用PDF417码。同时,二维码还被美国军方应用到军械仓库、军械维修、军官证件、弹药标识、物资运输等各个领域。海外战争期间,美军二维码技术的应用大大提高了军事机动能力和运输效率,建立起一套先进、高效的后勤保障系统。

在法国军队,二维码也被广泛地应用于运输后勤管理,并在耐高温的金属牌上采用激光蚀刻 PDF417 二维码来实现军事人员的身份标识,在军事抢救时,带有二维码的军事人员的基础医疗信息,包括身份、血型、用药禁忌等信息,可在脱离网络的环境下,从二维码中迅速获得,从而加速了医疗救护的过程。

2. 条码识别在我军弹药保障中的应用

在我军弹药保障中,传统的信息识别与处理主要利用弹药喷字标识、目视识别和手工填写的登记管理模式,此种模式既不能有效地提高弹药保障效率,还容易发生人为错误,造成错发、漏发事故,严重制约了弹药保障工作的开展。随着信息技术的发展,在弹药标识中引入条码自动识别技术,实现弹药保障前端信息自动识别与采集,是提高弹药保障信息化水平的重要手段和措施。

在弹药条码识别中,我军将龙贝二维码作为弹药储供自动识别标准条码。龙贝码(LP Code),是具有国际领先水平的全新码制,拥有完全自主知识产权,具有更高的信息密度、更强的加密功能、更广泛的信息编码、极强的抗畸变性能以及在尺寸、形状上有极大的灵活性等特点,适合于弹药信息的识别与采集。

在总部、科研院所、工厂、仓库、部队等相关人员的努力下,制定了《通用弹药条码编制方法》(GJB 5233—2004),研发了弹药条码识别设备,并结合弹药数质量管理信息系统对弹药的储存保管、收发运输进行了信息化管理,提高了弹药收发效率和保障效能,收到了良好的效果。图 2-36 所示是我军某弹药仓库正在运用二维码在对储存弹药进行信息采集。

图 2-36 应用二维码进行信息采集

二、射频识别在弹药保障中的应用

(一)外军应用情况

目前,外军对 RFID 的应用水平最高、最具代表性的是美军,RFID 技术已经被美军广泛应用于军事后勤及装备保障领域,并在实战中取得了理想的效果。

1. 美军应用 RFID 技术源于战场上的现实问题

美军是"后装"合一体制,美国国防部后勤供应局(Defense Logistic Agency,DLA)负责处理各类战场物资的保障。每年都要承担总价值达 832 亿美元的 8700 万次货物运输任务。不管是在越南战场还是伊拉克战场,美国国防部后勤供应局一刻不停地进行着购买、销售、分发和处理各种后勤物品的工作,因此,美国国防部后勤供应局一直要求保持反应的灵敏性。但是在第一次海湾战争中,美国国防部后勤供应局的供应出现了严重的混乱,来自军方的压力要求他们必须进行改革,要求美国国防部后勤供应局变成一个人员精简、服务高效的军事支持单位。

在第一次海湾战争期间,美军在解决战场物资的请领、运输及分发等环节中遇到严重的现实问题,由于物资供应信息系统处于完全不透明的状态,前线部队根本无法知道其需要的物资在哪里。在这种不透明的状态下,部队已经转移了阵地,武器弹药却经常运到了原来的地点,军人对美军的物资供应几乎丧失了信心。当时,美国国防部给前线陆军运送了4万多个集装箱,港口、机场、车站和调度场都堆满了等待处理分配的货物,士兵和后勤负责人要在数以万计的集装箱中找到重要设备和补给品。最后,其中的2.5万多个集装箱被迫打开、登记、封装并再次投入运输系统。当战争结束时,还有8000多个打开的集装箱未能加以利用。

另外,因为无法得知货物运送的状况,军人不知道自己申请的物资是否已发出,所以常常超额申请。比如要申请一个汽车轮胎,前方部队在焦急等待中连续申请了好几次,而后勤单位也不知道物资是否已经送到士兵手中,最后就发来了4个轮胎。据战后统计,光是修理零件超额申请部分就高达27亿美元。

2. 美军应用RFID历程

2001年上任的美国国防部后勤供应局发动了改革,果断决定选用SAPAG的ERP系统、Manugistics公司的供应链管理软件和SAVI公司的RFID技术,建置美军的全球可视化后勤网络。通过信息系统,军官们可以随时了解自己需要的物资运送到了哪里,当他们收到货物的时候,也会发现商品上被贴上了一个不大的标签,撕开不干胶,会看到一圈一圈的天线和一个小巧的芯片——这就是电子标签,如图2-37所示。

图2-37 美军军用电子标签

海湾战争期间,美军在各港口、机场、铁道、物流中心皆装有RFID读取装置来收集后勤补给的动态数据。RFID技术和ERP供应链管理系统在美军入侵伊拉克的战争中得到了真正的检验。当时的美军中央战区指挥官Tommy Franks在2002年7月31日下达命令,任何进入其所辖战区的物资必须贴有电子标签。De Vincentis认为,Tommy Franks要得到的是一张物流全景图,在这个全景图的帮助下,美军的供应要更快、更精准。

为了使物资供应更加有效率,美国国防部军需供应局进行了大规模的机构精简,1991年"沙漠风暴"时,美国国防部军需供应局的工作人员将近6.5万人,而目前精简之后已经降到2.15万人。他们将23个仓库纳入到一套系统下进行管理,并对原来的42套业务和支持流程进行合并和重组,简化至目前的6个主要业务流程。

2004年8月美国国防部公布了实施RFID技术的最终政策。这一方面说明美军对RFID技术的高度重视及加速推进的态度,同时也表明经过伊拉克战争考验的RFID技术已经逐步成为成熟技术。2005年是美国国防部发布相关政策规定,积极试验,为2006年大规模实施进行准备的一年。

2005年2月,国防部两个装有RFID设备的补给站已经开始接收包装上贴有RFID标签的货物。国防部已向供应商发布使用RFID的解释性文件,文件包括供应商应该使用什么类型的标签、国防部对标签中数据的要求以及标签贴在货物上的位置。国防部已经修改了865 EDI共享供应链数据的标准电子格式的传输协议,它包括RFID标签上的唯一编码。供应商被要求首先通过EDI发送一个提前发货通知,这样国防部就能够在接收货物的时候把标签和箱子里面的货物关联起来。

2005年10月,国防部就其RFID应用公布了对供应商的指导方针,明确国防部计划在2005年年底前开始接收贴有RFID电子标签的物品。在国防部RFID最终政策的进度表中,RFID无源标签的实施定在2006年1月份。在此前,五角大楼已经批准了RFID的标准。

国防部将要求供应商在货箱、汽油包装箱、润滑油箱、油箱、化学药品箱等包装箱上使用RFID无源标签。国防部的供应商们可以使用任何供应商所提供的标签,只要其满足64B或96B的EPC Class0或Class1标签要求即可。自2007年1月开始,所有运往国防部的商品货物的货箱和货盘都要求贴上RFID标签才可放行。

3. 美军应用RFID的军事经济效益

美军采用RFID识别技术在军事物流领域产生了极大效用,帮助美军实现了以下目标。

(1)通过自动化增加生产力并减少人工干涉,避免人为错误。
(2)实现军事物流供应链的完全可视化。
(3)消除超额库存(多余物资的重复申请)。
(4)动态获取军事物流供应链的实时数据,实现快速、准确的后勤管理。
(5)加速后勤物资由工厂到散兵坑的运送,并改善对运送的指挥控制。
(6)减少数据的重复录入,并且提高数据的正确性。

在伊拉克战争中,美军就是通过往每个运往海湾的集装箱上加装射频芯片,准确地追踪了国防部发往海湾的4万个集装箱,从而实现对"人员流"、"装备流"和"物资流"的全程跟踪,并指挥和控制其接收、分发和调换,使物资的供应和管理具有较高的透明度,大大提高了军事物流保障的有效性,实现了由"储备式后勤"到"配送式后勤"的转变。与海湾战争相比,海运量减少了87%,空运量减少了88.6%,战略支援装备动员量减少了89%,战役物资储备量减少了75%。这种新的运作模式,为美国国防部节省了几十亿美元的开支,展示出了令人瞩目的军事经济效益。

(二)我军应用情况

目前,我军RFID系统主要应用于部队营区安防管理方面;在弹药储供RFID技术应用进行了大量的研究,但还没有应用于部队训练和实战,有待进一步研究并加以应用。RFID技术是弹药储供可视化的基础,是弹药保障的发展方向,对推进我军弹药保障信息化建设具有重要意义。

现代信息技术的快速发展促进了物流领域信息技术的应用。自动识别技术的不断成熟为弹药物资流汇聚成信息流提供了重要的技术途径。建立基于RFID技术的弹药自动识别系统已成为弹药保障信息化的必经之路。

在弹药上采用RFID技术,是实现弹药物流管理信息化的重要手段,也是武器装备战场保障信息化的重要内容之一。实现弹药全方位管理的信息化,是提供高效、准确、可靠的战场保障的基础。射频标签贴附在弹药包装箱上,通过阅读器(或读写器)发射无线信号激活标签,并接收标签反射的信号,可以实现直接读取标签内存储的弹药信息,从而实现数据采集、信息的传递和交换。利用统一的电子标签编码,从弹药的生产制造阶段对弹药进行电子身份唯一性标识,不论是弹药在储存、运输、交付还是报废,这个唯一性标识都能有效记载和标识弹药的每个环节和过程,从而能实现弹药全生命周期中的追溯。射频标签通过统一的编码,为实现弹药的全程跟踪和可追溯性要求提供了重要保障,同时也为军事物流管理的信息化提供了基础性的技术支持。

三、弹药保障自动识别发展趋势

在弹药保障中应用最多的自动识别技术是条码识别技术和 RFID 技术,目前在自动识别领域具有共识的观点是,RFID 以其芯片存储技术的各种特点,会成为自动识别产业的一支新军,产生和形成一系列新型的应用并取代一部分传统一维码的应用。但 RFID 的广泛应用并不能取代条码识别特别是二维码识别技术。一般情况下,二维码适合对单品的标识,RFID 适合对托盘或集装箱等伪集装工具的标识。例如,在弹药集装储供上,单发弹药适合于用二维码进行标识,集装托盘、集装箱或运输车辆适合于射频标签的标识。另外,RFID 会和二维码、一维码分庭抗礼,并在很多场合和二维码结合使用以适应不同的使用环境,同时成为相互稽核的关系。例如,在国内外 RFID 的成熟应用案例上,在标签上所看到的是一个二维码标签,内部藏着电子芯片。

思考与练习

1. 简述二维码的基本特点。
2. 简述 RFID 的基本原理与系统构成。
3. 简述 RFID 工作流程。
4. RFID 系统的安全威胁主要存在哪些方面?
5. 自动识别技术在弹药保障中的应用主要有哪些?

第三章　信息传输与跟踪技术

在弹药保障中,信息传输与跟踪技术是保障"信息流"畅通以及"信息流"与弹药"物流"的有效结合的核心。信息传输与跟踪技术主要包括数据通信技术、电子数据交换(EDI)技术、卫星导航定位技术以及地理信息系统等内容。本章主要阐述与弹药保障相关的信息传输与跟踪技术的基本概念、原理、结构组成以及在弹药保障中的应用。

第一节　数据通信技术

通信技术是消除和克服空间上的限制,使得人们能更有效地传递和利用信息资源的技术,它的作用是传输、交换和分配信息。现代社会通常用电信号或光信号来传递信息,因此现代通信技术主要是指载有信息的电信号或光信号的产生、变换、处理、传递、交换和接收等过程的技术。数据通信网络技术是当今世界发展速度最快、通用性最广、渗透性最强的技术之一,它可极大地提升劳动性生产率和作战效能,成为现代社会发展的巨大推动力和新军事变革的核心驱动力之一。

一、数据通信技术概述

(一) 数据通信的定义

数据通信是依照一定的协议,利用数据传输技术在两个终端之间传递数据信息的一种通信方式和通信业务。它可实现计算机与计算机、计算机与终端以及终端与终端之间的数据信息传递,是继电报、电话业务之后的第三种最大的通信业务。

数据通信不同于电报、电话通信,它所实现的主要是"人(通过终端)—机(计算机)"通信与"机—机"通信,但也包括"人(通过智能终端)—人"通信。数据通信中传递的信息均以二进制数据形式来表现。数据通信的另一个特点是它总是与远程信息处理相联系,是包括科学计算、过程控制、信息检索等内容的广义的信息处理。

数据通信具有以下特点。

(1) 数据通信是实现计算机和计算机之间以及人和计算机之间的通信。

(2) 计算机之间的通信过程需要定义出严格的通信协议或标准。

(3) 数据通信对数据传输的可靠性要求很高。

(4) 数据通信的"用户"所采用的计算机和终端等设备多种多样,它们在通信速率、编码格式、同步方式和通信规程等方面都有很大的差别。

(5) 数据通信的数据传输效率高。

(6) 通信系统中不同用户、不同应用的通信业务的信息平均长度和延时变化非常大。

(7) 数据通信的数据传输方式分为并行传输和串行传输两种。并行数据传输是在传输中有多个数据位同时在设备之间进行的传输;串行数据传输是在传输中只有一个数据位在设备之间进行的传输。

(二) 数据通信系统构成

数据通信系统是由计算机、远程终端、传输信道及有关通信设备组成的完整系统。任何一个信息系统都必须实现数据通信与信息处理的功能：前者为后者提供信息传输服务；后者利用前者提供的服务实现系统的应用。从数据通信原理角度来看，数据通信系统是通过数据电路将分布在异地的数据终端设备与计算机系统连接起来，实现数据传输、交换、存储和处理的系统。其典型构成如图3-1所示。

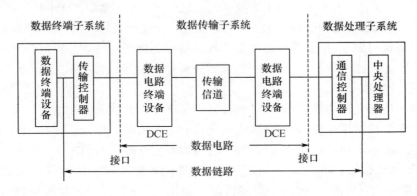

图3-1 数据通信系统基本构成

(1) 数据终端子系统。由数据终端设备和传输控制器组成。前者将发送的信息变换为数字信号输出，或者把接收的数字信号还原为用户能理解的信息形式，具有编码、解码功能，形式很多；后者用于数据传输的控制，借助传输控制代码完成线路控制功能，包括通信线路的自动呼叫、自动接通/断开、确认对方的通信状态以及实现差错控制等功能。

(2) 数据传输子系统。由传输信道及两端的DCE构成。传输信道有多种分类方法，如模拟信道与数字信道、专用线路和交换网线路、有线信道和无线信道、频分信道和时分信道等。如果是交换网线路，则在每次通信开始前首先要通过呼叫过程建立连接，通信结束后再拆除连接，这和打电话的情况类似；如果是专线连接则较简单，采用固定连接方法，不需要上述的呼叫建立与拆线等过程。DCE主要功能是在数据终端设备和其接入的网络间进行接口规程及电气上的适配，不同的数据通信系统所用的数据通信设备各异。如传输信道是模拟信道，DCE的作用就是把DTE送来的数据信号变换为模拟信号再送往信道，或者反过来，把信道送来的模拟信号变换成数据信号再送到DTE；如果是数字的，DCE的作用是实现信号码型与电平的转换、信道特性的均衡、收发时钟的形成与供给以及线路接续控制等。

(3) 数据处理子系统。包括通信控制器和中央处理器。前者把来自主终端的数据经通信控制器分送给相应的通信线路，或把来自通信线路的数据经由通信控制器送往中央处理机，是中央处理机与各条通信线路之间的"桥梁"，其功能包括线路控制、传输控制、接口控制、差错控制、报文处理、速率变换等；后者主要完成数据处理和存储等功能。

(三) 数据通信网络模型

如同人与人之间交流需要依赖于各种交流渠道和手段一样，计算机之间实现通信就必须依靠网络通信协议。网络协议（Network Protocol）是为了屏蔽网络中计算机硬件和软件存在的各种差异，保证相互通信及双方能够正确地接收信息而事先建立的规则标准或约定。

网络协议有3个要素，即语法、语义和同步。语法用来规定传输信息的格式；语义用来确定通信双方通信的内容是什么;同步则是详细说明通信过程中各事件的先后顺序。在连接网络时,必须选用正确的网络协议,以保证不同连接方式和操作系统的计算机之间可以进行数据传输。常用的网络协议有 TCP/IP 协议、NetBEUI 协议、NWLink IPX/SPX/NetBIOS 兼容传输协议、DLC 协议和 AppleTalk 协议等。为了实现不同厂家生产的计算机系统之间以及异构网络之间的数据通信,就必须遵循相同的网络体系结构模型。常用的有 OSI 参考模型和 TCP/IP 参考模型两种。

1. OSI 参考模型

国际标准化组织在 1985 年推出了开放系统互联(OSI)参考模型。OSI 参考模型定义了开放系统的层次结构、层次之间的相互关系及各层所包含可能的服务。它是作为一个框架来协调和组织各层协议的制定,也是对网络内部结构最精炼的概括与描述。根据分而治之的原则,OSI 将整个通信功能划分为 7 个层次,由上至下分别是应用层、表示层、会话层、传输层、网络层、数据链路层及物理层。

根据网络中各层完成的功能不同,可将计算机网络分为通信子网和资源子网。网络层、数据链路层和物理层可看作是传输控制层,负责有关通信子网的工作,解决网络中硬件设备的通信问题;应用层、表示层和会话层为应用控制层,负责有关资源子网的工作,解决应用进程的通信问题;传输层为通信子网和资源子网的接口,负责将上层数据分段并提供端到端的传输。OSI/RM 的最高层为应用层,面向用户提供所需的应用服务;最低层为物理层,连接通信媒体实现数据传输。层与层之间的通信是通过各层之间的接口来进行的,上层通过接口向下层发送服务请求,而下层通过接口向上层提供服务。这里需要注意的是,OSI 参考模型并没有提供一个可以实现的方法。OSI 参考模型只是描述了一些概念,用来协调进程间通信标准的制定。在 OSI 范围内,只有在各种协议可以被实现并且各种网络互联设备和 OSI 的协议相一致时才能互联。也就是说,OSI 参考模型并不是一个标准,而只是一个在制订标准时所使用的概念性的框架。

2. TCP/IP 参考模型

TCP/IP(Transfer Control Protocol/Internet Protocol)即传输控制/网际协议,又叫网络通信协议,它是 Internet 的基础。TCP/IP 协议包括上百个各种功能的协议,如远程登录、文件传输和电子邮件等,其中 TCP 协议和 IP 协议是保证数据完整传输的两个重要的协议,因此被称为 TCP/IP 协议簇。

TCP/IP 参考模型分为 4 层,即应用层、传输层、网络层和网络接口层。TCP/IP 参考模型是为 TCP/IP 协议量身定做的。TCP/IP 参考模型的应用层与 OSI 参考模型上功能相似,它向用户提供一组常用的应用程序;传输层提供应用程序间的通信;网络层负责相邻计算机之间的互联通信;网络接口层是 TCP/IP 参考模型的最低层,负责接收 IP 数据包并通过网络进行发送,或者从网络接口层上接收物理帧,去掉帧头帧尾剥出 IP 数据包再交给网络层。

二、有线数据通信技术

(一)有线数据通信类型

1. 有线数据通信交换方式

交换是采用交换机或节点机等,通过路由选择技术在进行通信的双方之间建立物理的或逻辑的连接,形成一条通信电路,实现通信双方的信息传输和交换的一种技术。从数据通信资源分配的角度看,交换就是按照某种方式动态地分配传输线路资源的技术。它是数据通信系统的核心,具有强大的寻址能力,交换技术不仅解决了数据通信网络智能化问题,也促进了数据通信系统的发展。

(1)电路交换。电路交换是指两台计算机或终端在相互通信时,使用同一条实际物理链路,通信中自始至终使用该链路进行信息传输,且不允许其他计算机或终端同时共享该电路。电路交换适用于一次接续后长报文通信。其优点是实时性强、时延很小、交换成本较低,缺点是线路利用率低。

(2)报文交换。报文交换是将用户的报文存储在交换机的存储器中,当所需输出电路空闲时,再将该报文发往需接收的交换机或终端。报文交换方式可以提高中继线和电路的利用率,所以适用于实现不同速率、不同协议、不同代码终端的终端间或一点对多点的以同文为单位进行存储转发的数据通信。由于这种方式网络传输时延大,并且占用了大量的内存与外存空间,因而不适用于要求系统安全性高、网络时延较小的数据通信。

(3)分组交换。分组交换是将用户发来的整份报文分割成若干个定长的数据块(称为分组或打包),将这些分组以存储转发的方式在网内传输。在分组交换网中,不同用户的分组数据均采用动态复用的技术传送。即网络具有路由选择,同一条路由可以有不同用户的分组在传送,所以线路利用率较高。分组交换兼有电路交换及报文交换的优点,它适用于对话式的计算机通信,如数据库检索、图文信息存取、电子邮件传递和计算机间通信等方面。其传输质量高、成本较低,并可在不同速率终端间通信;其缺点是不适用于实时性要求高、信息量很大的业务。

2. 有线数据通信网类型

有线数据通信网主要分为数字数据网、分组交换网、帧中继网3种类型。

(1)数字数据网。数字数据网(DDN)是利用光纤等数字信道和数字交叉复用设备组成的数字数据传输网,它由用户环路、DDN节点、数字信道和网络控制管理中心组成。DDN是把数据通信技术、数字通信技术、光纤通信技术以及数字交叉连接技术结合在一起的数字通信网络。其主要特点是传输质量高、误码率低、传输信道的误码率要求低、信道利用率高和时延小。

(2)分组交换网。分组交换网(PSDN)是以 CCITT X.25 协议为基础的,所以又称其为 X.25 网。它是采用存储转发方式,将用户送来的报文分成具有一定长度的数据段,并在每个数据段上加上控制信息,构成一个带有地址的分组组合群体,在网上传输。分组交换网最突出的优点是在一条线路上同时可开放多条虚通路,为多个用户同时使用,网络具有动态路由选择功能和先进的误码检错功能,但网络性能较差。

(3)帧中继网。帧中继网通常由帧中继存取设备、帧中继交换设备和公共帧中继服务网3部分组成。帧中继网是从分组交换技术发展起来的,帧中继技术是把不同长度的用户数据组均包封在较大的帧中继帧内,加上寻址和控制信息后在网上传输。其功能特点主要包括以下几个方面:一是使用统计复用技术,按需分配带宽,向用户提供共享的网络资源,每一条线路和网络端口都可由多个终点按信息流共享,大大提高了网络资源的利用率;二是采用虚电路技术,只有当用户准备好数据时,才把所需的带宽分配给指定的虚电路,而且带宽在网络里是按照分组动态分配,因而适合于突发性业务的使用;三是帧中继只使用了物理层和链路层的一部分来执行其交换功能,利用用户信息和控制信息分离的 D 信道连接来实施以帧为单位的信息传送,简化了中间节点的处理。帧中继采用可靠的综合业务网(ISDN)D 信道的链路层协议,将流量控制、纠错等功能留给智能终端去完成,从而大大简化了处理过程,提高了效率。

（二）有线数据通信传输介质

传输介质又称为传输媒体或传输媒介，指网络中连接收发两端的物理通路，也是通信中实际传送信息的载体。有线数据通信中常用的传输介质可分为有线和无线两大类。其中有线数据通信介质主要有双绞线、同轴电缆和光纤 3 种。

1. 双绞线

双绞线采用一对互相绝缘的金属导线互相绞合的方式来抵御一部分外界电磁波干扰。把两根绝缘的铜导线按一定密度互相绞在一起，可以降低信号干扰的程度，每一根导线在传输中辐射的电波会被另一根线上发出的电波抵消。双绞线一般由两根 22 ~ 26 号绝缘铜导线相互缠绕而成，实际使用时，双绞线是由多对双绞线一起包在一个绝缘电缆套管里的，称之为双绞线电缆。在双绞线电缆内，不同线对具有不同的扭绞长度，一般扭线的越密其抗干扰能力就越强，与其他传输介质相比，双绞线在传输距离，信道宽度和数据传输速度等方面均受到一定限制，但价格较为低廉。

双绞线可分为屏蔽双绞线（STP）和非屏蔽双绞线（UTP）。屏蔽双绞线（图 3 - 2(a)）电缆的外层由铝铂包裹，以减小辐射，但并不能完全消除辐射。非屏蔽双绞线（图 3 - 2(b)）无屏蔽外套，直径小，节省所占用的空间，重量轻、易弯曲、易安装，将串扰减至最小或加以消除，具有阻燃性、独立性和灵活性，适用于结构化综合布线。

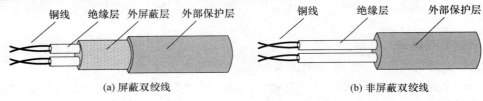

图 3 - 2　双绞线结构

2. 同轴电缆

同轴电缆是一种用途广泛的传输介质，这种传输介质由一根空心的外圆柱导体和一根位于中心轴线的内导线组成。内导线和圆柱导体及外界之间用绝缘材料隔开，如图 3 - 3 所示。

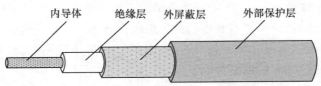

图 3 - 3　同轴电缆结构

根据传输频带的不同，同轴电缆可分为基带同轴电缆和宽带同轴电缆两种类型。基带同轴电缆是特性阻抗为 50Ω 的电缆。宽带同轴电缆是特性阻抗为 75Ω 的电缆。宽带同轴电缆由于其通频带宽，故能将语音、图像、图形、数据同时在一条电缆上传送。宽带同轴电缆的传输距离最长可达 10km（不加中继器）或 20km（加中继器）。其抗干扰能力强，可完全避开电磁干扰，可连接上千台设备。

同轴电缆与双绞线相比，同轴电缆的抗干扰能力强、屏蔽性能好、传输数据稳定、价格也便宜。同轴电缆的带宽取决于电缆长度，1km 的电缆可以达到 1 ~ 2Gb/s 的数据传输速率。它可以使用更长的电缆，但是传输率要降低或使用中间放大器。目前，同轴电缆大量被光纤取代，但仍广泛应用于有线电视和某些局域网中。

3. 光纤

光纤是光缆的纤芯,光纤由光纤芯、包层和涂覆层3部分组成。最里面的是光纤芯,包层将光纤芯围裹起来,使光纤芯与外界隔离,以防止与其他相邻的光导纤维相互干扰。包层的外面涂覆一层很薄的涂覆层,涂覆材料为硅酮树脂或聚氨基甲酸乙酯,涂覆层的外面套塑(或称二次涂覆),套塑的原料大都采用尼龙、聚乙烯或聚丙烯等塑料,如图3-4所示。

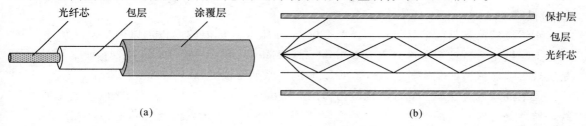

图3-4 光纤的构成

光纤芯是光的传导部分,而包层的作用是将光封闭在光纤芯内。光纤芯和包层的成分都是玻璃,光纤芯的折射率高,包层的折射率低,这样可以把光封闭在光纤不断反射传输在芯内。涂覆层是光纤的第一层保护,它的目的就是保护光纤的机械强度,由一层或几层聚合物构成,厚度约为 $250\mu m$,在光纤的制造过程中就已经涂覆到光纤上。光纤涂覆层在光纤受到外界震动时保护光纤的光学性能和物理性能,同时又可以隔离外界水气的侵蚀。在涂覆层外面还有一层缓冲保护层,给光纤提供附加保护。为保护光缆的机械强度和刚性,光缆通常包含一个或几个加强元件。在光缆被牵引时,加强元件使得光缆有一定的抗拉强度,同时还对光缆有一定支持和保护作用。光缆护套是光缆的外围部件,它是非金属元件,作用是将其他的光缆部件加固在一起,保护光纤和其他的光缆部件免受损害。

光纤既不受电磁干扰,也不受无线电的干扰,由于可以防止内外的噪声,所以光纤中的信号可以比其他有线传输介质传得更远。由于光纤本身只能传输光信号,为了使光纤能传输电信号,光纤两端必须配有光发射机和光接收机,光发射机完成从电信号到光信号的转换,光接收机则完成从光信号到电信号的转换。光电转换通常采用载波调制方式,光纤中传输的是经过了调制的光信号。光纤通信具有通信容量大、传输距离远、信号串扰小、保密性能好、抗电磁干扰、传输质量佳、尺寸小、重量轻、便于敷设和运输、无辐射以及难以窃听等特点。

三、无线数据通信技术

(一)无线数据通信的类型

无线通信是利用空间电磁波作为传输介质,在空中传递信号。在发信设备与收信设备上需要安装天线,完成电磁波的辐射与接收。信息经过功率放大,通过天线辐射出去进行传播,在接收设备中也要经过信号放大、频率变换,最后通过解调的过程再将原始信息恢复出来,从而完成无线通信的过程。无线通信系统具有独特的优势,可以省去铺设线缆的费用,同时很容易跨越水域,克服山脉、峡谷等造成的传播障碍,利用自由空间进行通信使它具有了不可替代的灵活性。无线通信根据电磁波波长不同,分为长波、中波、短波、超短波和微波通信等。由于各波段传播特性各异,故可用于不同的通信系统,形成多种类型的无线通信系统。

基于不同技术和协议,可以将无线数据通信网络分为4类,它们分别为无线广域网、无线城域网、无线局域网和无线个域网。

无线广域网指通过远程公用网络或专用网络建立起的无线网络连接,这些连接可以覆盖广大的地理区域,如若干个城市或者国家和地区。无线广域网的信号传播途径主要有两种:一种是通过多个相邻的地面基站接力传播;另一种是信号可以通过卫星系统传播。目前无线广域网技术被称为第二代移动通信技术系统。2G系统主要包括移动通信全球系统(GSM)、蜂窝式数字分组数据(CDPD)和码分多址(CDMA)。现在正从2G网络向第三代移动通信技术(3G)过渡。

无线城域网基站的信号可以覆盖整个城市,在服务区域内的用户可以通过基站访问互联网等上层网络。微波存取全球互通(Worldwide Interoperability for Microware Access,WiMAX)是实现无线城域网的主要技术,IEEE 802.16的一系列协议对WiMAX进行了规范。

无线局域网是在一个局部的区域内为用户提供可访问互联网等上层网络的无线连接。无线局域网是已有有线局域网的拓展和延伸,使得用户在一个区域内随时随地访问互联网。无线局域网有两种工作模式:一种是基于基站模式,无线设备通过介入点访问上层网络;另一种是基于自组织模式,移动设备不借助接入点组成一个网络用于相互之间的数据交换。

无线个域网是在更小的范围内(约10m)以自组织模式在用户之间建立用于相互通信的无线连接。蓝牙传输技术和红外传输技术是无线个域网中的两个重要技术,蓝牙技术通过无线电波作为载波,覆盖范围一般在10m左右,带宽在1Mb/s左右;红外技术使用红外线作为载波,覆盖范围仅为1m左右,带宽可为100kb/s左右。

(二)典型无线数据通信技术

1. 3G移动通信技术

第三代移动通信技术(3rd – Generation,3G)是指支持高速数据传输的蜂窝移动通信技术。目前3G存在3种标准即CDMA2000、WCDMA、TD – SCDMA。国际电信联盟(ITU)在2000年5月确定WCDMA、CDMA2000、TD – SCDMA三大主流无线接口标准,写入3G技术指导性文件《2000年国际移动通信计划》。

(1)WCDMA。WCDMA全称为Wideband CDMA,也称为CDMA Direct Spread,意为宽频分码多重存取,这是基于GSM网发展出来的3G技术规范,是欧洲提出的宽带CDMA技术。该标准提出了GSM(2G) – GPRS – EDGE – WCDMA(3G)的演进策略。这套系统能够架设在现有的GSM网络上,对于系统提供商而言可以较轻易地过渡。

(2)CDMA2000。CDMA2000是由窄带CDMA技术发展而来的宽带CDMA技术,也称为CDMA Multi – Carrier,它是由美国高通北美公司为主导提出,韩国现在成为该标准的主导者。这套系统是从窄频CDMAOne数字标准衍生出来的,可以从原有的CDMAOne结构直接升级到3G,建设成本低廉。该标准提出了从CDMA IS95(2G) – CDMA20001x – CDMA20003x(3G)的演进策略。CDMA20001x被称为2.5代移动通信技术。目前中国电信正在采用这一方案向3G过渡,并已建成了CDMA IS95网络。

(3)TD – SCDMA。时分同步(Time Division – Synchronous CDMA,TD – SCDMA),该标准是由中国独自制定的3G标准,由中国原邮电部电信科学技术研究院向ITU提出,TD – SCDMA具有辐射低的特点,被誉为绿色3G。该标准将智能无线、同步CDMA和软件无线电等当今国际领先技术融于其中,在频谱利用率、对业务支持方面具有灵活性、频率灵活性及成本等方面的独特优势。该标准提出不经过2.5代的中间环节,直接向3G过渡,非常适用于GSM系统向3G升级。军用通信网也是TD – SCDMA的核心任务。

2. 4G 移动通信技术

4G 移动通信技术指的是第四代移动通信技术,外语缩写为 4G。4G 是集 3G 与 WLAN 于一体,并能够快速传输数据、高质量、音频、视频和图像等。4G 能够以 100Mb/s 以上的速度下载,比目前的家用宽带 ADSL(4M)快 25 倍,并能够满足几乎所有用户对于无线服务的要求。2012 年 1 月,国际电信联盟在 2012 年无线电通信全会全体会议上,正式审议通过将 LTE – Advanced 和 WirelessMAN – Advanced(802.16m)技术规范确立为 IMT – Advanced(俗称"4G")国际标准,中国主导制定的 TD – LTE – Advanced 和 FDD – LTE – Advance 同时并列成为 4G 国际标准。

与 3G 相比,4G 移动通信系统的技术有许多超越之处,主要有以下特点。

(1)高速率。对于大范围高速移动用户(250km/h),数据传输速率为 2Mb/s;对于中速移动用户(60km/h),数据传输速率为 20Mb/s;对于低速移动用户(室内或步行),数据传输速率为 100Mb/s。

(2)以数字宽带技术为主。在 4G 移动通信系统中,信号以毫米波为主要传输波段,蜂窝小区也会相应小很多,很大程度上提高用户容量,但同时也会引起一系列技术上的难题。

(3)良好的兼容性。4G 移动通信系统实现全球统一的标准,让所有移动通信运营商的用户享受共同的 4G 服务,真正实现一部手机在全球的任何地点都能进行通信。

(4)较强的灵活性。4G 移动通信系统采用智能技术使其能自适应地进行资源分配,能对通信过程中不断变化的业务流大小进行相应处理而满足通信要求,采用智能信号处理技术对信道条件不同的各种复杂环境进行信号的正常发送与接收,有很强的智能性、适应性和灵活性。

(5)多类型用户共存。4G 移动通信系统能根据动态的网络和变化的信道条件进行自适应处理,使低速与高速的用户以及各种各样的用户设备能够共存与互通,从而满足系统多类型用户的需求。

(6)多种业务的融合。4G 移动通信系统支持更丰富的移动业务,包括高清晰度图像业务、会议电视、虚拟现实业务等,使用户在任何地方都可以获得任何所需的信息服务。将个人通信、信息系统、广播和娱乐等行业结合成一个整体,更加安全、方便地向用户提供更广泛的服务与应用。

3. WiFi 技术

WiFi 全称为 Wireless Fidelity,又称 IEEE 802.11b 标准,它最大的优点就是传输的速率较高,传输有效距离长,同时也与已有的各种 IEEE 802.11 DSSS 设备兼容。IEEE 802.11b 无线网络规范是在 IEEE 802.11a 网络规范基础之上发展起来的。其主要的特性为:速度快、可靠性高,方便与现有的有线以太网整合,组网的成本更低。

(1)WiFi 无线网的拓扑结构。WiFi 的拓扑结构主要有 Ad – Hoc 和 Infrastructure 两种。Ad – Hoc 是一种对等网结构,各计算机只需要接上相应的手机等便携式终端即可实现相互连接、资源共享,无需中间作用的"接入点";Infrastructure 则是一种整合有线与无线局域网架构的应用模式,此应用需要通过接入点,它类似于以太网中的星形结构,其中间网桥作用的无线接入点就相当于有线网中的集线器或者交换机。

(2)WiFi 的优点。WiFi 技术的突出优势在于:一是无线覆盖范围广,可达 100m 左右;二是传输速度快,可以达到 11Mb/s,符合个人和信息化的需求;三是组网比较低,只有在人员比较密集的地方设置"热点",用户只要将支持无线局域网的终端设备拿到该区域内即可高速接入 Internet，从而节约了成本。

（3）WiFi 的应用。在通信行业的激烈竞争中，宽带接入是各运营商竞争的焦点。各运营商从现有的资源出发，结合 WiFi 的技术优势，大幅度降低投资成本，快速抢占市场。WiFi 当前主要对个人、家庭、企业等用户提供服务。

4. ZigBee

ZigBee 又称"紫蜂"，是一种近距离、低功耗的无线通信技术。这一名称来源于蜜蜂的八字舞。其特点是近距离、低复杂度、低功耗、低数据速率、低成本，主要适用于自动控制和远程控制领域，可以嵌入各种设备。它以 IEEE 802.15.4 协议为基础，使用 182 2006.24 计算机工程与应用，用全球免费频段进行通信，能在 3 个不同的频段上通信。全球通用频段是 2.400~2.484GHz，欧洲采用频段是 868.00~868.66MHz，美国采用的频段是 902~928MHz；传输速率分别为 250Kb/s、20Kb/s 和 40Kb/s；通信距离的理论值为 10~75m。

（1）ZigBee 读写设备。ZigBee 读写器是短距离、多点、多跳无线通信产品，能够简单、快速地为串口终端设备增加无线通信的能力。产品有效识别距离可达 1500m，最高识别速度可达 200 km/h，可同时识别 200 张标签，具有性能稳定、工作可靠、信号传输能力强、使用寿命长等优势。该产品的主要功能优势是防水、防雷、防冲击，满足工业环境要求。

（2）ZigBee 架构。ZigBee 是一种高可靠的无线数据传输网络，类似于 CDMA 和 GSM 网络。ZigBee 数据传输模块类似于移动网络基站。通信距离从标准的 75m 到几百米、几千米，并且支持无限扩展。ZigBee 是一个由可多达 6.5 万个无线数据传输模块组成的一个无线数据传输网络平台，在整个网络范围内，每一个 ZigBee 网络数据传输模块之间可以相互通信，每个网络节点间的距离可以从标准的 75m 无限扩展。ZigBee 中的物理层、介质访问层和数据链路层是基于 IEEE 802.15.4 无线个人局域网（WPAN）标准协议；ZigBee 在 IEEE 802.15.4 标准基础之上建立网络层和应用支持层（包括巨大数量节点的处理，最大节点数可以达到 65000 个）、ZigBee 设备对象、用户定义的应用架构等。应用层则由用户根据需要进行开发。

（3）ZigBee 的自组织网络通信方式。ZigBee 的自组织网络可通过一个例子说明。当一队伞兵空降时，每人持有一个 ZigBee 网络模块终端，降落地面后，只要他们彼此在网络模块的通信范围内，通过彼此自动寻找，很快就可形成一个互联互通的 ZigBee 网络。而且，随着人员的移动，彼此间的联络还会发生变化。因而，模块还可通过重新寻找通信对象确定彼此间的联络，对原有网络进行刷新并保持该网的通信，这就是自组织网络。

5. 蓝牙技术

蓝牙技术一种支持设备短距离通信的无线电技术，能在包括移动电话、PDA、无线耳机、笔记本电脑、相关外设等众多设备之间进行无线信息交换。利用蓝牙技术能够有效地简化移动通信终端设备之间的通信，也能够简化设备与 Internet 之间的通信，从而使数据传输变得更加迅速、高效。蓝牙采用分散式网络结构以及快跳频和短包技术，支持点对点及点对多点通信，工作在 2.4GHz 频段，数据传输速率为 1Mb/s，采用 10M 双工传输的方案实现全双工传输。蓝牙技术是一个开放型、短距离无线通信标准，它可以用来在校内短距离内取代多种电缆连接方案，通过统一的短距离无线链路在各种数字设备之间实现方便快捷、灵活安全、低成本、低功耗的数据通信。

蓝牙技术提供低成本、近距离无线通信，构成固定与移动设备通信环境中的个人网络，使得近距离内各种设备实现无缝资源共享。从目前蓝牙产品来看，蓝牙主要应用在手机、掌上计算机、耳机、数字照相机、数字摄像机、汽车套件等。另外，蓝牙系统还可以嵌入到微波炉、洗衣机、电冰箱、空调等家用电器上。随着技术的发展成熟，蓝牙的应用也越来越广泛。

第二节　电子数据交换技术

一、电子数据交换技术概述

（一）EDI 的产生与发展

EDI（Electronic Data Interchange，电子数据交换）最早起源于第二次世界大战后期，被用于当时的柏林空运行动。在行动中，美方的 Edward A. Guilbert 为改变自己每天要处理大量纸文件的状况，开始使用电传进行通信。同时，为了简化通信过程，他设计了操作格式和过程标准，这是 EDI 的最早雏形。

现代 EDI 技术产生于国际贸易。从 20 世纪 60 年代开始，全球贸易额的上升带来了各种贸易单证、纸面文件数量的激增。在国际贸易中，由于买卖双方地处不同的国家和地区，因此在大多数情况下，不是简单地直接地面对面地买卖，而必须以银行进行担保，以各种纸面单证为凭证，方能达到商品与货币交换的目的。这时，纸面单证就代表了货物所有权的转移，因此从某种意义上讲"纸面单证就是外汇"。

全球贸易额的上升带来了各种贸易单证、文件数量的激增。虽然计算机及其他办公自动化设备的出现可以在一定范围内减轻人工处理纸面单证的劳动强度，但由于各种型号的计算机不能完全兼容，实际上又增加了对纸张的需求，美国森林及纸张协会曾经做过统计，得出了用纸量超速增长的规律，即年国民生产总值每增加 10 亿美元，用纸量就会增加 8 万吨。此处，在各类商业贸易单证中有相当大的一部分数据是重复出现的，需要反复地输入。有人对此也做过统计，计算机的输入平均 70% 来自另一台计算机的输出，且重复输入也使出差错的概率增高，据美国一家大型分销中心统计，有 5% 的单证中存在着错误。同时重复录入浪费人力、浪费时间、降低效率。因此，纸面贸易文件成了阻碍贸易发展的一个比较突出的因素。

基于以上背景，20 世纪 60 年代，美国航运业首先开始了 EDI 的使用。1968 年，美国运输业许多公司联合成立了运输数据协调委员会，负责研究开发电子通信标准的可行性，1975 年，TDCC 公布了第一个 EDI 标准。早期 EDI 是点对点，靠计算机与计算机直接通信完成的。

20 世纪 70 年代，数字通信网的出现加快了 EDI 技术的成熟和应用范围的扩大，继 TDCC 之后，其他行业也陆续开发了自己行业的标准，出现了一些行业性数据传输标准并建立行业性 EDI。

20 世纪 80 年代，EDI 应用迅速发展，美国 ANSIX.12 委员会与欧洲一些国家联合研究国际标准。1986 年欧洲和北美 20 多个国家代表开发了用于行政管理、商业及运输业的 EDI 国际标准（EDIFACT）。增值网的出现和行业性标准逐步发展成通用标准，加快了 EDI 的应用和跨行业 EDI 的发展。

20 世纪 90 年代出现的 Internet EDI，使 EDI 从专用网扩大到互联网，降低了成本，满足了中小企业对 EDI 的需求。目前，美国位于前 100 位的大企业中有 97%，前 500 强大企事业中有 86% 应用了 EDI，EDI 应用速度按年 100% 的速度递增。时至今日，全世界大多国家均认定 EDI 是经商的唯一途径。

我国 EDI 起步较晚，于 20 世纪 90 年代初才开始，但因有了借鉴，故起点较高。EDI 技术自从被引入我国以来，我国政府一直给予高度的重视，并成立了专门的协调机构。1991 年，由原国务院电子信息推广应用办公室牵头,国家科委、外经贸部、海关总署等16个部委及局(行、公司)共同组织成立了"中国促进EDI应用协调小组",并以"中国EDI理事会"的名义参加了"亚洲EDIFACT理事会",成为该组织的正式会员,有力地促进了EDI技术在我国的推广和应用。目前,我国的EDI应用不仅在国际贸易中继续深入发展,在其他行业和部门中也得到了飞速普及,商检、税务、邮电、铁路、银行、工商行政管理、商贸等领域都已运用EDI方式开展业务。

EDI可以减少管理成本、缩短工作周期、减少人为失误。它不仅是一项高效、精确的新技术,而且是联系国际生产和国际商务活动的重要桥梁。《大趋势》作者约翰·奈斯比特曾经预言:"未来全球信息化经济将建立于全球计算机网络及网络基础上的EDI之上。"可见,EDI在商业领域中的应用和发展将会给国际商务活动乃至全球的社会活动带来一场结构性的革命。

(二) EDI的概念与特点

1. EDI的概念

EDI是现代计算机技术与通信技术相结合的产物,是公司之间传输订单、发票等作业文件的电子化手段。世界上不同的组织对EDI进行了不同的定义。

(1) EDI工作组于1994年在维也纳举行的第28届会议上给出的定义为:电子数据交换是计算机之间的电子信息传递,并使用某种商定的标准来处理信息。

(2) 1994年,国际标准化组织(ISO)明确了EDI的技术定义:根据商定的交易或电子数据的结构标准实施行业或行政交易,实现从计算机到计算机的电子数据传输。

(3) 国际电话与电报顾问委员会(CCITF)对EDI的描述为:计算机与计算机之间的结构化事务数据互换。

(4) 联合国标准化组织对EDI的定义是:将商业或行政事务处理按照一个公认的标准,形成结构化的事务处理或报文数据格式,从计算机到计算机的电子传输方法。

EDI一般的技术定义:EDI就是一种数据交换的工具和方式,参与EDI交换的用户按照规定的数据格式,通过EDI系统在不同用户的信息处理系统之间交换有关业务文件,达到快速、准确、方便、节约、规范的信息交换目的。

2. EDI的特点

虽然各种定义的语言组织方式不同,但是它们却都表达了相同的意思,具有相同的特点及要素。EDI的特点归纳如下:

(1) EDI的使用对象是具有长期业务往来的单位,是交易的双方而不是企业内部。EDI的使用对象一般都是规模较大的单位,而不是临时性的单位或者个人。

(2) EDI传输的文件数据采用共同的标准并具有固定格式,传输过程须保证数据的完整性、一致性、可靠性,保证贸易伙伴之间的数据不间断交换、主数据库中的资料与设备不受损坏。

(3) 数据传输应由双方的计算机系统自动实现事务处理,尽量避免人工的介入操作。

(4) EDI一般通过增值网、专用网等作为数据通信网络。目前,随着网络技术的进一步发展、网络安全性的提高,Internet也逐步成为EDI用于数据通信的途径。

EDI与现有的一些通信手段,如传真、用户电报(Telex)、电子信箱(E-Mail)等有着很大的区别。主要表现在以下几个方面。

(1) EDI传输的是格式化的标准文件,并具有格式校验功能。

（2）EDI 是实现计算机到计算机的自动传输和自动处理,其对象是计算机系统。

（3）EDI 对于传送的文件具有跟踪、确认、防篡改、防冒领、电子签名等一系列安全保密功能。

（4）EDI 文本具有法律效力,而传真和电子信箱则没有。

（三）EDI 的关键技术

从 EDI 的概念可以看出,EDI 的关键技术有以下几个。

（1）通信技术。EDI 采用各种数据通信网,如分组交换网(PSDN)、数字数据网(DDN)、综合业务网(ISDN)、帧中继网(FRN)、卫星数据网(VAST)、数字移动通信网,各种网络的广域网(WAN)、局域网(LAN)和增值网(VAN)及 Internet。

（2）标准化技术。EDI 标准有国际标准、国家标准与行业标准。目前广泛应用的 EDI 国际标准是 UN/EDIFACT 标准。国家标准的 EDI 标准体系包括 EDI 基础标准、单证标准、报文标准、EDI FACT 标准、EDI 通信标准、EDI 安全保密标准、EDI 网络管理标准和 EDI 应用相关代码标准等。EDI 报文必须按照标准进行格式化,除业务格式外,还要符合计算机网络传输标准。

（3）安全保密技术。如密码加密技术、密钥管理技术和数字签名技术。

（4）计算机数据处理技术。如 EDP 技术、管理信息系统技术、EDI 翻译软件、EDI 与其他应用系统集成技术等。

二、电子数据交换原理与系统构成

（一）EDI 原理

手工条件下贸易单证的处理如图 3-5 所示,其特点是一个应用的输出变成另一个应用的输入。

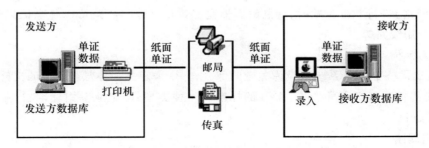

图 3-5 手工条件下贸易单证的处理示意图

在 EDI 方式下,贸易单证的处理如图 3-6 所示,其特点是信息不落地。

EDI 的工作过程是进行交易的双方利用计算机系统进行数据交换的过程。

（1）发送方从信息系统数据库中提取出要发送的数据文件,将其传递给转换软件系统。转换软件系统进行接收并参照标准库和代码库把它转换为平面文件。

（2）转换软件系统在完成数据文件到平面文件的转换后,把平面文件传送给翻译软件。翻译软件接收平面文件并参照翻译算法库将其翻译成 EDI 标准报文,然后再由通信软件给标准报文加上通信信封,并以邮件的形式发送到接收方邮箱中。

（3）接收方收到 EDI 邮件后,对其进行一系列的逆变换,如分组解组、翻译等,以完成从EDI 标准报文到平面文件,从平面文件再到数据文件的一系列变换。

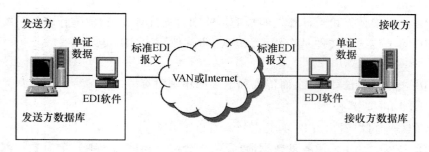

图 3-6　EDI 条件下贸易单证的处理示意图

（4）接收方计算机系统将转换好的数据文件送到相应的信息系统数据库中，并对其做进一步处理。

（二）EDI 系统构成

构成 EDI 系统的 3 个要素是 EDI 软件和硬件、EDI 标准和通信网络。

1. EDI 软件和硬件

（1）EDI 软件。EDI 软件将用户数据库系统中的信息，译成 EDI 的标准格式，以供传输和交换。EDI 软件可分为转换软件、翻译软件和通信软件三大类。其中，转换软件可以帮助用户将原有计算机系统的文件或数据库中的数据转换成翻译软件能够理解的平面文件，或是将从翻译软件接收来的平面文件转换成原计算机系统中的文件。翻译软件可以将平面文件翻译成 EDI 标准格式，或将接收到的 EDI 标准格式翻译成平面文件。通信软件则将 EDI 标准格式的文件外层加上通信信封，再送到 EDI 系统交换中心的邮箱，或在 EDI 系统交换中心内将接收到的文件取回。

（2）EDI 硬件。EDI 所需的硬件设备有计算机、调制解调器及通信线路。计算机可以是 PC、小型机、工作站等。调制解调器是针对连接方式而言的，当进行贸易的双方使用直接方式（使用电话网络）进行数据传输时，调制解调器是必需的。通信线路可以是电话线路、X.25 分组交换网、专用线路等。

2. EDI 标准

EDI 标准是整个 EDI 系统中最为关键的部分，它用来定义一种普遍统一的文件传输格式，是 EDI 系统传输资料必不可少的。EDI 的标准有 4 种类型，即企业专用标准、行业标准、国家标准和国际标准。

3. 通信网络

通信网络主要是应用直接连接方式和增值网络（VAN）方式，直接方式是指进行电子数据交换的双方直接通过电话线连接的方式。目前，随着 Internet 安全性的日益提高，Internet 也成为 EDI 用于通信的方式之一。

三、电子数据交换标准与安全保密

（一）EDI 标准

1. EDI 标准三要素

EDI 标准是国际上制定的一种标准规范，它用于决定 EDI 系统中的电子信息交换形式，是实现电子数据交换的关键。构成 EDI 标准的三要素为数据元、数据段和标准报文格式。

（1）数据元。数据元可分为基本数据元和复合数据元。基本数据元是基本信息单元，用于表达某些特定含义的信息,相当于自然语言中的字;复合数据元由一组基本数据元组成,其每个子数据项(即基本数据元)用冒号分隔开,复合数据元相当于自然语言中的词。

(2)数据段。数据段由逻辑相关的数据元构成,是标准报文中的一个信息行。数据段分为两种类型:一种是用户数据段,用于反映单据中具有一定功能的项,如发货方信息、收货方信息等;另一种是服务数据段,也称为控制数据段,它在单证的传播控制中起作用,是为电子传送提供信息服务的,一般用在报文的开始或结束位置。

(3)标准报文格式。报文是用于传送信息的有序字符列,标准报文格式指出了要传递的标准单证的格式,它可分为五部分,即报文头、首部、详细情况、摘要部分和报文尾。报文以UNH(报文头)开始,以UNT(报文尾)结束。需要交换的商业文件必须转换成一份标准报文格式才能完成电子信息交换。

2. EDI 标准主要内容

(1)EDI 基础标准。EDI 基础标准主要由 UN/EDIFACT 的基础标准和开放式 EDI 基础标准两部分组成,是 EDI 的核心标准体系。其中:UN/EDIFACT 有 8 项基础标准,包括 EDI 术语、EDIFACT 应用级语法规则、语法规则实施指南、报文设计指南和规则等;开放式 EDI 基础标准是实现开放式 EDI 最重要、最基本的条件,它包括业务、法律、通信、安全标准及信息技术方面的通用标准等。

(2)EDI 管理标准。EDI 管理标准主要包括 EDI 标准技术评审规则、标准报文与目录文件编制规则、EDI-FACT 标准版本号与发布号编制规则等。

(3)EDI 单证标准。EDI 单证标准主要包括单证格式的标准化、所记载信息标准化以及信息描述的标准化。单证标准化的主要目的是统一单证中的数据元和纸面格式。

(4)EDI 报文标准。EDI 报文标准又称为 EDI 语义语法标准,它包括管理报文标准、商业报文标准、卫生报文标准等。EDI 报文标准是 EDI 技术的核心。

(5)EDI 代码标准。EDI 代码标准主要包括各行业的代码标准,如管理代码标准、运输代码标准、海关代码标准等。代码标准的目的是使进行电子数据交换的双方能够无二义性地理解所收到信息的内容。代码标准是 EDI 实现过程中不可缺少的一个组成部分。

(6)EDI 通信标准。EDI 通信标准主要包括 EDI 的各种通信规程和网络协议。目前国际上主要采用电子邮政标准 MHX(X.400)作为 EDI 通信网络协议。

3. EDI 标准分类

早期的 EDI 标准是由贸易双方自主制定的,随着 EDI 使用范围的不断增大,EDI 标准分成了企业专用标准、行业标准、国家标准和国际标准四大类。

(1)企业专用标准。企业专用标准只用于某一企业内部,目的是使公司中需要输入计算机的数据或文件具有相同的格式。这种标准的局限性大,但内容简单,容易实现。

(2)行业标准。行业标准是在企业专用标准的基础上建立起来的。它应用于同行业的各个企业中,目的是使相互合作的公司之间进行电子数据交换。

(3)国家标准。虽然行业标准的出现与企业专用标准相比是一个巨大的进步,但它本身也具有局限性。当一个公司的业务涉及其他行业时,由于行业标准的局限性,该公司不得不维持多个行业标准。因此,不同的行业标准会促使大家开发一个适用于各个行业的国家标准。它具有较大的灵活性,可以满足不同行业的需求。

(4)国际标准。随着国际贸易的快速发展,国家标准不能满足跨国企业进行数据传输的要求,国际标准也就应运而生了。目前,世界上通用的 EDI 标准(国际标准)有两个,即 ANSI

X.12 标准和 EDIFACT 标准。ANSI X.12 由美国国家标准局(ANSI)主持制定。为了研究 EDI 的报文和数据交换标准,美国信用研究基金会(American Credit Research Foundation,ACRF)与运输数据协调委员会(Transportation Data Coordinating Committee,TDCC)共同于 1978 年制定了 ANSI X.12 标准。ANSI X.12 制定了汽车行业集团、食品杂货类等的应用 EDI 标准,其标准化工作均由行业协会或政府部门参与完成。该标准在北美得到广泛使用。EDIFACT 在欧洲各国应用广泛,主要包括汽车业、化工业、电子业、建筑业、保险业等。同时,亚太地区除了韩国、日本及中国台湾省外,其他国家也普遍使用此标准。

(二) EDI 的安全保密

1. EDI 系统安全的主要威胁

对 EDI 安全保密的主要威胁有外部威胁和内部威胁两种,主要包括假冒、报文排序、报文的丢失、修改信息、否认或抵赖、拒绝服务、偷看和窃取信息等。

(1) 假冒。当某个单位或人员成功地假冒成一个用户时,称为发生假冒,如一个 EDI 用户可能假冒另一个 EDI 用户的身份,而把 EDI 报文送入电子传输系统(MTS)进行非法操作。

(2) 报文排序。当对一份仓储 EDI 报文的部分或全部进行重复、时间偏移或重新编序时,就产生了报文排序威胁,报文排序主要包括报文的重放、报文的再排序、报文重复答复和报文的延误。

(3) 报文的丢失。EDI 系统中的报文丢失主要有 3 种情况:一是因 EDI – UA、EDI – MS 或 MTA 的错误或灾难性的故障而丢失报文;二是因安全保密措施不当而丢失报文;三是在不同的责任区域之间传递时丢失报文。因而需要周密考虑责任域的报文传递,分析其是来自始发用户域还是中转域或是接受者用户域。

(4) 修改信息。送给指定接收者的数据信息、路由信息和其他信息可能被丢失或被修正,这可出现在报文的各个方面,如标记、内容属性、接收或发送者。信息修改的威胁包括修正报文、破坏报文、使路由和其他信息产生差错。

(5) 否认或抵赖。EDI 系统处理大量报文,在起草、递交、投送等各个环节都可能发生抵赖或否认,尤其是在 MHS 环境中,采用自动转发服务方式时,发生否认或抵赖的危险性更大。其主要包括访问否认、服务否认、通信否认、对特定接收者报文的故意压缩等。

(6) 拒绝服务。在 EDI 系统中,两部系统的失误及通信各部分的不一致所引起的事故会使系统中断,从而拒绝服务。另外,系统出于自我保护目的而故意中断通信也会导致拒绝服务,这种拒绝是 EDI 环境中最可能出现、危害性最大的威胁之一。

(7) 偷看、窃取信息。这是指 EDI 系统的用户或外来者未经授权偷看、非法访问或窥视其他用户的报文内容,以获取秘密信息,损害其他用户利益。

2. EDI 系统的安全保密机制

针对 EDI 应用所面临的威胁,EDI 系统必须要有自己的安全策略。具体包括:他人无法冒充合法用户利用网络及其资源;他人无法非法窃取或偷看报文内容;他人无法篡改、替换或扰乱数据;与电文交换有关的各种活动及其发生时间均有精确、完整的记录;确保报文在交换过程中不丢失。

为保证上述安全策略的执行,需要建立以下相应的安全机制。

(1) 身份鉴别机制。包括源点鉴别和实体鉴别,即能准确地鉴别文电的来源和彼此通信的对等实体的身份,从而防止身份假冒的发生。其可分为简单鉴别和强制鉴别两种。简单鉴别可利用 EDI 软件提供的口令字方式来实现;强制鉴别则可采用数字签名的方法来实现。数字签名是指签名责任者用所持有的私人密钥对报文进行处理,得到一个只有签名责任者才能给出的结果,其他任何人不能伪造,从而证实签名者的唯一身份。

(2) 数据完整性机制。保证文电内容完整,即确保通信一方收到的文电就是发方发出的文电,从而杜绝第三方对文电的非法篡改。数据完整性由用户端和 EDI 中心安装的 EDI 软件所提供的对报文格式检查的功能来实现。这种格式检查功能可为用户代理和 EDI 中心提供包括数据段、数据元等的报文格式检查,以保证数据传送的完整性。对特殊要求的用户,可采用对报文进行加密处理的方法。具体地说,以每份报文为基础,由报文的发送者对该报文采用对称或非对称加密技术处理后,提供给报文的接收者,由报文的接收者经过解密,检查该报文的内容是否被修改,以保证数据完整性。

(3) 数据加密机制。保证文电内容保密性,即确保只有合法的接收方才能读懂文电内容,而其他任何第三方都不能读懂,从而防止文电的泄密。对特殊要求的报文,可采用数据加密技术对整个报文内容或部分要求保密的内容进行加密。

(4) 防止责任抵赖机制。因为 EDI 的单证、账单、数字签名文件等能够在公证机关作为证据,具有法律效力。防止责任抵赖机制又包括:源点不可抵赖,由报文发送者用自己的专用密钥对报文进行数字签名,并将报文、公开密钥及签名结果保存在某公证机构(如 EDI 中心),直至无争议为止;接收方不可抵赖,要求报文接收方在收到的报文中加上收到日期,然后进行数字签名,并把结果发回发送方,同时将接收方的专用密钥保存到无争议为止;传递文电的各个环节的责任回执不可抵赖,要求传送报文的各个环节,在传送报文后,将转发通知回执加上数字签名,送回发送方,以确保本环节传递的不可抵赖。

四、电子数据交换系统在弹药保障中的应用

信息化条件下的现代战争,要求有高效的弹药保障作支持,要求对弹药保障中储存、运输、分发等所有环节实施动态监控,对弹药种类、数量、批次、运输工具进行自动跟踪,准确显示实时数据,实现弹药储供的可视化。这其中就涉及大量数据的传递与交换,充分发挥 EDI 数据传输的优势,基于军网,以现有 EDI 系统为基础,编制弹药储供 EDI 专用软件,构建弹药储供 EDI 系统,并结合北斗卫星导航系统与 GIS 系统将弹药保障物流连接一起,做到弹药储供信息反应快捷、全程可视。

1. 弹药储供 EDI 中心构建

弹药储供 EDI 系统用户端设计分为报文的数据结构、翻译软件、通信软件的设计,这些与民用上的没有较大区别,而且在民用上(如海关、港口、银行等)已经有很成熟的用户端。我军要建立弹药储供 EDI 系统,与民用上最大的区别就是 EDI 中心的设计和建设。

EDI 的产生和日益发展以及国际标准 EDI FACT 电子单证的出现,为 EDI 用户提供全面服务的中心系统应运而生,这就是 EDI 中心。EDI 中心不仅要实现服务和收发报文的功能,在很多情况下 EDI 中心还具备 E-Mail 功能和网络管理能力。EDI 系统一般包括 EDI 中心系统和用户端 EDI 系统两大部分。而 EDI 中心的功能模块由 EDI 访问系统、信息交换系统、信息服务系统、网络控制系统、翻译软件组成,结构组成如图 3-7 所示。

弹药储供 EDI 中心的主要功能:当弹药储供 EDI 中心收到用户的报文后,按地址可分发至所寄单位的邮箱中储存,直到收件人收取,并把反馈登记发送到弹药储供 EDI 中心,中心再根据用户邮箱地址送到相应的邮箱中,等待用户接收或通知用户接收。

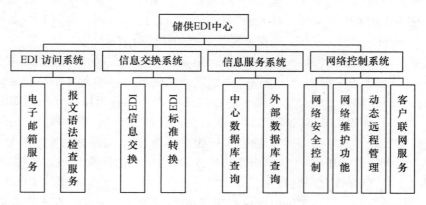

图 3-7　EDI 中心功能模块

弹药储供 EDI 中心可以提供以下几项服务。

(1) 电子信箱服务。弹药储供 EDI 中心在任何时间都接收用户投递的报文,以信件的方式加以存储,并按"信封"规定的目的地址投递;用户可在任何时间打开设在弹药储供 EDI 中心的信箱取走发给自己的报文并检索发给自己的所有报文。

(2) 报文语法检查管理服务。弹药储供 EDI 中心的管理系统要对用户发来的 EDI 报文进行语法与数据标准格式的检查,确保报文符合规定标准。

(3) 格式转换服务。弹药储供 EDI 中心支持使用不同报文标准的用户间进行通信,并可以在所支持的各种报文标准间进行相应的格式转换。

(4) 弹药储供 EDI 中心还可以提供其他增值服务。如电子布告栏、各种专题数据库的查询,并向用户提供各种公用信息。

2. 基于 EDI 系统的弹药储供流程

基于 EDI 系统的弹药储供流程主要有以下步骤。

第一步:使用单位提出需求、制作 EDI 申请报文,发送报文到 EDI 中心,EDI 中心根据报文申请地址将申请报文存储到相关单位邮箱,如说部队弹药保障机构邮箱、机关业务部门邮箱等。

第二步:主管部门根据权限,通过管理信息系统配置弹药调拨方案,下达调拨单到 EDI 中心,EDI 中心根据调拨单发送地址将调拨单发送到相关邮箱,如到相关仓库邮箱、运输机构邮箱、接收单位邮箱等相关机构的邮箱。

第三步:本次弹药调拨涉及单位(各个接收到本次调拨邮件的单位)接收邮件后发送回执,并根据任务及职责不同,进行不同的处理。例如,相关业务部门收到邮件后,将邮件内容导入管理信息系统,并进行备案;运输机构接收到邮件后,根据调拨弹药种类、数量等匹配运输车辆,做好弹药运输准备;弹药仓库根据邮件内容,将调拨单直接导入到仓库管理信息系统,对弹药数据库进行更新,并做好弹药出入库准备等。

第四步:根据弹药调拨单内容,相关单位进行协调,进行弹药的物流运输,弹药仓库发出弹药情况报文到 EDI 中心相关邮箱,并结合保障可视化系统,监控弹药运输过程。

第五步:弹药接收单位结合弹药保障可视化系统,实时查询所需弹药运输情况及到达时间。

第六步:弹药接收单位接收弹药,并发送弹药接收回执到 EDI 中心相关邮箱。

至此,整个弹药调拨过程结束。

第三节 卫星导航定位技术

一、导航定位技术发展概况

自从人类出现最初的政治、经济和军事活动以来,便有了对导航的要求。根据传说,大约在公元前 2600 年,黄帝部落与蚩尤部落在涿鹿发生大战,由于有指南车的指引,黄帝的军队在大风雨中仍能辨别方向,因此取得了战争的胜利。古希腊人与罗马人在地中海区域的海上商业活动与战争,中国明代的郑和下西洋,在茫茫的大海上,没有地物可作参考,没有导航是不可能的。在 1990 年 8 月至 1991 年 3 月的海湾战争中,在阿拉伯半岛没有任何地形可资参照的茫茫沙海上,从所谓沙漠盾牌到沙漠风暴直至战后扫雷与救援,多国部队几乎每一种战术操作都离不开卫星导航系统的引导,从而对只有少量卫星导航设备的伊拉克军队形成了明显的军事优势。

导航随着人类政治、经济和军事活动的发展而不断从低级向高级发展。古人最初依靠太阳、北极星等星体来辨别方向,最古老、最简单的导航方法是星历导航,人类通过观察星座的位置变化来确定自己的方位;最早的导航仪是指南针,并一直为人类广泛应用着;最早的航海表是英国人 John Harrison 于 1761 年发明的,在其随后的两个世纪,人类通过综合地利用星历知识、指南针和航海表来进行导航和定位。后来随着指南针、罗盘的发明,导航能力得到较大提高,并有力地促进了交通运输(如航海)等的发展。

进入 20 世纪后,随着人类科技水平的提高,第一个无线电导航系统——无线电信标问世,开创了海洋船舶和航空飞行器导航的新篇章。随后,涌现了仪表着陆系统(Instrument Landing System,ILS)、微波着陆系统(Microware Landing System,MLS)、罗兰 C(Loran C)、奥米伽(Omega)、塔康(TACAN)和台卡(Decca)等陆基无线电导航系统。我国在南海海域也自行建立了长河二号南海无线电导航系统,自 1990 年起正式向国内用户开放使用。但是,上述陆基无线电导航系统,普遍存在信号覆盖区域有限、技术落后、设备陈旧、定位精度低等不足,难以适应现代航海、航空和陆地车辆的导航定位需要。

随着科技发展,星基无线电导航开创了无线电导航定位的新时代。卫星导航,是接收导航卫星发送的导航定位信号,并以导航卫星作为动态已知点,实时地测定运动载体的在航位置和速度,进而完成导航。在第一颗人造地球卫星于 1957 年 10 月入轨运行的次年,美国科学家们就开始了卫星导航系统的研究,人造地球卫星的重要应用就是全球无线电导航。1963 年 12 月,子午卫星(TRANSIT)导航系统第一颗导航卫星入轨运行,开创了陆海空卫星无线电导航的新时代。1994 年 3 月,第二代卫星导航系统——"GPS 卫星全球定位系统"全面建成,不仅带来了无线电导航一场深刻的技术革命,而且为大地测量学、地球动力学、地球物理学、天体力学、载人航天学、全球海洋学和全球气象学提供了一种高精度和全天候的测量新技术。今天,GPS 已成为名副其实的跨学科、跨行业、广用途、高效益的综合性高新技术。继美国建成 GPS 系统之后,俄罗斯、中国、欧洲也分别开始建立起自己的全球卫星导航系统。目前全球卫星导航系统主要有美国的 GPS 系统、我国的北斗卫星导航系统(Beidou 或者 Compass)、俄罗斯的 GLONASS 全球导航卫星系统和欧洲的 Galileo 卫星导航定位系统。

全球卫星导航定位系统具有全天候、高精度、自动化、高效益、性能好、应用广等显著特点，获得了日益广泛的应用。随着多种全球卫星定位系统的不断改进、升级，硬件、软件的不断完善，应用范围也正在不断地扩大。目前，全球卫星导航定位系统应用领域遍及海、陆、空、天，在军民两个市场发挥着越来越大的作用，并开始逐步深入人们的日常生活。

二、卫星导航定位的基本原理

人类最初的导航定位，只能通过石头、树、山脉等作为参照物，渐渐发展到天文观测法，即通过天上的太阳、月亮和星星来判断位置。在日常生活中，通过测量到两个已知点的精确距离，可以精密地确定出平面位置。在空间，可以通过测定出观测者到3个参考点的距离，来确定观测者所在位置。卫星导航定位系统是以卫星为空间基准点，用户利用接收设备测定至卫星的距离来确定其所在位置。

接收机与卫星之间的距离主要采用伪距测量原理（利用测量时间延迟来求解距离），测量示意图如图3-8所示。在卫星上安装有精确的原子钟和信号发生装置，卫星发出码信号的同时接收机本身按同一公式复制码信号，那么接收机同步产生相同的码信号与接收机接收到卫星发出的码信号之间就会有一个时间差 Δt，卫星信号是电磁波，以光速传播，那么速度与时间的积就是卫星距离接收机之间的距离，由于这个距离不是接收机至卫星之间的真实距离，而是通过测量时间计算出来的距离，是含有误差的距离，所以称之为伪距。

测得了星站距离后，要想定位就要确定接收机的位置，只需计算其经度、纬度、高程三维坐标，但由于不能保证接收机的时钟和卫星的时钟同步，所以在测量时引入时钟差 Δt。因此，在测距时需接收第4颗卫星的信号，以消除接收机的时钟和卫星的时钟不同步时钟差 Δt 的影响。

如图3-9所示，根据卫星广播的星历，计算出第 i 颗卫星的准确位置 (x_i, y_i, z_i)，然后根据伪距测量原理计算出用户与第 i 颗卫星之间的相对距离 d_i，最后根据空间距离计算公式建立以下4个方程，求解方程组即可计算出用户的三维位置 (x, y, z) 和时钟差 Δt。

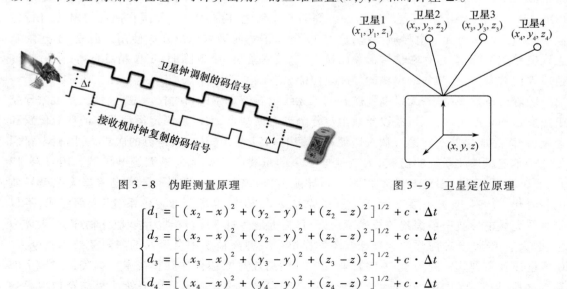

图3-8 伪距测量原理　　　　图3-9 卫星定位原理

$$\begin{cases} d_1 = [(x_2-x)^2 + (y_2-y)^2 + (z_2-z)^2]^{1/2} + c \cdot \Delta t \\ d_2 = [(x_2-x)^2 + (y_2-y)^2 + (z_2-z)^2]^{1/2} + c \cdot \Delta t \\ d_3 = [(x_3-x)^2 + (y_3-y)^2 + (z_3-z)^2]^{1/2} + c \cdot \Delta t \\ d_4 = [(x_4-x)^2 + (y_4-y)^2 + (z_4-z)^2]^{1/2} + c \cdot \Delta t \end{cases}$$

上述的4个方程中待测点的坐标 (x,y,z) 和用户与卫星时钟之间的时差 Δt 为未知数，(x_i, y_i, z_i) 是各卫星的在 t 时刻的坐标，可由卫星导航电文求得，d_i 分别是卫星1、2、3、4到接收机的距离，c 为光速。

因此至少需要同步观测 4 颗卫星，测量得到 4 颗卫星的伪距，就可以计算出用户的三维位置 (x,y,z) 和用户钟与卫星钟之间的时钟差 Δt，从而进行定位，这就是卫星定位的基本工作原理。

按定位方式划分，卫星定位分为单点定位、相对定位和差分定位。单点定位就是根据一台接收机的观测数据来确定接收机位置的方式，它只能采用伪距观测量，可用于车船等概略导航定位。相对定位是根据两台以上接收机的观测数据来确定观测点之间相对位置的方法，它既可采用伪距观测量也可采用相位观测量，大地测量或工程测量均应采用相位观测值进行相对定位。差分定位是一种介于单点定位和相对定位之间的定位模式，兼有这两种定位模式的某些特点，差分定位广泛应用于实时性要求高、测量精度要求高的高指标定位需求场合。

差分定位分为两大类，即伪距差分和载波相位差分。伪距差分是应用最广泛的一种差分，其基本原理：在基准站上，观测所有卫星，根据基准站已知坐标和各卫星的坐标，求出每颗卫星每一时刻到基准站的真实距离。再与测得的伪距比较，得出伪距改正数，将其传输至用户接收机，提高定位精度。伪距差分能得到米级定位精度，如沿海广泛使用的"信标差分"就是运用伪距差分定位。载波相位差分是实时处理两个测站载波相位观测量的差分方法，即是将基准站采集的载波相位发给用户接收机，进行求差解算坐标。载波相位差分可使定位精度达到厘米级，大量应用于动态需要高精度位置的领域。

三、全球卫星导航定位系统

目前，全球卫星导航定位系统主要有美国的 GPS 系统、我国的北斗卫星导航系统、俄罗斯的 GLONASS 卫星导航系统和欧洲的 Galileo 卫星导航定位系统。

（一）美国 GPS 卫星导航系统

美国 GPS 系统由美国国防部于 20 世纪 70 年代初开始设计、研制，于 1993 年全部建成。研制的主要目的是为陆、海、空三大领域提供实时、全天候和全球性的导航服务，并用于情报收集、核爆监测和应急通信等一些军事目的。

GPS 卫星定位系统的研制分为 3 个阶段：第一阶段（1973—1978 年）是方案论证阶段；第二阶段（1979—1985 年）是工程研制和系统试验阶段，测试结果表明系统达到预定设计目标；第三阶段为改善系统性能，整个系统投入使用阶段。1989 年 2 月 14 日，第 1 颗 GPS 工作卫星发射成功。1993 年 12 月，实用的 GPS 网即 (21+3) GPS 星座完全建成，系统达到初始运行能力，1995 年 7 月 17 日，GPS 达到完全运行能力（FOC – Full Operational Capability）。1999 年 1 月 25 日，美国副总统戈尔宣布，将斥资 40 亿美元，进行 GPS 现代化。GPS 现代化的目的：一是保护，更好地保护美方和友好方的使用，要发展军码和强化军码的保密性能，加强抗干扰能力；二是阻止，阻挠敌对方的使用，施加干扰；三是保持，保持在有威胁地区以外的民用用户有更精确、更安全的使用。

GPS 系统是美国最复杂、最庞大的 3 大系统工程之一，与"阿波罗登月"和航天飞机计划齐名。GPS 系统构成主要包含 3 个部分，即空间卫星星座部分、地面监控部分和用户设备部分。

1. 空间卫星星座

早期的 GPS 系统使用的是 (18+3) 星座，其中 3 颗是备用星，18 颗星布置在 6 条近圆形轨道上,轨道高度20183km,倾角55°,升交点赤经相互间隔60°,每条轨道上均匀分布3颗卫星,运行周期11h58min。两条轨道上的卫星相隔40°,每隔1条轨道配置1颗备用星。

由于(18+3)星座存在着覆盖不良的情况,20世纪90年代中期,美国将(18+3)星座扩展为24星,其中包括3颗备用卫星。工作卫星分布在6个轨道面内,每个轨道面上分布有4颗卫星。卫星轨道面相对地球赤道面的倾角为55°,各轨道平面升交点的赤经相差60°,在相邻轨道上,卫星升交点赤经相互间隔30°。轨道平均高度约为20200km,卫星运行周期为11h58min。因此,同一观测站上每天出现的卫星分布图形相同,只是每天提前约4min。同时位于地平线以上的卫星数目视时间和地点而定,最少为6颗,最多可达11颗。24星的配置星座情况改善了GPS性能。空间部分的3颗备用卫星,将在必要时根据指令代替发生故障的卫星,这对于保障GPS空间部分正常而高效地工作是极其重要的。卫星运行示意图如图3-10所示。

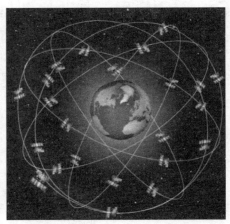

图3-10 GPS卫星运行示意图

GPS卫星星座的基本功能如下:
(1)接收和存储由地面监控站发来的导航信息,接收并执行监控站的控制指令。
(2)卫星上设有微处理器,进行部分必要的数据处理工作。
(3)通过星载的高精度原子钟(铷钟秒稳定度约$3 \times 10^{-12}/s$,日频率稳定度约5×10^{-14},日漂移约5×10^{-14},质量约5.44kg,功耗为39W)提供精密的时间标准。
(4)向用户发送导航与定位信息。
(5)在地面监控站的指令下,通过推进器调整卫星的姿态和位置。

GPS卫星本身从卫星导航系统建设开始,就一直处于不断更新和完善之中。迄今,空间的GPS卫星已包含了两代卫星。第一代为11颗试验卫星,用于全球卫星定位系统的试验,第二代为正式工作的GPS导航卫星及其各种改进型卫星。卫星上设备主要包括太阳能电池板、原子钟(两台铯钟、两台铷钟)、信号生成与发射装置等。

2. 地面监控

GPS的地面监控部分目前主要由分布在全球的6个地面站组成,分为主控站、注入站和监测站。其分布如图3-11所示。

(1)主控站(1个)。设在美国的科罗拉多(Colorado)州法尔孔空军基地。主控站负责协调和管理所有地面监控系统的工作,此外还完成下面的一些主要任务:①根据本站与其他监测

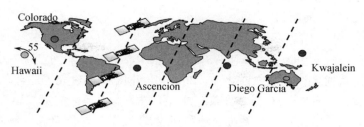

图 3-11 GPS 地面监测站分布

站的所有观测资料推算编制各卫星的星历、卫星钟差和大气层的修正参数等,并把这些数据传送给注入站;②提供全球卫星定位系统的时间基准,各监测站内的原子钟均与主控站的原子钟同步或测出其间的时钟差,并把这些钟差信息编入导航电文送到注入站;③调整偏离轨道的卫星,使之沿预定的轨道运行;④启用 GPS 备用卫星工作以代替失效的 GPS 卫星。

(2) 注入站(3个)。分别位于阿松森(Ascencion)、迭哥·伽西亚(Diego Garcia)、卡瓦加兰(Kwajalein),注入站的主要任务是在主控站的控制下,每 12h 将主控站推算和编制的卫星星历、钟差、导航电文和其他控制指令等注入 GPS 卫星的存储系统。注入站还负责监测注入卫星的导航信息是否正确。

(3) 监测站(5个)。包括设在主控站和注入站的 4 个监测站和夏威夷(Hawaii)监测站,监测站是在主控站直接控制下的数据自动采集中心。在主控站的控制下跟踪接收卫星发射的 L 波段双频信号,以采集数据和监测卫星的工作状况。监测站设有原子钟,与主控站原子钟同步,作为精密时间基准。原子钟提供时间标准,而环境传感器收集当地有关的气象数据。所有观测资料由计算机进行初步处理,然后存储并传送到主控站,用以确定卫星的精密轨道。

3. 用户设备

用户设备部分即 GPS 信号接收机。其主要功能是能够捕获到按一定卫星截止角所选择的待测卫星,并跟踪这些卫星的运行。当接收机捕获到跟踪的卫星信号后,即可测量出接收天线至卫星的伪距离和距离的变化率,解调出卫星轨道参数等数据。根据这些数据,接收机中的微处理机就可按定位解算方法进行定位计算,计算出用户所在地理位置的经纬度、高度、速度、时间等信息。

接收机包括天线、微处理机、数据处理软件、控制显示设备等,由于 GPS 接收机应用领域和方式多种多样,根据 GPS 用户的不同要求,所需的接收设备各异,因此 GPS 接收机也有多种不同类型。下面列出 GPS 接收机的一些分类方法及类型。

(1) 按载体分类,可分为弹载、机载、车载、手持等。

(2) 按用途分类,可分为导航、测量、授时等。

(3) 按通道分类,可分为单通道、双通道、多通道等。

(4) 按信息码分类,可分为 P 码、C/A 码、无码等。

(5) 按频率分类,可分为单频、双频等。

(6) 按测量方法分类,可分为伪距法、多普勒法、载波相位法。

(7) 按保密程度分类,可分为军用、民用等。

(8) 按动态能力分类,可分为高动态、中动态、低动态等。

目前,GPS 系统是全球应用最为广泛的卫星导航定位系统。GPS 已发展成为多领域、多模式、多用途、多机型的高新技术国际性产业。GPS的应用领域,正如人们所说的"今后GPS的应用,将只受人类想象力的制约"。

(二)北斗卫星导航系统

北斗卫星导航系统是中国独立自主设计、建设的卫星导航系统,也是联合国有关机构认定的全球卫星导航定位四大核心供应商之一。2003年,我国顺利建成了北斗的试验验证系统,即北斗双星系统;2012年左右,北斗2号系统具备了覆盖亚太地区的定位、导航和授时以及短报文通信服务能力。北斗卫星导航系统的顺利建成,改变了我国长期缺少高精度、实时定位卫星的局面,打破了美国和俄罗斯在这一领域的垄断地位,填补了我国卫星导航定位系统领域的空白。

1. 北斗卫星导航系统发展战略

北斗卫星导航系统建设按照"先区域、后全球"的总体思路分步实施,采取"三步走"的发展战略,具体发展步骤如下:

(1)北斗卫星导航试验系统。1994年,中国启动北斗卫星导航试验系统建设;2000年相继发射两颗北斗导航试验卫星,初步建成北斗卫星导航试验系统;2003年发射第3颗北斗导航试验卫星,进一步增强了北斗卫星导航试验系统性能。

(2)北斗卫星导航(区域)系统。2004年中国启动北斗卫星导航系统工程建设,2007年发射第一颗中圆地球轨道卫星(COMPASS – M1),2012年系统实现由14颗卫星构成,即5颗GEO卫星、5颗IGSO卫星(2颗在轨备份)和4颗MEO卫星。

(3)北斗卫星导航全球系统,计划2020年全面建成,北斗卫星导航全球系统形成全球覆盖能力,将由35颗卫星组成,具有卫星无线电定位、卫星无线电导航两种工作体制,成为全球GNSS供应商,满足中国国防安全和经济安全的需要。

2. 北斗卫星导航试验系统(北斗1号)

"北斗"卫星导航试验系统(也称"双星定位导航系统")为我国"九五"列项,其工程代号取名为"北斗1号",其方案于1983年提出。2000年分别发射北斗卫星导航试验系统第一颗、第二颗卫星,2003年和2007年分别发射了导航定位系统的第三颗和第四颗备份卫星,目前,"北斗1号"已有4颗卫星在太空遨游,组成了完整的卫星导航定位系统,确保全天候、全天时提供卫星导航资讯。

"北斗1号"是利用地球同步卫星为用户提供快速定位、简短数字报文通信和授时服务的一种全天候、区域性的卫星定位系统。系统由两颗地球静止卫星、一颗在轨备份卫星、中心控制系统、标校系统和各类用户机等部分组成。其覆盖范围是北纬5°~55°、东经70°~140°之间的心脏地区,上大下小,最宽处在北纬35°左右。定位精度为水平精度100m,设立标校站之后为20m,工作频率为2491.75MHz,系统能容纳的用户数为每小时540000户。"北斗1号"具有卫星数量少、投资小、用户设备简单价廉、能实现一定区域的导航定位和通信等多用途,可满足当前我国陆、海、空运输导航定位的需求。

北斗卫星导航定位系统的基本工作原理是"双星定位":以2颗在轨卫星的已知坐标为圆心,各以测定的卫星至用户终端的距离为半径,形成两个球面,用户终端将位于这两个球面交线的圆弧上。地面中心站配有电子高程地图,提供一个以地心为球心、以球心至地球表面高度为半径的非均匀球面。用数学方法求解圆弧与地球表面的交点即可获得用户的位置。

"北斗1号"定位原理如图3-12所示,一次定位工作流程简述如下:

第一步,由地面中心站向位于同步轨道的两颗卫星发射测距信号,卫星分别接到信号后进行放大,然后向服务区转播。

第二步,位于服务区的用户机在接收到卫星转发的测距信号后,立即发出应答信号,经过卫星中转,传送到中心站。

第三步,中心站在接收到经卫星中转的应答信号后,根据信号的时间延迟,计算出测距信号经过中心站—卫星—用户机—卫星—中心站的传递时间,并由此得出中心站—卫星—用户机的距离,由于中心站—卫星的距离已知,由此可得用户机与卫星的距离。

第四步,根据用上述方法得到的用户机与两颗卫星的距离数据,在中心站储存的数字地图上进行搜索,寻找符合距离条件的点,该点坐标即是所求的坐标。

第五步,中心站将计算出来的坐标数据经过卫星发送往用户机,用户机再经过卫星向中心站发送一个回执,结束一次定位作业。

由上述定位过程可见,北斗系统的定位作业需要中心站直接参加工作,中心站在每次定位过程中都处于核心的位置。

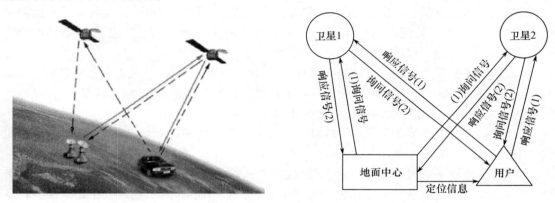

图3-12 北斗1号定位原理示意图

"北斗1号"与GPS系统不同,对所有用户位置的计算不是在卫星上进行,而是在地面中心站完成的。因此,地面中心站可以保留全部北斗用户的位置及时间信息,并负责整个系统的监控管理。由于在定位时需要用户终端向定位卫星发送定位信号,由信号到达定位卫星时间的差值计算用户位置,所以被称为"有源定位"。

"北斗1号"就性能来说,和美国GPS相比差距甚大。第一,覆盖范围也不过是初步具备了我国周边地区的定位能力,与GPS的全球定位相差甚远。第二,定位精度低,定位精度最高20m,而GPS可以到10m以内。第三,由于采用卫星无线电测定体制,用户终端机工作时要发送无线电信号,会被敌方无线电侦测设备发现,不适合军用。第四,无法在高速移动平台上使用,这限制了它在航空和陆地运输上的应用。

"北斗1号"的建立成功具有重要的意义。第一,"北斗1号"是我国独立自主建立的卫星导航系统,它的研制成功标志着我国打破了美、俄在此领域的垄断地位,解决了中国自主卫星导航系统的有无问题。它是一个成功的、实用的、投资很少的初步起步系统。第二,"北斗1号"为北斗卫星导航系统的发展积累了经验,我国以"北斗"导航试验系统为基础,开始逐步实施"北斗"卫星导航系统的建设。第三,为争取可用的卫星轨道位置奠定了基础,为争取宝贵的频率资源发挥了重要的作用。

3. 北斗卫星导航系统(北斗2号)

根据中国北斗卫星导航系统"三步走"发展计划,北斗1号完成后,第二步要建设北斗卫星导航系统(北斗 2 号)。2004 年中国启动北斗卫星导航系统工程建设,2007 年 4 月,第一颗北斗导航卫星从西昌卫星发射中心发射成功,自 2011 年 12 月 27 日起,北斗卫星导航系统开始向中国及周边地区提供连续的导航定位和授时服务。2012 年系统实现了由 14 颗卫星构成,即 5 颗 GEO 卫星、5 颗 IGSO 卫星(2 颗在轨备份)和 4 颗 MEO 卫星。第三步,到 2020 年全面建成北斗卫星导航系统。

北斗卫星导航系统由空间星座、地面控制和用户终端三大部分组成。空间星座部分由 5 颗地球静止轨道(GEO)卫星和 30 颗非地球静止轨道(Non – GEO)卫星组成。GEO 卫星分别定点于东经 58.75°、80°、110.5°、140°和 160°。Non – GEO 卫星由 27 颗中圆地球轨道(MEO)卫星和 3 颗倾斜地球同步轨道(IGSO)卫星组成。其中,MEO 卫星轨道高度 21500km,轨道倾角 55°,均匀分布在 3 个轨道面上;IGSO 卫星轨道高度 36000km,均匀分布在 3 个倾斜同步轨道面上,轨道倾角 55°,3 颗 IGSO 卫星星下点轨迹重合,交叉点经度为东经 118°,相位相差 120°。

地面控制部分由若干主控站、注入站和监测站组成。主控站主要任务是收集各个监测站的观测数据,进行数据处理,生成卫星导航电文、广域差分信息和完好性信息,完成任务规划与调度,实现系统运行控制与管理等。

注入站主要任务是在主控站的统一调度下,完成卫星导航电文、广域差分信息和完好性信息注入,有效载荷的控制管理;监测站对导航卫星进行连续跟踪监测,接收导航信号,发送给主控站,为卫星轨道确定和时间同步提供观测数据。

用户终端部分由各类北斗用户终端以及与其他卫星导航系统兼容的终端组成,能够满足不同领域和行业的应用需求。

北斗卫星导航系统时间基准采用北斗时(BDT),秒长取为国际单位制 SI 秒,起算历元为 2006 年 1 月 1 日 0 时 0 分 0 秒协调世界时(UTC)。BDT 是连续时间,溯源到中国科学院国家授时中心(NTSC)保持的 UTC 时间,简称 UTC(NTSC),与 UTC 之间的闰秒信息在导航电文中播报。BDT 与 UTC 的偏差保持在 100ns 以内。北斗卫星导航系统的坐标框架采用中国 2000 大地坐标系统(CGCS2000)。

北斗卫星导航系统建成后将为全球用户提供卫星定位、导航和授时服务,并为我国及周边地区用户提供定位精度为 1m 的广域差分服务和 120 个汉字/次的短报文通信服务。

(三) GLONASS 卫星导航系统

"GLONASS"是俄语中"全球卫星导航系统"的缩写。最早开发于苏联时期,后由俄罗斯继续执行该计划。GLONASS 在功能上类似于 GPS。其结构也由 3 部分组成,即空间部分、地面监控部分和用户接收机部分。GLONASS 的空间部分由 24 颗周期约 12h 的卫星组成,它们不断发送测距和导航信息。控制部分由一个系统控制中心以及一系列在俄罗斯境内分布的跟踪站和注入站组成。与 GPS 相似,控制部分除对卫星工作状态进行监测并于必要时通过指令调整其工作状态外,还对各卫星进行测量以确定其轨道和卫星钟差,最后以导航电文的形式通过卫星存储、转发给用户。用户接收机也采用伪随机码测距技术取得伪距观测量,接收并解调导航电文,最后进行导航解算。和 GPS 不同的是,GLONASS 采用频分多址而不是码分多址,卫星的识别是靠卫星发播的载波频率存在的差异实现的。

1. 系统组成

(1)空间部分。空间部分由 GLONASS 星座组成,整个星座包括 24 颗卫星。GLONASS 卫星分布在 3 个轨道面上,升交点赤经相互间隔 120°。每一个轨道面有 8 颗卫星,这 8 颗卫星彼此相距45°。相邻轨道面上卫星之间相位相差15°,卫星倾角为64.8°,在长半径为26510km的椭圆轨道上,轨道周期约为675.8min。

(2) 地面监控部分。GLONASS系统的地面部分由1个地面控制中心、4个指令测量站、4个激光测量站和1个监测网组成,GLONASS系统的地面站网都由军方管理。地面控制中心包括1个轨道计算中心、1个计划管理中心和1个坐标时间保障中心,主要任务是接收处理来自各指令测量站和激光测量站的数据,完成精密轨道计算,产生导航电文,提供坐标时间保障,并发送对卫星的上行数据注入和遥控指令,实现对整个导航系统的管理和控制。指令测量站均布设在俄罗斯境内,每站设有C波段无线电测量设备,跟踪测量视野内的GLONASS卫星,接收卫星遥测数据,并将所测得的数据送往地面控制中心进行处理。同时指令测量站将来自地面控制中心的导航电文和遥控指令发射至卫星。4个激光测量站中有两个与指令测量站并址,另外两个分别设在乌兹别克斯坦和乌克兰境内。激光测量站跟踪测量视野内的GLONASS卫星,并将所测得的数据送往地面控制中心进行处理,主要用于校正轨道计算模型和提供坐标时间保障。系统还建有GPS/GLONASS监测网,该监测网独立工作,主要用于监测GPS/GLONASS系统的工作状态和完好性。

(3) 用户部分。同GPS一样,GLONASS是一个具有双重功能的军用/民用系统。所有军用和民用GLONASS用户构成用户部分。该系统的潜在民用前景巨大,而且与GPS互为补充。俄罗斯联邦政府宣布GLONASS的C/A(也称之为标准精度通道)码为世界范围内的民间用户提供水平方向至少60m(97.7%的概率)、垂直方向至少75m(99.7%的概率)的实时点定位(独立)精度。俄罗斯航天部队监控GLONASS的性能,并向GLONASS用户发布咨询通报,通告因异常或预定的维护而停止工作的卫星。

2. GPS/GLONASS 组合技术

由于GPS和GLONASS这两种星基导航系统在系统构置、导航定位机理、工作频段、调制方式、信号和星历数据结构等方面是基本相同和相近的,都以发射扩频测距码、测量卫星与用户之间的伪距来完成导航定位,所以就存在利用一部用户设备同时接收这两种卫星信号的可能性。在两个系统各自单独工作时,可能存在难以覆盖的空白带且会受制于人。但是,如果能将两个系统组合使用,由于可用卫星数目增多,不仅能填补单一系统存在的覆盖空白问题,而且可使系统精度显著提高。尤其对军用用户,这有利于解除后顾之忧。因此,GPS/GLONASS组合技术已经成为近几年研究的重点。

GPS/GLONASS组合技术就是用一台接收机同时接收和测量GPS和GLONASS两种卫星信号,以便在世界上任何地方、任何时间精确测出三维位置、三维速度、时间和姿态参数,为用户提供仅用GPS接收机或仅用GLONASS接收机无法获得的性能。该组合接收机具有以下一些优点。

(1) 提高了系统完善性。在实际的导航系统中,完善性是一个很重要的指标。当一颗已经失效(不论是暂时还是长期)的卫星依然在广播导航电文时,地面用户很可能由错误的电文导致错误的导航定位,这会产生严重的后果。但在组合使用两个系统时,由于可观测卫星数增倍,能够很可靠地发现失效的卫星,避免出现损失。

(2) 提高了系统可靠性。卫星系统仅仅可用是不够的,还应该有足够高的可靠性。国际民航组织(ICAO)对民用航空导航系统的可靠性有严格的要求,规定其失效概率应当小于1.0×10^{-8}。这对于两个系统中的任何一个来说都是过于苛刻的要求。但对组合系统来说,由于一般可以同时观测到10颗以上卫星,只要其中有4~5颗能正常工作就可以获得有效的导航解,满足 ICAO(国际民航组织)的要求。

(3)提高了系统精度。组合导航可以在两个系统中选择最小几何精度因子(PDOP)值的一组卫星,所以可为用户提供更高的导航精度。

(4)提高了导航连续性。试验结果表明,仅观测 GPS 星座的 4 颗卫星难以实现连续的精确导航,特别是在高动态应用场合,运动载体和 GPS 卫星之间存在较大的加速度径向分量,易于导致接收机跟踪环路的失锁,难以获得稳定的实时定位和姿态测量精度。采用 GPS/GLONASS 组合接收机以后,既可在一天的任何时间内接收 4 颗以上的卫星信号,又可选择径向加速度较小的卫星构成定位星座,确保导航的连续性。

一般来讲,GPS/GLONASS 组合接收机在锁定 4 颗同类卫星时,可确定三维位置和速度,速度精度为 1cm/s。典型组合接收机有 12 个跟踪 GPS 卫星的并行口和 12 个跟踪 GLONASS 卫星的并行口,容量很大,因此总能利用最佳可用星座以提供最精确的位置。如果一个卫星系统或某颗卫星被关闭或发生故障,或卫星变得不健康,这种组合接收机将自动使用运行正常的卫星。

(四) Galileo 卫星导航系统

Galileo 卫星导航系统计划是 1990 年末欧盟宣布开发的民用 GNSS 空间系统计划,欧洲国家为了减少对美国 GPS 系统的依赖,同时也为了在未来的卫星导航定位市场上分一杯羹,决定发展自己的全球卫星定位系统。经过长达 3 年的论证,2002 年 3 月,欧盟 15 国交通部长会议一致决定,启动"Galileo"导航卫星计划。该计划的实施标志着欧洲将拥有自己的卫星导航系统,并将结束欧洲对 GPS 严重依赖的局面,同时也开创了全新的卫星导航定位系统商业化运作模式。Galileo 计划由欧盟和欧空局共同负责。中国也参与了 Galileo 系统的建设。Galileo 计划总计投资约 34 亿欧元。按照中国和欧盟 15 个国家以平等地位参与合作的原则,中国将出资 2 亿欧元左右。

1. 系统组成

Galileo 卫星导航系统由空间段星座、地面段和用户段组成。

(1)空间段星座。它由 30 颗中轨道地球轨道卫星组成。卫星分布在 3 个倾角为 56°、高度逾 23000km 的等间距轨道上。每条轨道上均匀分布 10 颗卫星,其中包括 1 颗备份星,卫星约 14h22min 绕地球 1 周。这样的分布可以满足全球无缝隙导航定位。卫星使用的时钟是铷钟和无源氢钟,铷原子钟质量为 3.3kg,由激光泵激发铷原子钟振荡,使其频率达到微波级的 6.2GHz;另一个是更加精确的被动氢原子微波激射器,质量为 15kg,将直接以 1.4GHz 的频率振动,该钟的稳定性非常高,卫星绕轨道运行一周只需一次地面注入。卫星上除基本的载荷外,还有搜索救援载荷和通信载荷。

(2)地面段。地面段的两大功能是卫星控制和任务控制。包括两个位于欧洲的 Galileo 控制中心和 20 个分布在全球的 Galileo 传感站。此外,还有若干个实现卫星和控制中心进行数据交换的工作站。Galileo 控制中心坐落在欧洲,两个 Galileo 控制中心是系统地面段的核心。它的功能是控制星座、保证卫星原子钟的同步、完好性信号分析、监控卫星及由它们提供的服务,所有内部及外部数据的处理。20 个传感站通过通信网络向控制中心发传送数据。

(3)用户部分。即 Galileo 接收机,由导航定位模块和通信模块组成。

2. 系统特点

与 GPS 和 GLONASS 相比,Galileo 系统起点较高,吸收了很多 GPS 和 GLONASS 的经验,具有很多优点。从设计目标来看，Galileo 系统的定位精度优于 GPS。如果说 GPS 只能找到街道，Galileo 系统则可找到车库门。

Galileo 系统为地面用户提供 3 种信号，即免费使用的信号、加密且需交费使用的信号、加密且能满足更高要求的信号。其精度依次提高，最高精度比 GPS 高 10 倍。免费使用的信号精度预计为 10m。

Galileo 系统的主要特点是多频率、多服务、多用户。它除了具有定位导航功能外，还具有全球搜寻救援功能。为此每颗 Galileo 卫星还装备一种援救收发器，接收来自遇险用户的求援信号，并将它转发给地面救援协调中心，后者组织对遇险用户的援救。与此同时，Galileo 系统还向遇险用户发送援救安排通报，以便遇险用户等待救援。

Galileo 系统的另一个优势在于：它能够与 GPS、GLONASS 实现多系统内的相互兼容。Galileo 接收机可以采集各个系统的数据或者通过各个系统数据的组合来进行定位导航。

3. Galileo 系统提供的服务

Galileo 系统提供两种类型的服务，即免费服务和有偿服务。具体分为 6 类。

(1) 公开服务(Open Service)。提供定位、导航和定时服务。这种服务面向大众导航定位应用领域，将与 GPS 竞争(也是和 GPS 兼容的)，是免费的。这种服务的定位精度水平方向为 4m，垂直方向约为 8m，可获得性为 99.5%，但是没有完备性信息可用。GPS 现代化后，GPS 和 Galileo 双系统的定位垂直精度可以提高到 4~5m，在有高遮挡的条件下可见性也大幅度提高。

(2) 商业服务(Commercial Service)。在公开服务的基础上提供增值服务，由商业运营公司保证在世界范围内达到亚米级定位精度。这种服务内容包括分发加密的导航相关数据，为专业应用领域提供测距和定时服务以及导航定位和无线通信网络的集成应用。这种服务要收费，但服务质量有保证。

(3) 生命安全服务(Safety Of Life Service, SOL)。这种服务的设计符合某些国际组织的相关要求，包括完备性要求，主要应用于交通运输、船只入港、铁路运输管制和航空管制等。

(4) 公共规范服务(Public Regular Service)：这种服务只提供给欧盟成员国。提供与欧洲密切相关的军事、工业和经济服务，如国家安全、紧急救援、治安、警戒以及紧急的能源、交通和通信等。

(5) 地区性组织提供的导航定位服务(Navigation Services to be provided by Local components)。这种加强的导航定位服务根据用户的特殊要求，通过区域性增强系统向用户提供。该服务可以提供更精确的定位和授时服务。

(6) 搜寻与救援服务(Search And Rescue, SAR)。以现有的 COSPAS/SARSAT 卫星为基础，Galileo 系统将加入国际救援体系，提供 SAR 搜救服务。计划在每颗卫星上安装支持 SAR 的有效荷载，它支持现有的 COSPAS/SARSAT 系统，SAR 求救信息将被 Galileo 卫星在 406MHz 频带检出，并用 1544~1545MHz 频带(称为 L6 频带，保留为紧急服务使用)传播到专门接收的地面站。地面部分实现与救援协调中心的连接接口，为求救者提供反馈信号。Galileo 救援体系能够满足国际海事组织(IMO)和国际民航组织(ICAO)在求救信号探测方面的要求。

4. GPS、GLONASS 和 Galileo 系统对比

GPS、GLONASS 和 Galileo 在系统配置、定位测速原理等许多方面类似，但三者在一些技术体制上也存在一定的差别。参数特性比较见表 3-1。

表 3-1　GPS、GLONASS 和 Galileo 参数对比

比较类目	GPS	GLONASS	Galileo
卫星数目	24	24	30
轨道	6	3	3
轨道倾角/(°)	55	64.8	56
轨道高度/km	20180	19130	23616
普通用户定位精度/m	100	50	10
特殊用户定位精度/m	10	16	1
通信	否	否	是
信号发射功率	低	低	高
所用频段数目	2	2	≥3

四、"北斗"系统在弹药保障中的应用

现代信息化战争要求弹药保障准确、快速、安全、可控，而卫星导航系统正是能够帮助弹药保障满足这些要求的有力手段之一。"北斗"导航系统在弹药保障中有着广泛的应用前景，既能够提高弹药运输保障效能，又能保持运输保障与作战部队的保障需求协调一致，它必将成为未来信息化战争的关键性技术。

1. "北斗"系统应用于弹药保障是现代战争的必然趋势

现代战争弹药消耗大，弹药供应保障任务随之加重，尤其在战争条件下，军队的机动和连续作战能力迅速提高，攻防转换相当迅速，这就更加剧了弹药供应任务与时限要求的矛盾，对保障能力，特别对于弹药运输投送能力，提出了更高的要求，这主要表现在以下几个方面。

（1）现代战争的高突发性，要求运输保障具有快速反应能力，保证运输机动灵活，安全性好。

（2）现代战争的高随机性，要求运输保障具有随机应变能力。运输过程中必须及时掌握未知路线的周边环境、自身的方位距离等情况。另外，一旦运输路线遭到破坏或因特殊情况需要改变运输路线或运输方式（海、陆、空 3 种）时，则需要高效的运输导航技术支持。

（3）现代战争的高整体性和综合性，要求运输保障具有良好的指挥协调能力。移动运输中必须保持与指挥部之间良好的通信，使指挥部能随时了解运输装备及人员所在位置和运行情况，并根据战时情况随时指挥运输人员。

正是因为现代战争具有高突发性、高随机性、高整体性和综合性的特点，传统的弹药供应运输方式已经难以适应战争的要求，而将北斗卫星导航系统应用于弹药保障，卫星导航定位技术恰恰能很好地弥补传统弹药供应运输的不足，大幅度地提高了弹药供应的整体效益，使弹药保障更加灵活、安全、高效。因此，随着"北斗"导航系统的发展成熟，将其应用于弹药保障是必然要求。

2. "北斗"系统在弹药保障中的具体应用

将"北斗"系统运用到弹药保障体系之中，可以实时提供车辆、飞机和船只的位置信息和状况，增强运输的机动性和准确性，在很大程度上能提高弹药保障能力，具体应用主要有以下两个方面。

（1）将"北斗"系统应用于弹药运输工具的定位、监控和指挥调试，实施可视化管理。运

用"北斗"系统,结合 RFID 技术、地理信息系统等相关信息技术,可能对整个弹药保供应保障过程进行可视化管理。这其中包括两个方面:一是对保障运输工具本身进行自动定位、自动导航和跟踪调试的可视化管理;二是在弹药包装上直接安装自动识别技术,对弹药的整个物流过程进行可视化管理。通过科学合理地运用"北斗"系统、RFID 技术、地理信息系统等信息技术,可形成有效的统一组织、协调指挥的可视化管理中心,成倍地提高弹药供应保障的效能。

(2)运用"北斗"系统,将弹药保障与作战部队的保障需求相互协调联系,建立一体化作战环境。"北斗"系统可以轻而易举地将战场空间的各种作战力量用统一的信息网连接起来,使用高度保密的军用电台,便可将敌我目标等战场信息直接传递到其他作战诸元。在战斗、战斗支援和保障支援之间建立的信息网络可以将作战部队的人员和作战物资的消耗情况传送给运输保障部队,使指挥官知道前方何时何地需要何种运输保障。以便在前运后送时间短、车辆流向变换频繁和复杂的情况下快速调整部署,及时补充兵力、物资及疏散转移。

第四节 地理信息系统

地理信息系统是 1963 年由 Roger F. Tomlinson 提出的,20 世纪 80 年代开始走向成熟,是多种学科交叉的产物。它把地理学、几何学、计算机科学、遥感、GPS 技术、Internet、多媒体技术及虚拟现实技术等融为一体,利用计算机图形与数据库技术来采集、存储、编辑、显示、转换、分析和输出地理图形及其属性数据,根据用户需要,并将这些信息图文并茂地输送给用户,便于分析及决策使用。

一、地理信息系统的基本概念

1. 地理信息

地理信息是指直接或间接与地球上的空间位置有关的信息,又常称为空间信息。它是表示地表物体和环境固有的数量、质量、分布特征、联系和规律的数字、文字、图形、图像的总称。

空间数据一般具有 3 个基本特征,即空间特征、属性特征(简称属性)及时间特征。空间位置数据描述地物所在位置。这种位置既可以根据大地参照系定义,如大地经纬坐标,也可以定义为地物间的相对位置关系,如空间上的相邻、包含等;属性数据有时又称为非空间数据,是属于一定地物、描述其特征的定性或定量指标;时间特征是指地理数据采集或地理现象发生的时刻/时段。时间数据对环境模拟分析非常重要,正受到地理信息系统学界越来越多的重视。空间位置、属性及时间是地理空间分析的三大基本要素。

地理信息除了具有信息的一般特性,还具有以下独特特性。

(1)空间分布性。地理信息具有空间定位的特点,先定位后定性,并在区域上表现出分布式特点,其属性表现为多层次,因此地理数据库的分布或更新也应是分布式。

(2)数据量大。地理信息既有空间特征,又有属性特征。另外,地理信息还随着时间的变化而变化,具有时间特征,因此其数据量很大。尤其是随着全球对地观测计划不断发展,每天都可以获得上万亿兆关于地球资源、环境特征的数据。这必然对数据处理与分析带来很大压力。

(3)信息载体的多样性。地理信息的第一载体是地理实体的物质和能量本身,此外,还有描述地理实体的文字、数字、地图和影像等符号信息载体以及纸质、磁带、光盘等物理介质载体。对于地图来说,它不仅是信息的载体,也是信息的传播介质。

2. 地理信息系统

地理信息系统(Geographic Information System,GIS)是地球空间信息科学的重要内容之一,是一门综合性的技术,涉及地理学、测绘学、计算机科学与技术、环境科学、城市科学、管理科学等诸多学科。其概念和基础来自于地理学和测绘学,其技术支撑是计算机技术。地理信息系统为一种空间信息系统,是采集、存储、管理、分析和描述地球表面(包括大气层)与空间和地理分布有关的数据的空间信息系统。地理信息系统在许多领域得到了广泛应用,如城市管理、物流管建、区域规划、环境整治、军事仿真等。与一般的管理信息系统相比,地理信息系统具有以下特征。

(1) 地理信息系统在分析处理问题中使用了空间数据与属性数据,并通过数据库管理系统将两者联系在一起共同管理、分析和应用,从而提供了认识地理现象的一种新的思维方法;而管理信息系统则只有属性数据库的管理,即使存储了图形,也往往以文件等机械形式存储,不能进行有关空间数据的操作,如空间查询、检索、相邻分析等,更无法进行复杂的空间分析。

(2) 地理信息系统强调空间分析,通过利用空间解析式模型来分析空间数据,地理信息系统的成功应用依赖于对空间分析模型的研究与设计。

二、地理信息系统的构成与功能

(一) 系统构成

地理信息系统主要由5个部分组成,即计算机硬件系统、计算机软件系统、地理空间数据、空间分析模型以及相关机构和人员,如图3-13所示。其中,计算机硬件系统和软件系统是地理信息系统的核心,而地理空间数据是地理信息系统操作的对象。空间分析模型是进行空间分析的模型和模式,它为GIS解决各类空间问题提供解决方法。GIS相关机构和人员主要包括系统管理人员、系统开发人员和数据处理及分析人员。

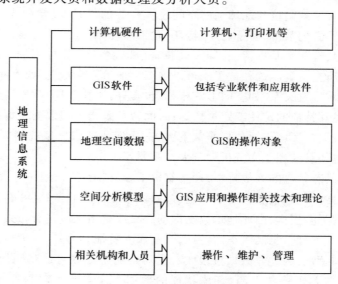

图3-13 地理信息系统的结构组成

1. 计算机硬件系统

GIS中的计算机硬件系统可分为基本设备和扩展设备两大部分。基本设备包括计算机主机、显示器、存储设备(硬盘、光盘、磁带、半导体盘等)、数据输入设备(键盘、鼠标、手写笔、光笔、扫描仪、数字化仪等)、数据输出设备(打印机、绘图仪等)。扩展设备包括各类测绘仪器、GPS、数据通信接口、计算机网络设备、虚拟现实设备等。可以配置基于单机的 GIS,也可以构建网络 GIS。

2. 计算机软件系统

在地理信息系统中,软件部分关系到系统的功能强弱。GIS 基本功能软件(GIS 工具或平台)通常是由商业软件公司开发的,它提供了 GIS 应用软件开发的环境。大部分 GIS 工程应用都是在某一 GIS 平台的基础上,通过二次开发完成的。

从概念和功能的角度上进行划分,GIS 基本功能软件可分为六大子系统,即空间数据输入与格式转换子系统、图形与属性编辑子系统、数据存储与管理子系统、空间数据处理与分析子系统、空间数据输出与表示子系统、用户接口子系统,如图 3－14 所示。

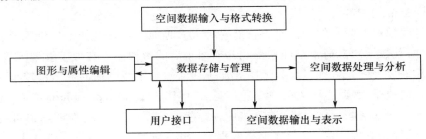

图 3－14　GIS 基本功能软件的组成结构

(1) 空间数据输入与格式转换子系统。地理空间数据有多种来源,如各种多尺度的地形图、遥感影像、数字地面模型、GPS 测量数据、已有系统的数据、社会经济调查数据等。这些数据可分为不同的类型,如栅格数据、矢量数据、高程数据、文字数据和数字数据等。数据格式包括 CAD 格式、影像格式、文本格式、表格格式、其他 GIS 系统产生的数据格式等。这些不同来源、不同类型、不同格式的数据需要传送到 GIS 系统内部,并转换为系统支持的格式。

(2) 数据存储与管理子系统。数据存储与管理涉及地理要素(点、线、面)的位置、空间关系以及属性数据的表示和组织等。一般通过特定的数据模型和数据结构进行数据的描述和组织,由数据库管理系统(DBMS)进行管理。在 GIS 的发展过程中,数据模型经历了多种形式,即层次模型、网络模型、关系模型、地理相关模型、地理关系模型和面向对象的模型。

(3) 图形与属性编辑子系统。为了对空间数据进行分析和处理,所有图形元素必须处于统一的地理参考坐标系中,并经过严格的地理编码和数据分层组织。为此需要进行拓扑编辑和拓扑关系的建立,进行图幅接边、地理编码、数据分层、坐标系统转换、投影转换、属性编辑等操作。另外,还需要进行错误数据的修改,图形的修饰,线型、颜色、符号的设定、注记的书写等。这就要求 GIS 提供图形及其属性的编辑功能。

(4) 数据处理与分析子系统。通过该系统,可以对某一地理区域内的空间数据和属性数据进行综合分析利用。通过对矢量、栅格和高程数据进行空间运算和指标量测,达到对空间数据综合利用的目的。例如,通过对栅格数据进行算术运算、逻辑运算、聚类运算等,提供栅格分析;通过对图形进行路径分析、地形分析、资源分配分析、叠加分析、缓冲区分析、统计分析等,提供矢量分析。

(5) 数据输出与表示子系统。将 GIS 中的原始数据,通过系统分析、转换和重组后再以某种用户能够理解的方式进行输出。其可以表现为地图、表格、决策方案、统计结果、模拟结果等形式。可以通过打印机、绘图仪、显示器进行输出,也可以通过一些先进的虚拟现实设备进行输出,如立体头盔、立体投影设备等。

(6)用户接口子系统。用户接口用于接收用户命令、程序和数据,是用户和系统进行交互的接口。主要包括用户操作界面、程序接口和数据接口。系统通常通过图标方式、菜单方式或命令解释方式接收用户的输入。一般来说,地理信息系统的功能相当复杂,为了提高专业或非专业的 GIS 使用人员的工作效率,良好的用户界面是十分必要的。当前,Windows 风格的菜单界面在 GIS 平台中使用得非常普遍。

3. 地理空间数据

数据是 GIS 的操作对象,是 GIS 赖以生存的基础,它包括空间数据和属性数据。当前地理信息系统的基础数据主要是 4D 产品,即数字线划数据(Digital Line Graph,DLG)、数字栅格数据(Digital Raster Graph,DRG)、数字高程数据(Digital Elevation Model,DEM)、数字正射影像(Digital Ortho Map,DOM)。

(1)数字线划图。数字线划图是通过对一种或多种地图要素进行矢量化后形成的一种矢量化数据文件,其数据来源通常是经扫描和几何纠正后的影像图。在数字线划图的基础上,可以方便地实现缩放、漫游、查询、量测、地图叠加等功能。数字线画图的数据量较小,便于分层,能快速生成专题地图,因此也称为矢量专题信息 DTI(Digital Thematic Information)。DLG 数据能够满足 GIS 的各种空间分析要求,被看作带有智能的数据。对 DLG 能够随机进行数据选取及显示,DLG 还能与其他产品(如数字栅格数据等)相叠加,便于进行分析和决策。

(2)数字栅格数据。数字栅格数据是对现有纸质地形图进行计算机处理后得到的栅格数据文件。每一幅纸质地形图首先经过扫描数字化,然后经过几何纠正和数据压缩等处理,最后形成数字栅格数据。对于彩色地形图来说,还需要经过色彩校正步骤,以使每幅图像的色彩基本一致。数字栅格地图在内容上、几何精度和色彩上与国家基本比例尺地形图保持一致,可以较方便地对 DRG 实现缩放、漫游等功能。

(3)数字高程模型。数字高程模型是对地球表面空间起伏变化的连续表示方法,它是一定区域范围内规则格网点的平面坐标及其高程的数据集或者是经度、纬度和海拔高度所表示的点的数据集。或者说,DEM 是特定投影平面上规则的高程值矩阵,这些离散的高程点数据用于表示地表形态。另外,高程值还可以通过图像像素的灰度值表示,某一像素点的灰度值越高,该像素点所对应地理位置的高程值越大;反之,高程值越小。DEM 可以被转换成等高线圈、断面图、透视图以及各种专题图,还可以根据用户需求计算土方体积、空间距离、表面覆盖面积等工程数据和统计数据。

(4)数字正射影像。数字正射影像是利用数字高程模型对扫描数字化后的航空相片或直接以数字方式获取的航空影像,经数字微分校正、数字镶嵌处理,再根据图幅范围裁剪生成的影像数据集,它是基础地理信息数字产品的重要组成部分之一。

4. 空间分析模型

空间分析是 GIS 的主要功能,它是 GIS 区别于其他计算机系统,如管理信息系统、图像分析和处理系统、计算机辅助设计系统、计算机地图制图系统等的主要特征之一。为了解决某一应用领域的专门问题,必须构建专门的应用分析模型,如选址模型、洪水淹没模型、人口扩散模型、土地利用适宜性模型、森林增长模型、水土流失模型和最优化模型等。

5. 相关机构和人员

与 GIS 相关的人员主要包括系统管理人员和数据处理及分析人员。另外,在 GIS 的建设过程中,还需要 GIS 专业人员、项目组织管理人员、施工人员和应用领域专家的参与。具体来说,与 GIS 相关的人员可以分为以下类型。

(1) GIS 开发人员,实现 GIS 的软件功能。

(2) 数据采集人员,实现 GIS 基础数据的采集。

(3) 数据录入人员,完成数据的录入与编辑。

(4) 数据库设计者,完成数据库的设计,实现数据的存储与管理。

(5) 地图生产者,编辑、生产各种综合或专题地图。

(6) 地图出版者,输出各种地图产品。

(7) 地图使用者,从地图上查询和获取感兴趣的内容。

(8) 地图分析员,根据地图上对象的空间关系和属性关系完成特定的分析任务。

(二) 主要功能

地理信息系统的主要功能包括以下几个方面。

(1) 数据采集。主要用于获取数据,保证地理信息系统数据库中的数据在内容与空间上的完整性、数值逻辑一致性与正确性等。一般而言,地理信息系统数据库的建设占整个系统建设投资的 70% 或更多,并且这种比例在近期内不会有明显的改变。因此,信息共享与自动化数据输入成为地理信息系统研究的重要内容。

(2) 数据处理。初步的数据处理主要包括数据格式化、转换、概括。数据的格式化是指不同数据结构的数据间的变换;数据转换包括数据格式转化、数据比例尺的变化等;制图综合包括数据平滑、特征集结等。

(3) 数据存储与组织。地理数据存储与组织涉及空间数据和属性数据的组织。栅格模型、矢量模型或栅格/矢量混合模型是常用的空间数据组织方法。如何在计算机中有效地存储和管理这些数据,是 GIS 的基本问题。空间数据结构的选择在一定程度上决定了系统所能执行的数据与分析的功能。在地理数据组织与管理中,最为关键的是如何将空间数据与属性数据融于一体。

(4) 空间查询与分析。空间查询是地理信息系统以及许多其他自动化地理数据处理系统应具备的最基本的分析功能;而空间分析是地理信息系统的核心功能,也是地理信息系统与其他计算机系统的根本区别。

(5) 图形显示与输出。将地理数据处理与分析结果通过输出设备直观、形象地表现出来,供人们观察、使用与分析,这是 GIS 问题求解过程的最后一道工序。这方面的技术主要包括数据校正、编辑、误差消除、坐标变换、出版印刷等。

(三) 应用领域

(1) 测绘与地图制图。地理信息系统技术源于机助制图。地理信息系统(GIS)技术与遥感(RS)、全球定位系统(GPS)技术在测绘界的广泛应用,为测绘与地图制图带来了一场革命性的变化。集中体现在:地图数据获取与成图的技术流程发生根本性的改变;地图的成图周期大大缩短;地图成图精度大幅度提高;地图的品种大大增加。数字地图、网络地图、电子地图等新的地图形式为广大用户带来了巨大的应用便利,测绘与地图制图进入了一个崭新的时代。

(2) 资源管理。资源清查是地理信息系统员基本的职能,其主要任务是将各种来源的数据汇集在一起,并通过系统的统计和覆盖分析功能,按多种边界和属性条件,提供区域多种条件组合形式的资源统计和进行原始数据的快速再现。以土地利用类型为例,它可以输出不同土地利用类型的分布和面积,按不同高程带划分的土地利用类型,不同坡度区内的土地利用现状以及不同时期的土地利用变化等,为资源的合理利用、开发和科学管理提供依据。

(3)城乡规划。城市与区域规划中要处理许多不同性质和不同特点的问题,它涉及资源、环境、人口、交通、经济、教育、文化和金融等多个地理变量和大量数据。地理信息系统的数据库管理有利于将这些数据信息归并到统一系统中,进行城市与区域多目标的开发和规划,包括城镇总体规划、城市建设用地适宜性评价、环境质量评价、道路交通规划、公共设施配置以及城市环境的动态监测等。这些规划功能的实现是以地理信息系统的空间搜索方法、多种信息的叠加处理和分析软件为保证的。

(4)灾害监测。利用地理信息系统,借助遥感遥测的数据,可以有效地用于森林火灾的预测预报、洪水灾情监测和洪水淹没损失的估算,为救灾抢险和防洪决策提供及时准确的信息。例如,根据我国大兴安岭地区的研究,通过普查分析森林火灾实况,统计分析十几万个气象数据,用模糊数学方法建立数学模型,建立微机信息系统的多因子的综合指标森林火险预报方法,其预报火险等级的准确率可达73%以上。

(5)环境保护。利用GIS技术建立城市环境监测、分析及预报信息系统,为实现环境监测与管理的科学化、自动化提供最基本的条件;在区域环境质量现状评价过程中,利用GIS技术对整个区域的环境质量进行客观、全面的评价,以反映出区域中受污染的程度以及空间分布状态。

(6)军事作战。现代战争的一个基本特点就"3S"技术被广泛地运用到从战略构思到战术安排的各个环节。近期发生的局部战争中,美国国防制图局在工作站上建立了GIS、RS与GPS的集成系统,它能用自动影像匹配和自动目标识别技术处理卫星和高空侦察机实时获得的战场数字影像,及时地将反映战场现状的正射影像叠加到数字地图上,数据直接传送到海湾前线指挥部和五角大楼,为军事决策提供24h的实时服务。

(7)宏观决策支持。地理信息系统利用拥有的数据库,通过一系列决策模型的构建和比较分析,为国家宏观决策提供依据。如系统支持下的土地承载力的研究,可以解决土地资源与人口容量的规划。

三、地理信息系统的军事应用

由军事技术革命引发的数字化战场建设已成为未来战场发展的主流,建设数字化战场和数字化部队已成为现代军队发展的大趋势,引起了各国的普遍关注。数字化战场是打赢信息战的关键,战场数字化就其内容来讲,主要是战场地理环境的数字化、作战部队的数字化、各种武器的数字化和士兵装备的数字化。从某种意义上来讲,战场地理环境的数字化是其他数字化的基础,它为作战部队和各种武器装备的数字化提供了必需的战场背景环境和空间定位基础。地理信息系统在军事领域的发展是开发军事地理信息系统。

(一)军事地理信息系统基本概念

军事地理信息系统(Military Geographic Information System,MGIS)是在计算机硬件支持下,运用系统工程和信息科学的理论和方法,综合、动态地获取、存储、管理和分析军事地理环境信息,并服务于作战指挥自动化、战场数字化建设和军事决策支持的军事空间信息系统。

近年来,MGIS受到各国军方的普遍重视,并且在海湾战争、科索沃战争和第二次海湾战争中发挥了重要作用,被美军形容为一把"大伞"。GPS获取的位置信息、卫星和无人机获取的侦察与监测信息、战场损毁评估信息等,均迅速汇聚在MGIS这把"大伞"之下,构成了完整的卫星对地观测系统。这就从总体上说明了MGIS在现代高科技战争中的地位和作用。

（二）军事地理信息系统的构成与功能

1. 军事地理信息系统的构成

军事地理信息系统是军事应用领域的一种实用性很强的信息系统技术，它集地理数据采集、存储、管理、分析和辅助决策于一体，既可以处理海量地理数据，又能容纳军事专家的知识和经验。根据作战指挥自动化和数字化战场建设的需要，及当今 MGIS 的发展趋势，一个完整的 MGIS 应由多媒体地理数据采集、输入与更新、多媒体地理数据库管理、分析应用支撑工具、空间分析、军事决策支持、军事专题地图设计、显示与输出等部分构成，如图 3-15 所示。

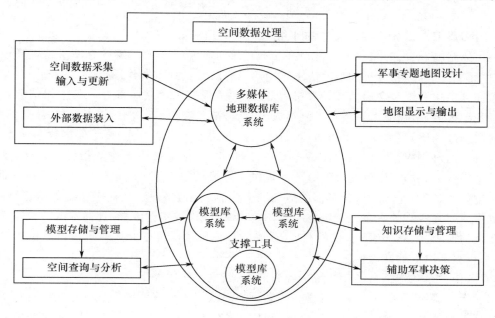

图 3-15　MGIS 构成

2. 军事地理信息系统的功能

军事地理信息系统基本功能主要有以下几个方面。

（1）数据准备与处理。包括数据采集（扫描地图手工数据采集、扫描地图自动数据采集）、外部各种格式数据的装载与输出（地图数据、图像数据、兵要及军事地理数据等）、拓扑关系自动生成、数字高程模型生成、数据编辑、遥感影像辅助数据更新、图幅拼接、多种比例尺数字地图数据嵌套、多媒体数据（音频数据、视频数据、图像数据、文本数据）处理等功能。

（2）显示与控制功能。包括不同来源、不同类型、不同比例尺、不同覆盖范围的地图和地理信息数据的统一配准显示，根据当前的视野范围自动进行比例尺切换和地图数据的调用，进行任意区域的放大、漫游等操作。

（3）地理信息查询与空间分析。地理信息查询，包括几何条件（圆形、矩形、任意多边形）查询、属性条件查询、空间（位置）条件查询及查询结果的统计分析等功能。

地理信息分析，包括基于数字高程模型的地形分析、缓冲区分析、网络分析（最优路径、中心服务范围等）、叠置分析等地理分析功能。

（4）地图制图与输出。地图制图与输出包括地图符号生成与管理（地形图符号与专题地图符号）、地图注记自动配置、地图投影变换、地图整饰、二维及三维地图生成、专题地图制作、地图预览、地图输出等功能。在多媒体地理空间数据库、符号库的支持下，利用地图制图功能直观地表达查询分析结果,直接为用户提供结论性的专题地图和专题数据集,以及各种比例尺数字地图和各种输出方式输出的模拟包括二维和三维地图等。

(5)地图数据库管理。地图数据库管理包括数据库定义、用户管理、安全访问控制、工作区管理和数据备份与恢复等功能。

(6)军事决策支持。在地图数据库、分析应用支撑工具的支持下实现,是一种由数据、模型和智能支持的辅助军事决策,主要是为军事决策提供所需战场地理环境信息,实施作战模拟和方案推演。

(三)军事地理信息系统的作用

1. MGIS 在作战指挥自动化中的作用

一切战略的、战役的和战术的行为都离不开战场地理环境,而 MGIS 在军事地理环境信息获取、存储、管理、处理、分析和辅助决策方面等具有特殊的地位和作用。

指挥自动化系统包含通信和计算机、指控流和情报流3个基本部分。其中通信和计算机是信息基础设施,指控流由指挥和控制组成,包括作战工文书、部队编制、指挥方案等,情报、监视和侦察是战场感知,形成情报流。情报流中,有雷达等传感器数据、技术侦察数据、部队侦察数据,数据融合后的战场态势、电子战态势等。将 MGIS 系统应用于作战指挥自动化,是对传统的手工作业方式的彻底改变,MGIS 能够提供研究战场条件下与制定作战计划所必需的战场地理环境信息、实施作战指挥所必需的战场综合信息及派生信息、能提供实施作战指挥,特别是合成作战指挥所需的数字地图或电子地图,大大增强作战指挥效能,提高部队的快速反应和协同作战的能力,依靠 MGIS 提供的高效、准确的计算机数据可以大大缩短指挥员做出决策的时间,并且提高决策的准确性。

MGIS 作为军队指挥自动化系统的配套装备,其主要作用如下:

(1)提供研究战场条件与制订作战计划所必需的战场地理环境信息。这些信息包括行政区划及其隶属关系方面的信息,地貌特征信息,水文、气候及气象信息,土质、土壤及植被方面的信息,人口及其结构信息,战场经济信息,交通状况信息,通信状况信息,医疗卫生状况信息等。

(2)提供实施作战指挥所必需的战场综合信息。这是基于地理数据库原始数据经过分析的深加工信息或派生信息。主要包括战场军事地理空间结构信息、空降地域信息、交通运输网络信息、目标信息、态势综合信息等。

(3)提供实施作战指挥特别是合成作战指挥所必需的数字地图或电子地图。数字地图能把不同军事监控平台上所获得的实时信息在 MGIS 环境下加以综合分析、归纳合成,最终形成战场决策和评估的基础,这是作战指挥特别是合成作战指挥所必需的。

2. MGIS 在战场数字化建设中的作用

战场数字化是以数字通信系统为载体,以敌我双方态势、战场空间地理环境信息为信息源的信息系统,把战场上的各种武器平台和各兵种分队连接起来,在他们之间建立一条数字式的指挥控制系统,确保迅速方便地实现信息交流和信息共享,最终目的是保证部队在作战过程中运用信息的能力高于敌人,以掌握信息优势,战胜敌人。因此,基于 MGIS 的空间地理环境信息的数字化是战场数字化建设的重要方面。

(1)提供战场数字化建设的多种分辨率的空间数据框架。战场空间数据框架,是其他战场地理环境信息定位的基础。主要包括大地测量控制数据和基本地理要素数据。

(2)提供基于战场图像的敌我态势信息。它是基于对战场实施实时监视的高分辨率图像的目标识别获取的信息。

（3）提供能定位于空间数据框架的战场多媒体军事专题信息。这类军事专题信息主要包括战区人口分布及其结构信息、经济信息、地方病分布信息等。

（4）提供对战场空间数据和军事专题数据进行更新的技术手段。MGIS作为战场数字化建设中同遥感(RS)、全球定位系统(GPS)集成的基础平台,可以采用两种方法对数据进行更新:一是基于MGIS与RS集成的数据更新;二是基于MGIS与GPS集成的数据更新。

3. MGIS在军事决策支持中的作用

MGIS在军事决策支持中的作用是通过两种方式实现的。一种是MGIS本身包括有军事决策支持子系统。在这种情况下,MGIS提供军事决策支持所需的地理数据(库)、模型(库)和知识(库)及以地理数据库为核心的模型库、知识库等"三库"之间的接口,提供进行作战模拟和方案推演的数字地图背景和技术手段。

另一种是在空间数据库与决策支持系统之间,MGIS起空间数据引擎的作用;决策支持系统单独存在时,MGIS确定决策支持作用的实现方式。这时,多媒体地理数据库、MGIS与军事决策支持系统均在网络环境下。多媒体地理数据库存储空间数据、专题数据等各种多媒体地理信息;军事决策支持系统包括模型库、知识库和军标库等;MGIS起空间数据引擎的作用,为空间决策支持系统提供空间数据组织、空间数据查询和空间分析的能力。

（四）军事地理信息系统的发展趋势

1. 军事地理空间数据的获取与组织是MGIS进一步发展的基础

空间数据获取的最先进的手段,是全球定位系统(GPS)和地理观测系统(EOS)。这正是以美国为代表的西方国家正在加强建设的。目前,全球定位系统有美国国防部的GPS、俄罗斯的GLONASS和欧洲的Galileo和我国北斗系统等,其特点是全球连续无缝覆盖、高精度、实时定位速度快、抗干扰性能好和保密性强。地球观测系统,目前有气象卫星系列、陆地卫星系列、海洋卫星系列、测地卫星系列、地球资源卫星系列等。其特点是几何分辨率高,探测的光谱波段多,有一定的穿透能力,微波遥感技术具有全天候探测能力。

空间数据组织是一项巨大的系统工程,要解决一系列复杂的技术问题,如能集成大地测量控制数据、数字正射影像数据、数字高程数据、交通数据、水文数据、行政单元数据和地籍数据等7个数据层,以形成框架的空间数据模型;全球唯一的要素属性编码——永久特征标识码;空间数据的综合,以满足用户对不同详细程度的数据需求;统一的坐标参考系统,保证框架数据的连接和集成;框架数据的各数据层之间的协调性;历史数据(过去版本)等。

2. 超媒体网络GIS(WebGIS)、构件式GIS(ComGIS)和开放式GIS(OpenGIS)技术是MGIS实现地理信息资源共享与远程互操作互运算的关键

WebGIS是通过Internet连接无数个分布在不同地点、不同部门、独立的GIS系统,有Client/Server结构。Client具有获得信息和各种应用的功能,Server具有提供信息和信息服务的功能。这些功能包括:实现地理信息在Internet环境下的传输和浏览及在Internet上地理信息的时间、空间和属性的有机融合;实现地理信息的图形、图像和文本的双向或多向的可视化查询和检索;实现Internet上空间数据的在线空间分析;作为"数字地图"的"用户接口界面",WebGIS具有一个不同分辨率尺度下的空间数据三维可视化的浏览界面和多维信息的集成显示技术。

ComGIS是面向对象技术和构件式技术在GIS软件开发中的应用,是提高软件重用率、降低软件开发和维护成本、缩短研制周期的有效方法。它的基本思想是将GIS的各大功能模块分解为若干个构件或控件，每个构件完成不同的功能，这些构件可以是来自不同厂家和不同时期的产品，可以用任何语言开发，开发的环境也无特别限制。各个构件之间可以根据应用要求，通过可视化界面和使用方便的接口可靠而有效地组合在一起，形成最终的应用系统。所以，ComGIS 的核心是接口。

OpenGIS 是在计算机网络环境下，根据行业标准和接口建立的 GIS。其目的是为了使不同的 GIS 软件之间具有良好的互操作性，以及在异构分布式数据库之间实现信息共享。在 OpenGIS 中，不同厂商的 GIS 软件及异构分布式数据库之间可以通过接口互相交换数据，并将它们结合在一个集成式的操作环境中，实现不同空间数据之间、数据处理功能之间的相互操作及不同系统或部门之间的信息共享。OpenGIS 的核心是标准，只有在标准和接口环境下才能实现信息共享及相互操作。

3. 空间数据仓库技术是 MGIS 进一步发展的核心技术

由高速计算机采用有线或无线方式，将分布在不同地点、不同部门的分布式数据库连接起来，通过 WebGIS、ComGIS 实现同构系统的远程互操作和叠运算，通过 OpenGIS 实现异构系统之间的远程互操作和互运算，为了实现这一目标，对于海量的空间数据和频繁的交互过程来说，还需要有一个中间组织，这就是空间数据仓库，它是数据仓库的一种特殊形式。从本质上讲，空间数据仓库就是网络空间数据库的管理系统及其应用系统。空间数据仓库的核心问题是多源数据的融合、联机分析和数据挖掘。多源数据的特点主要表现在存储格式的异构性、数据语义的异构性、数据编码的异构性、空间参照系统的异构性、数据处理方式和数据质量的异构性、数据重复等。这些特点给空间数据仓库的多源数据融合造成了极大的困难。除了建立空间数据元数据、跟踪历史数据结构变化过程的元数据和统一空间数据元素名称、选择空间数据仓库的空间数据子集等以外，关键是设计一种能实现多源数据融合的多维数据模型（如立方或超立方数据模型）。空间联机分析（Spatial OnLine Analytical Processing，SOLAP）和空间数据挖掘（Spatial Data Mining，SDM）是网络条件下的分布式数据库的空间信息处理和知识开发领域的一个新的研究方向，是目前国内外都十分关注的问题。

第五节　弹药保障跟踪与监控系统

弹药保障跟踪与监控系统由军械工程学院弹药工程系研制，该系统融合北斗定位、北斗通信、温湿度监控、振动传感、RFID 电子安全锁等技术，实现弹药保障的实时跟踪与智能监控。目前，该系统在弹药保障实践教学与综合演练中得到广泛应用。

一、系统简介

弹药保障作为弹药保障链条上的重要环节，直接影响部队训练任务的完成，并在很大程度上影响着战争的进程和胜负。近年来，我军围绕建设信息化军队、打赢信息化战争的目标，按照一体化联合作战的要求，大力推进弹药保障向信息化、一体化保障整体转型。信息化条件下作战，作战样式多样，战场环境多变，敌我对抗激烈，保障难度加大，要求弹药保障必须足量、精确、快速、高效。这就需要广泛运用先进的信息技术，对弹药消耗情况进行科学预测，对战场弹药储备进行可视管理，通过"信息流"实现对"弹药流"和"人员流"的有效控制，实现弹药精确保障的要求。

弹药保障跟踪与监控系统针对军队信息化建设中弹药保障可视化与智能监控的迫切需

求,将我国北斗导航定位系统的定位技术与北斗卫星通信技术结合起来,融合温湿度监控、运输振动传感等技术,构建基于北斗的弹药储运跟踪与监控系统。通过集成北斗定位导航模块、温度、湿度、振动传感模块以及微处理器等控制模块,研制智能监控终端。通过北斗短报文通信,将弹药保障过程中的位置和突发事件根据用户的设定主动上传和用户通过短报文发送指挥短信;构建通用性好、兼容性强的弹药保障跟踪与监控系统,实现弹药保障的实时跟踪与智能监控。

二、系统原理及组成

(一) 系统原理

考虑到战时难以保证 GPS 定位数据的正常使用,同时受到移动通信系统存在盲区等多方面的限制,现有的基于 GPS 的民用运输监控系统有时运行效果并不理想,而北斗导航定位系统是我国自主开发的卫星导航系统,可以为用户提供全天候、高精度、快速实时定位服务,同时还具有双向数字报文通信、精密授时等功能,因此,将其应用于弹药保障跟踪与监控系统中,将极大地提高弹药保障的指挥调度能力。本系统将北斗 2 号的定位功能和北斗 1 号的通信功能结合起来,实现对弹药保障的全程监控,车载终端可以将在途信息可靠上传给监控端,并在电子地图上进行定位显示,从而实现弹药保障的实时跟踪与监控。

(二) 系统组成

弹药保障跟踪与监控系统主要由车载终端、指挥控制中心、通信链路和数据库几部分组成,系统的组成框图如图 3-16 所示,系统结构框图如图 3-17 所示。其中车载终端由负责定位的北斗 2 号终端模块、车载处理器、温度湿度震动等传感器组成,指控中心由北斗指挥机负责与各个车载终端进行通信,并将车辆信息在电子地图上显示出来,车载终端与监控端的通信链路主要由北斗 1 号的卫星通信模块实现,后台数据库部分包括车辆数据库、地图数据库等。

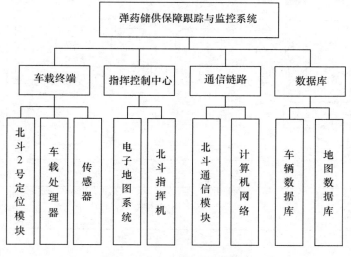

图 3-16 系统组成框图

1. 车载终端

车载终端是车辆监控系统的重要组成部分,是整个系统的定位数据来源,其结构框图如图 3-18 所示。其能够实时地获取车辆的地理位置信息、车辆的运行情况等,对信息进行本地显示,并将信息通过通信网络回传给监控端。此外,车载终端系统还要能够接收监控调度中心发

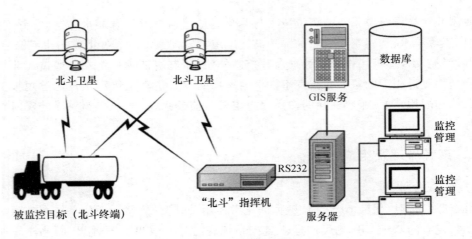

图 3-17 系统结构框图

来的各种调度命令,并最终反馈给用户。车载终端的主要硬件设备包括北斗 2 号定位模块、北斗通信模块、车载中央处理器、显示屏以及存储器、扩充接口、不间断电源、输入输出设备等必要配置。其中北斗定位和通信模块是核心部件,终端可以获取车辆的实时位置信息,同时将位置信息传送到 GIS 监控终端,根据 GIS 地图数据的坐标系统,对定位地理坐标数据进行转换,在图上显示车载终端的地理位置,这样指挥监控中心可以清楚、直观地掌握运输车辆的实时位置。在系统设计中,可以实现通过设定目的地,选用合适的路径优化算法,为车辆提供有效的通行路径,实现对车辆行驶的导航作用。

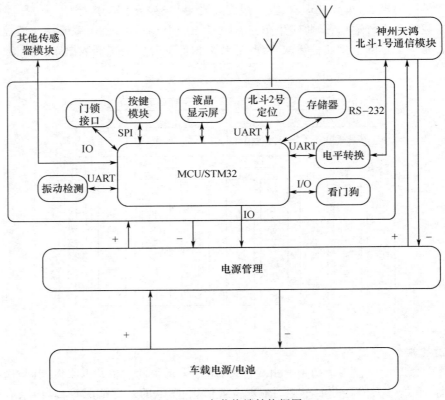

图 3-18 车载终端结构框图

2. 指挥控制中心

指挥控制中心负责定位数据的接收及控制指令的下发,其通过北斗卫星通信网络接收车载终端发送来的各种信息,这里包括车辆定时上传的实时信息、车辆地理位置信息、车辆运行环境如温湿度、震动等信息及在遇到紧急情况下发送的报警信息,指挥控制中心接收到这些信息之后,根据实现拟定好的传输协议的格式,将各种信息从接收到的信息中解析出来,存入数据库中,可以为监控车辆的历史数据回放提供数据。另外,指挥控制中心还负责及时将监控调度命令,根据协议格式构造出相应的控制指令,发送给相应的车载终端。监控端电子地图主要功能包括以下内容。

(1) 地图漫游。选定后,在地图窗口按住鼠标左键拖动地图进行浏览,可利用鼠标的移动来实现地图的漫游(地图显示画面随鼠标的拖动自动快速更换)。

(2) 地图缩放。可对当前的地图进行无级放大与缩小操作,以便了解某个移动目标所在位置的详细情况或了解全局的整体情况。放大:选定后单击地图,以单击处为中心进行地图放大;或者选择"拉框放大",拖住鼠标拉出一个矩形框,则将矩形框中内容放大至整个窗口。缩小:选定后,在地图上单击目标点,地图以目标点为中心把地图缩小50%,目标点成为地图窗口的中心。

(3) 地物查询。根据用户输入的地物名称,可以在电子地图中醒目地显示图层中的地物。

(4) 图层管理。对图层的叠加顺序、视野范围、标注等进行调整。电子地图中的各种图层可以设置为可视属性和查询属性两大类。

(5) 地图集管理。主要是管理地图文件索引,方便用户快速查找并打开地图。如添加、删除地图文件索引。通过地图索引的名称查找到地图路径,从而打开地图文件进行显示。

(6) 鹰眼图。在鹰眼图上可以像从空中俯视一样查看地图框中所显示的地图在整个图中的位置。通过鹰眼中窗口的位置框的尺寸以及位置也可以改变相应的主窗口的地图显示区域。在车辆监控系统中,车辆运行的实时显示是非常重要的,但由于电子地图很大,用户想看到电子地图的某一部分时要拖动地图,对用户来说很不方便,鹰眼功能就是指用户在鹰眼地图上单击要查看的地图区域,主地图上就会自动地显示那个区域的地图,起到导航的作用。同时,当主窗口地图位置移动时,导航窗口中的导航框也会移动到当前地图位置。当用户单击鹰眼图上某处时,主地图的 Map 对象会进行相应调整,将中心点置于用户单击的位置;同样,当主地图的位置发生变化时要给鹰眼导航窗口发送消息,鹰眼窗口根据主地图当前的位置调整导航框的位置。

3. 通信链路

无线通信链路作为车载单元与监控端信息交互的纽带,是车辆监控调度系统的重要组成部分。本系统中实现指挥中心与车辆间的通信主要采用北斗卫星通信链路,实现无盲区指挥。北斗系统用户容量巨大,可同时为大量的终端用户提供服务能力,且无需申请专用的通信信道,因此,采用该通信方式组网具有传输可靠性高、数据吞吐量大、时效快、运行维护费用低、信息传输时无资源竞用冲突以及安装简易等特点,并且北斗系统采用的通信技术体制为码分多址直序扩频方式,具备较低的误码率和较强的抗干扰能力等优势。

4. 数据库

弹药保障跟踪与监控系统的全部数据处理集中于指挥控制中心,因此,指挥控制中心要有相应的数字化地图数据库和各种丰富的数字化信息资源,数据库系统可为车辆管理提供数据支持,为指挥员提供大量辅助指挥决策的数据信息。指挥控制中心数据库从总体类型上可分为电子地图信息数据库和非地图信息数据库两类。地图信息数据库负责电子地图的存储与管理;非地图信息数据库负责车辆信息、定位信息、操作员信息及调度操作日志信息数据库的管理。本系统中的非地图信息数据库主要包括车辆信息数据库、站场信息数据库和弹药数据库等。

数据库由包含数据的表集合和其他元素(如视图、索引、存储过程及触发器等)组成,目的是为执行与数据有关的活动提供支持。其中表集合包含行和列的集合,行又称为记录,列又称为属性。表中的每一列都设计为存储某种类型的信息,如日期、名称等。表上可以通过创建约束、规则、触发器、默认值以及自定义用户数据类型等方式来确保表中数据的有效性。为了确保不同表中相关信息的一致性,可以通过引用完整性约束来实现。系统数据结构分为5种,即电子地图数据库结构、车辆相关数据库表结构、车辆监控调度数据库结构、报警相关数据库结构和与操作员相关的数据库结构。

三、系统软件流程和功能

(一) 车载终端软件

车载端软件主要实现车载终端的定位导航功能,包括初始化模块、串口通信模块、定位数据采集处理模块和通信模块。程序设计结构框图如图3-19所示。

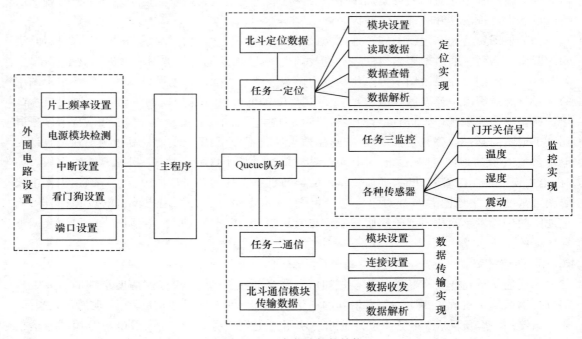

图3-19 车载端软件结构

车载终端上电后,首先进行系统初始化,主要包括单片机端口、定时器、中断、串口及通信模块和定位模块的初始化。当各模块初始化完成后,函数进入主循环模式,监听各类事件。在主循环中对串口、定时器进行监听。串口事件由定位模块和通信模块触发,当定位模块返回数据时,触发串口中断,进入串口中断服务程序,处理北斗定位信息;当接收到通信模块返回信息时,触发串口中断,在串口服务程序中处理通信模块事件,主要包括短信解析、电话解析。定时器主要用于定时发送车载终端位置状态信息,车载终端每隔一定时间须向远程监控中心发送位置信息,当定时时间到,触发定时器终端,在定时器中断服务函数里面调用通信传输函数,把信息传输到指挥控制中心。

软件设计采用数据传递的队列设计方法,各个部分的功能由独立的任务实现,并且在任务的定义时都会各自分配一个权限,各个任务的运行相互不影响。任务之间需要互传数据来实现通信,从而实现整体系统功能的统一。对于任务间的通信,采用队列机制。队列可以实现数据传递,并且可以通过设置跟踪与监控终端,当有数据产生时触发操作。在本设计中通信模块的运行就需要定位模块或者传感器传递来的数据,并且当有报警数据产生时,需要触发数据无线传递的任务,将报警信息及时上传。软件在使用队列时,先创建队列,对于队列的使用,它是独立的内核对象,与任务是独立分开的,从而可以实现多任务读写,即多个任务可以读队列,也可以多个任务写操作一个队列。读写时队列中的数据操作按照先进先出原则进行。对于多个任务的读写,会遇到阻塞的情况,在队列数据有效或者队列空间有效的时候,当有几个任务阻塞时会由优先级高的任务先使用队列,若几个任务优先级一样,则由等待时间最长的任务使用队列。通过这种方式的管理,使得各项资源得到合理利用,并可以做到实时响应出现的紧急情况。

由于车载终端可能工作在沙漠、山区等恶劣环境中,且工作环境时有变化,干扰比较多。在系统设计过程中主要从硬件和软件两方面考虑,进行一定的抗干扰设计,以增强车载终端的抗干扰能力,使其能够可靠、稳定地运行,满足车载货品实时监控的需要。

电源抗干扰的设计:在电源电路的设计过程中,车载电源通过隔离、DC/DC 转换和滤波处理等措施,来消除外界干扰源通过电源导线和地线对智能监控终端系统的影响,滤除系统内部干扰源传输到其他电子设备以及系统电路产生的电源噪声,为智能监控终端各模块单元提供稳定的电源输入。另外,通过在地和电源之间并联大电容来消除低频干扰,通过在地和电源之间并联小电容进行高频干扰的滤除。

软件抗干扰的设计:在设计过程中通过对外围设备看门狗定时器的间隔时间进行设定,重新捕获和复位系统。由于本设计所用的主控芯片已经带有硬件看门狗,在实际的智能监控终端设计中主要在系统软件中增加了相应的功能单元以保证其可靠性。当监控终端启动后,看门狗通过一个预定的时间间隔进行不断计数。当设备和软件能够正常工作的时候,软件定时对看门狗定时器进行重置。当设备和软件不能有效地工作时,看门狗定时器将得不到及时的复位处理,导致计数不断增加,直到溢出触发一个复位信号并重新复位系统,从而提高智能监控终端的抗干扰能力。

(二) 指挥控制中心软件

指挥控制中心由增强型北斗用户终端(指挥型)、中心处理服务器、数据库服务器、监控服务器、操作终端组成。软件结构设计上,指挥控制中心划分为3层结构,即用户操作界面、业务逻辑层、底层服务层。应用软件采用模块化设计,各模块功能相对独立,接口的设计清晰、简洁、明确,大大简化软件的复杂程度,使各模块软件的实现相对容易,从而增加软件的可靠性及可扩展性。应用软件界面采用 Windows 交互窗口风格,界面友好,使用方便,可操作性强,操作分区简洁、明快。

指挥控制中心软件流程如图 3-20 所示,其通过北斗指挥机收到受控车辆的数据后,将坐标数据以及其他数据提取出来,根据需要存入数据库服务器;同时指挥控制中心可以将受控车辆的定位信息通过北斗指挥机传给其上级指挥车辆。这样,指挥控制中心可以在电子地图上清楚直观地掌握搜集载体的动态信息(位置、速度、运动方向以及各种自定义的状态,如报警)。指挥控制中心还可以根据需要向受控车辆终端发出命令消息。这些命令将通过北斗指挥机将这些消息发送给用户指定的车辆终端。

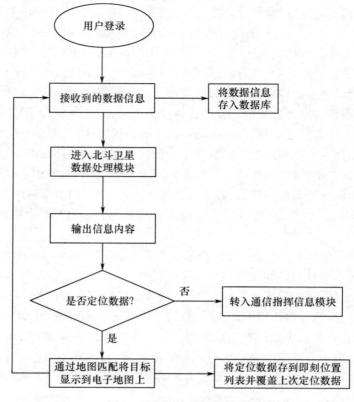

图 3-20　监控端软件流程

（三）系统主要功能

弹药保障跟踪与监控系统可以实现以下功能。

1. 车辆监控和调度功能

将运动车辆的位置形象、直观地显示在指挥控制中心的电子地图上，可对当前的地图进行放大和缩小操作，以便了解某个移动目标所在位置的详细情况或了解更大区域及全局的整体情况。根据所辖车辆终端当前所处的位置，向所有终端或指定某一终端发出调度指令或将其载体状态数据回传，实现移动车辆的调度指挥和实时数据查询。

2. 轨迹回放功能

在电子地图上回放制定车辆的运行轨迹。回放的速度可以调节，也可以暂停回放，还可以查看任意时间的车载定位数据和状态，将车辆从前行驶的路线进行回放，回放的时间间隔可以指定。

3. 越界报警功能

弹药保障车辆必须按照指定的路线行驶，如果车辆偏移规定路线行驶，则指挥控制中心平台显示车辆越界的报警信号，并且发送车载终端已越界，请按规定路线行驶的命令，并且用蜂鸣器发出报警声音。

4. 遇险报警处理功能

终端用户可以发送遇险报警信息，该信息将以最高优先级形式获得优先处理并被发送到指挥控制中心,为指挥控制中心提供决策依据。

5. 车辆信息管理功能

结合数据存储服务器存储的车辆位置和状态信息,可以对车辆每天的运行情况进行详细记录和统计。

6. 数据加密和信息进行重新编码功能

数据加密技术是为提高信息系统及数据的安全性和保密性,防止秘密数据被外部破译所采用的主要手段之一。通过数据加密技术对卫星传输数据的加密来保障网络的安全可靠性,能够有效地防止机密信息的泄露。

思考与练习

1. 简述有线数据通信网的主要类型。
2. 简述基于 EDI 系统的弹药保障流程。
3. 简述 GPS 工作的基本原理。
4. 简述军事地理信息系统在现代战争中的应用。
5. 简述弹药保障跟踪与监控系统的主要功能。

第四章 信息存储与管理技术

弹药保障过程中产生的大量信息和数据需要科学、可靠和安全的存储与管理，才能保证弹药储供信息的整理、分析、传递和运用，从而确保弹药储供各项工作的顺利进行，这是弹药储供信息管理技术的基础。随着计算机科学的发展，数据库、管理信息系统已成为人们对信息资源进行存储、使用和管理的重要手段。

第一节 数据库技术

数据库技术是在 20 世纪 60 年代后期产生并发展起来的。数据库技术的发展，已经成为现代信息技术的重要组成部分，是现代计算机信息系统和计算机应用系统的基础和核心。目前许多仓储或军事物流管理软件的设计与使用都与数据库技术紧密相关，因此掌握数据库技术是非常重要的。

一、数据库概述

数据库技术在 20 世纪 60 年代中期开始萌芽，到 20 世纪 60 年代末 70 年代初已日益成熟，并有了坚实的理论基础。到了 20 世纪 70 年代中期，数据库技术有了很大的发展，数据库方法和思想已应用于各种计算机系统，出现了许多基于网状模型和层次模型的商品化数据库系统。之后，随着商用系统的运行，特别是关系数据库商用产品的出现，数据库技术被日益广泛地应用到各个方面，成为实现和优化信息系统的基本技术。

（一）信息、数据和数据管理

1. 信息

信息是关于现实世界事物的存在方式或运动状态的反映的综合，具体说是一种被加工为特定形式的数据，但这种数据形式对接收者来说是有意义的，而且对当前和将来的决策具有明显的或实际的价值。信息具有以下特征。

（1）信息的传递需要物质载体，信息的获取和传递要消耗能量。

（2）信息是可以感知的。

（3）信息是可存储、加工、传递和再生的。

（4）信息是有价值的，信息的价值与它的准确性、及时性、完整性和可靠性有关。

2. 数据

数据是描述现实世界事物的符号记录，是指用物理符号记录下来的可以鉴别的信息。数据是信息的具体表现形式，可用多种不同的数据形式表示同一信息。数据的概念在数据处理领域中已大大地拓宽了，其表现形式不仅包括数字和文字，还包括图形、图像、声音等。这些数据可以记录在纸上，也可记录在各种存储器中。总的说来，信息是经过加工并对人类社会实践、生产及经营活动产生影响的数据。只有通过对数据的去粗取精、去伪存真的加工整理，数据才能发生质的变化,成为信息,给人以新的知识和智慧,从而影响人类的精神文明活动和物质文明活动。数据是信息的符号表示或载体,信息则是数据的内涵,是对数据的语义解释。

3. 数据管理

数据管理是将数据转换成信息的过程,包括对数据的收集、存储、加工、检索、传输等一系列活动。其目的是从大量的原始数据中抽取和推导出有价值的信息,作为决策的依据。

信息、数据与数据管理的关系可表示为:信息 = 数据 + 数据管理。其中数据是原料,是输入,而信息是产出,是输出结果。信息管理的真正含义应该是为了产生信息而管理数据。

(二)数据管理技术的发展

数据管理技术是指数据进行分类、组织、编码、存储、检索和维护的技术。数据管理技术的发展是和计算机技术及其应用的发展联系在一起的,经历了由低级向高级的发展过程。数据管理的发展可以分为4个具有代表性的阶段,即人工管理阶段、文件系统阶段、数据库系统阶段和高级数据库阶段。

人工管理阶段是指计算机诞生的初期(20世纪40年代中到50年代中)。这个时期的计算机主要用于科学计算。从硬件看,没有磁盘等直接存取的存储设备;从软件看,没有操作系统和管理数据的软件,数据处理的方式是批处理。这个时期数据管理的特点:数据不具有独立性;数据不能长期保存;系统中没有对数据进行管理的软件;各应用之间数据不能共享。

文件系统阶段是指计算机不仅用于科学计算,而且还大量用于管理数据的阶段(从20世纪50年代后期到20世纪60年代中期)。在硬件方面,外存储器有了磁盘、磁鼓等直接存取的存储设备。在软件方面,操作系统中已经有了专门用于管理数据的软件,称为文件系统。在处理方式上,不仅有了文件批处理,而且能够联机实时处理。这个时期数据管理的特点:程序与数据之间有了一定的独立性;数据文件可以长期保存在外存上并可多次存取;数据的存取以记录为单位,文件的形式已经多样化,出现了多种文件组织方式,如顺序文件、链接文件、索引文件等;数据冗余度大;数据文件之间孤立。

数据库系统阶段是从20世纪60年代后期至20世纪90年代。在这一阶段中,数据库中的数据不再是面向某个应用或某个程序,而是面向整个组织或整个应用的,与文件系统相比,数据库技术提供了对数据的更高级、更有效的管理。它有以下主要特点:采用较复杂的数据模型;数据的共享性高、冗余度低,易扩充;数据独立性高;数据由 DBMS 统一管理和控制。从文件系统管理发展到数据库系统管理是信息处理领域的一个重大变化。在文件系统阶段,人们关注的是系统功能的设计,因此程序设计处于主导地位,数据服从于程序设计;而在数据库系统阶段,数据的结构设计成为信息系统最先关心的问题。

高级数据库技术阶段是从20世纪90年代以后开始的,其突出的特点是:数据库技术的发展很快,出现了分布式数据库技术、Web 数据库技术、多媒体数据库技术、数据仓库和数据集市、联机分析处理和数据挖掘。

数据库技术经历了以上阶段的发展,其本身已相对成熟,大型复杂的信息系统大多以数据库为核心,因而数据库系统在计算机应用中起着越来越重要的作用。展望未来,今后的数据库技术的发展方向是:XML 文件管理强化技术、强化的数据库压缩技术、虚拟环境下的数据库群集技术、虚拟数据库自动化管理技术、并行数据库(MPP)技术、微小型数据库技术、空间数据库技术、数据库移植技术等。

(三)数据库

数据库(DataBase,DB)是存放在计算机存储设备中的以一种合理的方法组织起来的,与公司或组织的业务活动和组织结构相对应的各种相关数据的集合,该集合中的数据可以为公司或组织的各级经过授权的人员或应用程序以不同的权限所共享。数据库具有尽可能小的冗余度和较高的数据独立性,使得数据存储最优、最容易操作,并且具有完善的自我保护能力和数据恢复能力。数据库具有以下主要特点。

(1) 数据共享性。数据库以最优方式为某个特定组织的多种应用程序或用户服务,应用程序或用户对数据资源共享。

(2) 数据的冗余度小。数据库以一定的数据模型来组织数据,减少了数据冗余,维护了数据的一致性。

(3) 数据的独立性。数据的独立性包括数据库中数据的逻辑结构和应用程序相互独立,也包括数据物理结构的变化不影响数据的逻辑结构。

(4) 数据实现集中控制。数据库可对数据进行集中控制和管理,对数据的定义、操纵和控制,由数据库管理系统统一进行管理和控制,并通过数据模型表示各种数据的组织以及数据间的联系。

(5) 数据一致性和可维护性,以确保数据的安全性和可靠性。主要包括:①安全性控制,以防止数据丢失、错误更新和越权使用;②完整性控制,保证数据的正确性、有效性和相容性;③并发控制,在同一时间周期内,既允许对数据实现多路存取,又能防止用户之间的不正常交互作用;④故障的发现和恢复,由数据库管理系统提供一套方法,可及时发现故障和修复故障,从而防止数据被破坏。

(四) 数据库系统

数据库系统(DataBase System, DBS)是以数据库方式管理大量共享数据的计算机系统,一般常把数据库系统简称为数据库。数据库系统是由外模式、内模式和概念模式组成的多级系统结构。

数据库系统是采用数据库技术的计算机系统,是可运行的以数据库方式存储、维护和向应用系统提供数据或信息支持的系统。它由计算机硬件、软件(数据库、数据库管理系统、操作系统和应用程序等)、数据库管理人员(DBA)及其他人员所组成。DBS 中各部分之间的关系如图 4-1 所示。

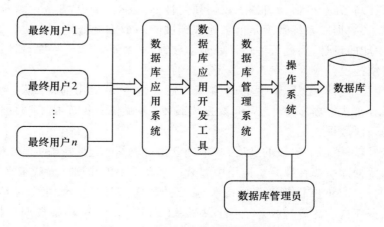

图 4-1 DBS 中各部分之间的关系

1. 数据库

数据库是统一管理的、长期储存在计算机内,有组织的相关数据的集合。其特点是数据间联系密切、冗余度小、独立性较高、易扩展,并且可为各类用户共享。

2. 硬件设备

数据库需要有包括 CPU、内存、外存、输入/输出设备等在内的硬件设备支持。外存空间应足够大,以存放规模越来越大的数据库、操作系统、数据库管理系统及应用程序系统;还应有足够大的内存,以存放操作系统及数据库管理系统的核心模块、数据缓冲区和应用程序等。

3. 数据库管理系统

数据库管理系统(DataBase Management System,DBMS)是建立在操作系统的基础上,位于操作系统与用户之间的一层数据管理软件,负责对数据库进行统一的管理和控制。DBMS 为用户或应用程序提供了访问数据库中的数据和对数据的安全性、完整性、并发性和数据恢复等进行统一控制的方法。用户发出的或应用程序中的各种操作数据库中数据的命令,都要通过 DBMS 来执行。DBMS 还承担着数据库的维护工作,能够按照数据库管理员所规定的要求,保证数据库的安全性和完整性。

DBMS 的功能主要有以下几个方面。

(1) 数据定义。DBMS 提供数据定义语言 DDL(Data Define Language),定义数据的模式、外模式和内模式三级模式结构,定义模式/内模式和外模式/模式二级映像,定义有关的约束条件。这些定义存储在数据字典中,是 DBMS 运行的基本依据。

(2) 数据库操作。DBMS 提供数据操纵语言 DML(Data Manipulation Language),实现对数据库中数据的基本操作,包括检索、插入、修改和删除等。

(3) 数据库运行管理。数据库在运行期间多用户环境下的并发控制、安全性检查和存取控制、完整性检查和执行、运行日志的组织管理、事务管理和自动恢复等是 DBMS 的重要组成部分。这些功能可以保证数据库系统的正常运行。

(4) 数据组织、存储和管理。DBMS 分类组织、存储和管理各种数据,包括数据字典、用户数据和存取路径等。确定以何种文件结构和存取方式组织这些数据,以提高存取效率。实现数据间的联系、数据组织和存储的基本目标是提高存储空间的利用率。

(5) 数据库的建立和维护。包括数据库初始数据装入、转换功能;数据库的转储、恢复功能,数据库的重新组织功能和性能监视、分析功能等。

(6) 数据通信。DBMS 提供与其他软件系统进行通信的功能,实现用户程序与 DBMS 之间的通信。DBMS 通常与操作系统协调共同完成数据通信。

4. 操作系统

操作系统主要负责计算机系统的进程管理、作业管理、存储器管理、设备管理和文件管理等,因此,可以给 DBMS 的数据组织、管理和存取提供支持。例如,当 DBMS 需要读取存放在磁盘上的数据库物理记录时,就必须调用操作系统读取磁盘块的操作,由操作系统从磁盘取出相应的物理块,而对物理块的解释是由 DBMS 来完成的。

5. 数据库应用系统

数据库应用系统是指包含数据库的各种应用系统,如管理信息系统、决策支持系统等都属于数据库应用系统。有了数据库应用系统,即使不具备数据库知识的用户也可以通过其用户界面使用数据库中的数据完成各种应用任务。

6. 数据库应用开发工具

数据库应用开发工具用于支持数据库应用系统的开发。目前,流行的开发工具有 Power-

Builder、Delphi、Informix等,它们都提供了图形化的界面工具、应用程序建立工具、调试工具、强有力的数据库访问能力和数据库浏览工具等。另外,也可以直接利用DBMS产品,如Access、FoxPro和Oracle等开发数据库应用系统,或者利用具有数据库接口的高级语言及其编译工具(如C语言)开发数据库应用系统。

7. 人员

人员主要有4类。第一类为系统分析员和数据库设计人员,系统分析员负责应用系统的需求分析和规范说明,他们和用户及数据库管理员一起确定系统的硬件配置,并参与数据库系统的概要设计;数据库设计人员负责数据库中数据的确定、数据库各级模式的设计。第二类为应用程序员,负责编写使用数据库的应用程序,这些应用程序可对数据进行检索、建立、删除或修改。第三类为最终用户,负责应用系统的接口或利用查询语言访问数据库。第四类是数据库管理员(DataBase Administrator,DBA),负责数据库的总体信息控制。DBA的具体职责包括决定数据库中的信息内容和结构,决定数据库的存储结构和存取策略,定义数据库的安全性要求和完整性约束条件,监控数据库的使用和运行,数据库的性能改进,数据库的重组和重构,以提高系统的性能。

(五)数据库系统的体系结构

数据库的产品很多,它们支持不同的数据模型,使用不同的数据库语言,建立在不同的操作系统上,数据的存储结构也各不相同,但体系结构基本上都具有相同的特征。数据库系统的体系结构一般采用"三级模式和两级映像"。

1. 三级模式

数据库系统采用三级模式结构,这是数据库管理系统内部的系统结构。数据库有"型"和"值"的概念,"型"是指对某一数据的结构和属性的说明,"值"是型的一个具体赋值。数据库系统设计员可在视图层、逻辑层和物理层对数据抽象,通过外模式、概念模式和内模式来描述不同层次上的数据特性。

(1)概念模式。概念模式是数据库中全部数据的逻辑结构和特征的描述,它由若干个概念记录类型组成,只涉及型的描述,不涉及具体的值。概念模式的一个具体值称为模式的一个实例,同一个模式可以有很多实例。概念模式反映的是数据库的结构及其联系,所以是相对稳定的;而实例反映的是数据库某一时刻的状态,所以是相对变动的。需要说明的是,概念模式不仅要描述概念记录类型,还要描述记录间的联系、操作、数据的完整性和安全性等要求。但是,概念模式不涉及存储结构、访问技术等细节。只有这样,概念模式才算做到了"物理数据独立性"。

(2)外模式。外模式也称为用户模式或子模式,是用户与数据库系统的接口,是用户用到的那部分数据的描述。它由若干个外部记录类型组成。用户使用数据操纵语言对数据库进行操作,实际上是对外模式的外部记录进行操作。描述外模式的数据定义语言称为"外模式DDL"。有了外模式后,程序员不必关心概念模式,只与外模式发生联系,按外模式的结构存储和操纵数据。

(3)内模式。内模式也称为存储模式,是数据物理结构和存储方式的描述,是数据在数据库内部的表示方式。定义所有的内部记录类型、索引和文件的组织方式,以及数据控制方面的细节。需要说明的是,内部记录并不涉及物理记录,也不涉及设备的约束。比内模式更接近于物理存储和访问,那些软件机制是操作系统的一部分(即文件系统),如从磁盘上读、写数据。

总之,数据按外模式的描述提供给用户,按内模式的描述存储在磁盘上,而概念模式提供了连接这两极模式的相对稳定的中间观点,并使得两级的任意一级的改变都不受另一级的牵制。

2. 两级映像

数据库系统在三级模式之间提供了两级映像,即模式/内模式映像、外模式/模式映像。正因为这两级映像保证了数据库中的数据具有较高的逻辑独立性和物理独立性。

(1)模式/内模式映像。存在于概念级和内部级之间,实现概念模式到内模式之间的相互转换。

(2)外模式/模式映像。存在于外部级和概念级之间,实现外模式到概念模式之间的相互转换。

3. 数据独立性

数据的独立性是指数据与程序独立,将数据的定义从程序中分离出去,由 DBMS 负责数据的存储,从而简化应用程序,大大减少应用程序编制的工作量。数据的独立性是由 DBMS 的二级映像功能来保证的。数据的独立性包括数据的物理独立性和数据的逻辑独立性。

(1)数据的物理独立性。它是指当数据库的内模式发生改变时,数据的逻辑结构不变。由于应用程序处理的只是数据的逻辑结构,这样物理独立性可以保证,当数据的物理结构改变了,应用程序不用改变。但是,为了保证应用程序能够正确执行,需要修改概念模式/内模式之间的映像。

(2)数据的逻辑独立性。它是指用户的应用程序与数据库的逻辑结构是相互独立的。数据的逻辑结构发生变化后,用户程序也可以不修改。但是,为了保证应用程序能够正确执行,需要修改外模式/概念模式之间的映像。

二、数据模型

对于模型,人们并不陌生,一张地图、一组建筑设计沙盘、一架精致的航模飞机都是模型,一眼望去,就会使人联想到真实生活中的事物。模型是现实世界特征的模拟和抽象。数据模型也是一种模型,它是现实世界数据特征的抽象。也就是说,数据模型是用来描述数据、组织数据和对数据进行操作的。

由于计算机不可能直接处理现实世界中的具体事物,所以人们必须事先把具体事物转换成计算机能够处理的数据。也就是要首先数字化,把现实世界中具体的人、物、活动、概念用数据模型这个工具来抽象、表示和处理。在数据库中用数据模型这个工具来抽象、表示和处理现实世界中的数据和信息。通俗地讲,数据模型就是对现实世界的模拟。

现有的数据库系统均是基于某种数据模型的。数据模型是数据库系统的核心和基础,因此,了解数据模型的基本概念是学习数据库的基础。

(一)数据模型的类别

数据模型应满足 3 个方面要求:一是能比较真实地模拟现实世界;二是容易被人所理解;三是便于在计算机上实现。一种数据模型要很好地满足这 3 个方面的要求在目前尚很困难。因此,在数据库系统中针对不同的使用对象和应用目的,采用不同的数据模型。如同在建筑设计和施工的不同阶段需要不同的图纸一样,在开发实施数据库应用系统中也需要使用不同的数据模型,即概念模型、逻辑模型和物理模型。

根据模型应用的不同目的,可以将这些模型划分为两类,它们分属于两个不同的层次。第一类模型是概念模型,也称信息模型,它是按用户的观点来对数据和信息建模,主要用于数据库设计。另一类模型是逻辑模型和物理模型,逻辑模型主要包括网状模型、层次模型、关系模型、面向对象模型等,它是按计算机系统的观点对数据建模,主要用于 DBMS 的实现;物理模型是对数据最低层的描述,描述数据在系统内部的表示方式和存取方法,在磁盘或磁带上的存储方式和存取方法,是面向计算机系统的。物理模型的具体实现是 DBMS 的任务,一般用户不必考虑物理级的细节。

数据模型是数据库系统的核心和基础,各种机器上实现的 DBMS 软件都是基于某种数据模型的。

为了把现实世界中的具体事物抽象、组织为某一 DBMS 支持的数据模型,人们常常首先将现实世界抽象为信息世界,然后将信息世界转换为机器世界。也就是说,首先把现实世界中的客观对象抽象为某一种信息结构,这种信息结构并不依赖于具体的计算机系统,不是某一个 DBMS 支持的数据模型,而是概念级的模型;然后再把概念模型转换为计算机上某一 DBMS 支持的数据模型,这一过程如图 4-2 所示。

从现实世界到概念模型的转换是由数据库设计人员完成的,从概念模型到逻辑模型的转换可以由数据库设计人员完成,也可以由数据库设计工具协助设计人员完成,而从逻辑模型到物理模型的转换则一般是由 DBMS 完成的。

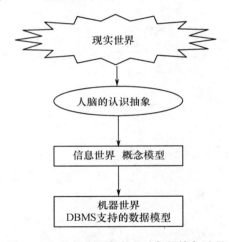

图 4-2 现实世界中客观对象的抽象过程

(二) 数据模型的要素

一般地讲,数据模型是严格定义的一组概念的集合。这些概念精确地描述了系统的静态特性、动态特性和完整性约束条件。因此,数据模型通常由数据结构、数据操作和完整性约束三部分组成。

(1) 数据结构。数据结构描述数据库的组成对象以及对象之间的联系。数据结构描述的内容包括两类:一类是与对象的类型、内容、性质有关的,如网状模型中的数据项、记录,关系模型中的域、属性、关系等;另一类是与数据之间联系有关的对象,如网状模型中的类型。数据结构是刻画一个数据模型性质最重要的方面。因此,在数据库系统中,人们通常按照其数据结构的类型来命名数据模型,如层次结构、网状结构和关系结构的数据模型分别命名为层次模型、网状模型和关系模型。总之,数据结构是所研究的对象类型的集合,是对系统静态特性的描述。

（2）数据操作。数据操作是指对数据库中各种对象（型）的实例（值）允许执行的操作的集合，包括操作及有关的操作规则。数据库主要有查询和更新（包括插入、删除、修改）两大类操作。数据模型必须定义这些操作的确切含义、操作符号、操作规则（如优先级）以及实现操作的语言。数据操作是对系统动态特性的描述。

（3）数据的完整性约束条件。数据的完整性约束条件是一组完整性规则的集合。完整性规则是给定的数据模型中数据及其联系所具有的制约和依存规则，用以限定符合数据模型的数据库状态以及状态的变化，以保证数据的正确、有效和相容。

数据模型应该反映和规定本数据模型必须遵守的基本的通用的完整性约束条件。例如，在关系模型中，任何关系必须满足实体完整性和参照完整性两个条件。此外，数据模型还应该提供定义完整性约束条件的机制，以反映具体应用所涉及的数据必须遵守的特定的语义约束条件。

（三）概念模型

由图4-2可以看出，概念模型实际上是现实世界到机器世界的一个中间层次。

概念模型用于信息世界的建模，是现实世界到信息世界的第一层抽象，是数据库设计人员进行数据库设计的有力工具，也是数据库设计人员和用户之间进行交流的语言，因此概念模型一方面应该具有较强的语义表达能力，能够方便、直接地表达应用中的各种语义知识；另一方面它还应该简单、清晰、易于被用户理解。

概念模型是对信息世界建模，所以概念模型应该能够方便、准确地表示出上述信息世界中的常用概念。概念模型的表示方法很多，其中最为著名、最为常用的是P. P. S. Chen于1976年提出的实体—联系方法（Entity - Relationship Approach）。该方法用E-R图来描述现实世界的概念模型，E-R方法也称为E-R模型。

E-R图提供了表示实体型、属性和联系的方法。

（1）实体型。用矩形表示，矩形框内写明实体名。

（2）属性。用椭圆形表示，并用无向边将其与相应的实体连接起来。

例如，学生实体具有学号、姓名、性别、出生年份、系、入学时间等属性，用E-R图表示如图4-3所示。

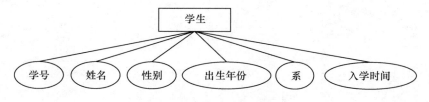

图4-3　学生实体及其属性

（3）联系。用菱形表示，菱形框内写明联系名，并用无向边分别与有关实体连接起来，同时在无向边旁标上联系的类型（1∶1、1∶n 或 m∶n）。

下面用E-R图来表示某个工厂物资管理的概念模型。

物资管理涉及的实体有以下几个。

仓库：属性有仓库号、面积、电话号码。

零件：属性有零件号、名称、规格、单价、描述。

供应商：属性有供应商号、姓名、地址、电话号码、账号。

项目：属性有项目号、预算、开工日期。

职工:属性有职工号、姓名、年龄、职称。

这些实体之间的联系如下:

(1) 一个仓库可以存放多种零件,一种零件可以存放在多个仓库中,因此仓库和零件具有多对多的联系。用库存量来表示某种零件在某个仓库中的数量。

(2) 一个仓库有多个职工当仓库保管员,一个职工只能在一个仓库工作,因此仓库和职工之间是一对多的联系。

(3) 职工之间具有领导—被领导关系。即仓库主任领导若干保管员,因此职工实体集中具有一对多的联系。

(4) 供应商、项目和零件三者之间具有多对多的联系。即一个供应商可以供给若干项目多种零件,每个项目可以使用不同供应商供应的零件,每种零件可由不同供应商供给。

工厂的物资管理 E-R 图如图 4-4 所示,图 4-4(a)所示为实体及其属性图,图 4-4(b)所示为实体及其联系图。把实体的属性用图画出仅仅是为了更清晰地表示实体与实体间的联系。实体—联系方法是抽象和描述现实世界的有力工具。用 E-R 图表示的概念模型独立于具体的 DBMS 所支持的数据模型,它是各种其他数据模型的共同基础,因而比逻辑模型或物理模型更一般、更抽象、更接近现实世界。

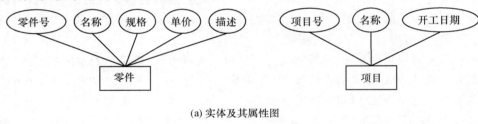

(a) 实体及其属性图

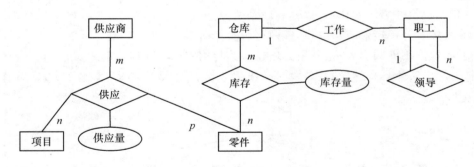

(b) 实体及其联系图

图 4-4 工厂物资管理 E-R 图

(四) 逻辑模型

逻辑模型直接描述数据库中数据的逻辑结构,这类模型涉及计算机系统,又称为基本数据模型。它是用于机器世界的第二层抽象,通常包括一组严格定义的形式化语言,用来定义和操作数据库中的数据,最常用的有层次模型、网状模型、关系模型和面向对象模型。

1. 层次模型

层次模型用树形结构表示实体类型以及实体间的联系,是数据库系统中最早出现的数据模型。层次模型的典型代表是 IBM 公司于 1969 年推出的 IMS(Information Management System)商用数据库系统。层次模型曾在 20 世纪 70 年代商业领域中广泛应用。

层次结构是一棵有向树,树的节点(实体)是记录型,节点(实体)的属性称为数据项或字段,节点(实体)间的联系用有向连线表示。上一层节点和下一层节点间的联系是一对多的联系(或一对一的联系)。层次模型的特征:有且只有一个节点没有父节点,该节点为根节点;根节点以外的其他节点有且只有一个父节点。

2. 网状模型

现实世界中事物之间的联系更多的是非层次关系的,用层次模型表示这种关系很不直观。网状模型克服了这一弊病,可以清晰地表示这种非层次关系。

与层次模型不同的是,网状模型是用图结构来表示数据之间联系的。在网状模型中允许一个以上的节点可以没有父节点,任何子节点可以有多个父节点。因此,层次模型实际上是网状模型的一个特例。网状模型比层次模型更具有普遍性,更容易表现现实世界中事物间的复杂联系。

网状模型和层次模型统称为非关系模型。在非关系模型中,实体是用记录来实现的,记录之间的联系是用指针来实现的,因此,数据的联系十分密切,查询效率较高。但是,应用程序在访问非关系模型的数据时,必须根据数据库的逻辑结构选择合适的存取路径,这大大加重了程序员的负担。因此,从 20 世纪 80 年代中期开始,非关系型数据库产品逐步被关系型数据库产品所取代。

3. 关系模型

用表结构即关系来表示实体类型以及实体间联系的模型称为关系模型。关系模型是目前最重要的一种模型。1970 年美国 IBM 公司的 E. F. Codd 首次提出了数据库系统的关系模型,开创了数据库的关系方法和关系数据理论的研究,为数据库技术打下了基础。自 20 世纪 80 年代以来推出的数据库管理系统(DBMS)几乎都支持关系模型,目前的数据库领域的研究工作大都是基于关系方法的。关系数据库已成为目前应用最广泛的数据库系统。

关系模型的数据结构单一,用二维表描述实体间的关系。每一个二维表格就是一个"关系",表头构成关系模式,表中每列对应实体的一个属性,每行形成一个由全体属性组成的多元组,与某一特定的实体相对应。关系模型既能反映属性之间一对一关系,又能反映属性之间多对多的关系,此外,还可反映实体之间的一对一、一对多和多对多的关系。

4. 面向对象模型

虽然与层次模型和网状模型相比,关系数据模型有严格的数学基础,概念简单清晰,非过程化程度高,在传统的数据处理领域使用得非常广泛。但是,随着数据库技术的发展,出现了许多如 CAD、图像处理等新的应用领域,甚至在传统的数据处理领域也出现了新的处理需求,如存储和检索保险索赔案件中的照片、手写的证词等。这就要求数据库系统不仅能处理简单的数据类型,还要处理包括图形、图像、声音、动画等多种音频、视频信息,传统的关系数据模型难以满足这些需求,因而产生了面向对象的数据模型。

在面向对象的数据模型中,最重要的概念是对象(Object)和类(Class)。对象是对现实世界中的实体在问题空间的抽象。针对不同的应用环境,面向的对象也不同。一个员工是一个对象,一种物资也可以是一个对象。一个对象由属性集、方法集和消息集组成。其中,属性用于描述对象的状态、组成和特性,而方法用于描述对象的行为特征。消息是用来请求对象执行某一操作或回答某些信息的要求,它是对象向外提供的界面。共享同一属性集和方法集的所有对象的集合称为类。每个对象称为它所在类的一个实例。类的属性值域可以是基本数据类型,也可以是类。一个类可以组成一个类层次,一个面向对象的数据库模式是由若干个类层次组成的。

面向对象数据模型比网状、层次、关系数据模型具有更加丰富的表达能力。但正因为面向对象模型的丰富表达能力,模型相对复杂,实现起来较困难,所以,尽管面向对象系统很多,但大多是试验型的或专用的,尚未通用。

三、数据库设计

数据库设计是建立数据库及其应用系统的技术,是信息系统开发和建设中的核心技术。具体地说,数据库设计是指对于一个给定的应用环境数据库模式,建立数据库及其应用系统,使之能够有效地存储数据,以满足各种用户的应用需求。

数据库设计是数据库在应用领域的主要研究课题。在数据库领域内,常常把使用数据库的各类系统统称为数据库应用系统(DBAS)。一般用于管理的信息系统可以建立在文件系统上,也可以建立在数据库管理系统之上,既可以是数据库应用系统,也可以不是数据库应用系统。数据库应用系统通常是指以数据库为基础的信息系统,所以严格说来,数据库设计是数据库应用系统设计的一部分。在实际使用中,这两个概念往往区分不太明确。

(一)数据库设计概述

1. 数据库设计的任务

数据库设计是指根据用户需求研制数据库结构的过程,具体地说,是指对于一个给定的应用环境,构造最优的数据库模式,建立数据库及其应用系统,使之能有效地存储数据,满足用户的信息要求和处理要求。也就是把现实世界中的数据,根据各种应用处理的要求,加以合理地组织,满足硬件和操作系统的特性,利用已有的 DBMS 来建立能够实现系统目标的数据库,如图 4-5 所示。

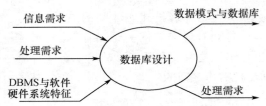

图 4-5 数据库设计的任务

2. 数据库设计的内容

数据库设计包括数据库的结构设计和数据库的行为设计两方面的内容。数据库的结构设计是指根据给定的应用环境,进行数据库的模式或子模式的设计。它包括数据库的概念设计、逻辑设计和物理设计。数据库模式是各应用程序共享的结构,是静态的、稳定的,一经形成通常情况下是不容易改变的,所以结构设计又称为静态模型设计。数据库的行为设计是指确定数据库用户的行为和动作。而在数据库系统中,用户的行为和动作指用户对数据库的操作,这些要通过应用程序来实现,所以数据库的行为设计就是应用程序的设计。用户的行为总是使数据库的内容发生变化,是动态的,所以行为设计又称为动态模型设计。

现代数据库设计的特点是强调结构设计与行为设计相结合,是一种"反复探寻、逐步求精"的过程。首先从数据模型开始设计,以数据模型为核心展开,数据库设计和应用系统设计相结合,建立一个完整、独立、共享、冗余小、安全有效的数据库系统。

3. 数据库设计方法

数据库设计方法目前可分为直观设计法、规范设计法、计算机辅助设计法等。

(1) 直观设计法。直观设计法也叫手工凑试法,它是最早使用的数据库设计方法。这种方法依赖于设计者的经验和技巧,缺乏科学理论和工程原则的支持,设计的质量很难保证,常常是数据库运行一段时间后又发现各种问题,这样再重新进行修改,增加了系统维护的代价。因此,这种方法越来越不适应信息管理发展的需要。

(2) 规范设计法。现实世界的复杂性导致了数据库设计的复杂性。只有以科学的数据库设计方法为基础,在具体的设计原则指导下,才能保证数据库系统的设计质量,减少数据库系统运行后的维护费用。目前常用的各种数据库设计方法都属于规范设计法,都是运用软件工程的思想和方法,根据数据库设计的特点,提出各种设计准则与设计规程。这种工程化的规范设计方法也是在目前技术条件下设计数据库中最实用的方法。

(3) 计算机辅助设计法。计算机辅助设计法是指在数据库设计的某些过程中模拟某一规范化设计的方法,并以人的知识或经验为主导,通过人机交互方式实现设计中的某些部分。目前许多计算机辅助软件工程工具可以自动或辅助设计人员完成数据库设计过程中的很多任务。

(二) 数据库设计步骤

数据库设计是涉及多学科的综合性技术,而且是庞大的工程项目。数据库设计,特点之一是硬件、软件和管理等技术的结合;特点之二是数据库设计应和应用系统的功能设计相结合,也即在整个设计过程中要把结构设计和行为设计密切结合起来。数据库设计质量的好坏直接影响系统中各个处理过程的性能和质量。

目前设计数据库系统主要采用的是以逻辑数据库设计和物理数据库设计为核心的规范设计方法。其中逻辑数据库设计是根据用户要求和特定数据库管理系统的具体特点,以数据库设计理论为依据,设计数据库的全局逻辑结构和每个用户的局部逻辑结构。物理数据库设计是在逻辑结构确定之后,设计数据库的存储结构及其他实现细节。

通过分析、比较与综合各种常用的数据库规范设计方法,将数据库设计分为以下 6 个阶段,数据库系统的三级模式结构也是在这样一个设计过程中逐渐形成的。

(1) 需求分析。进行数据库设计首先必须准确了解与分析用户需求(包括数据与处理)。需求分析是整个设计过程的基础,也是最困难、最耗费时间的一步。需求分析的结果是否准确反映了用户的实际需求,将直接影响到后面各个阶段的设计,并影响到设计结果是否合理和实用。

(2) 概念结构设计。准确抽象出现实世界的需求后,下一步应该考虑如何实现用户的这些需求。由于数据库逻辑结构依赖于具体的数据库管理系统,直接设计数据库的逻辑结构,会增加设计人员对不同数据库管理系统的数据库模式的理解负担,因此在将现实世界需求转化为机器世界的模型之前,首先以一种独立于具体数据库管理系统的逻辑描述方法来描述数据库的逻辑结构,即设计数据库的概念结构。概念结构设计是整个数据库设计的关键,它通过对用户需求进行综合、归纳与抽象,形成一个独立于具体的数据库管理系统的概念模型。

(3) 逻辑结构设计。逻辑结构设计是将抽象的概念结构转换为所选用的数据库管理系统支持的数据模型,并对其进行优化。

(4) 数据库物理设计。数据库物理设计是为逻辑数据模型选取的一个最适合应用环境的物理结构(包括存储结构和存取方法)。

(5) 数据库实施。数据库实施阶段,设计人员运用数据库管理系统提供数据库语言及其宿主语言,根据逻辑设计和物理设计的结果建立数据库,编制与调试程序,组织数据入库,并进行试运行。

(6) 数据库运行和维护。数据库应用系统经过试运行后即可投入正式运行。在数据库系统运行过程中必须不断地对其进行评价、调整与修改。

设计一个完善的数据库应用系统,往往是这6个阶段不断反复的过程,如图4-6所示。

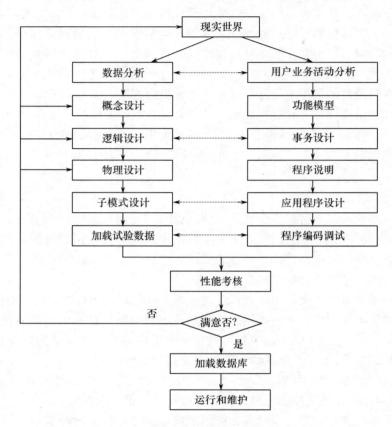

图4-6 数据库设计全过程

第二节 管理信息系统

一、管理信息系统的概念

管理信息系统一词最早出现在1970年,由瓦尔特·肯尼万(Walter T. Kemevan)给它下了一个定义:"以书面或口头的形式,在合适的时间向经理、职员以及外界人员提供过去的、现在的、预测未来的有关企业内部及其环境的信息,以帮助他们进行决策。"很明显,这个定义是出自管理的,而不是出自计算机的。它没有强调一定要用计算机,它强调了用信息支持决策,但没有强调应用模型,所有这些均显示了这个定义的初始性。直到20世纪80年代,管理信息系统的创始人——明尼苏达大学卡尔森管理学院的著名教授高登·戴维斯(Gordon B. Davis),才给出管理信息系统一个较完整的定义:"它是一个利用计算机硬件和软件,手工作业,分析、计划、控制和决策模型,以及数据库的用户—机器系统。它能提供信息,支持企业或组织的运行、管理和决策功能。"这个定义说明了管理信息系统的目标、功能和组成,而且反映了管理信息系统当时已达到的水平。它说明了管理信息系统的目标是在高、中、低3个层次,即决策层、管理层和运行层上支持管理活动。管理信息系统一词在中国出现于20世纪70年代末80年代初,根据中国的特点,许多从事管理信息系统工作最早的学者给管理信息系统也下了一个定义,登载于《中国企业管理百科全书》上。该定义为:管理信息系统是一个由人、计算机等组成的能进行信息的收集、传递、储存、加工、维护和使用的系统。

管理信息系统是一个以人为主导,以科学的管理理论为前提,在科学管理制度的基础上,利用计算机硬件、软件、网络通信设备以及其他办公设备进行信息的收集、传输、加工、储存、更新和维护,以提高企业的竞争优势、改善企业的效益和效率为目的,支持企业高层决策、中层控制、基层作业的集成化的人机系统。这个定义说明管理信息系统不仅仅是一个技术系统,而是把人包括在内的人机系统,因而它是一个管理系统、社会系统。

从技术角度可以将管理信息系统定义为:为了支持组织决策和管理而进行信息收集、处理、存储和传递的一组相互关联的部分组成的系统。除了支持决策、协调和管理,管理信息系统还可以帮助经理和员工们分析问题,观察复杂的事物和创造新产品。管理信息系统的总体概念如图4-7所示。

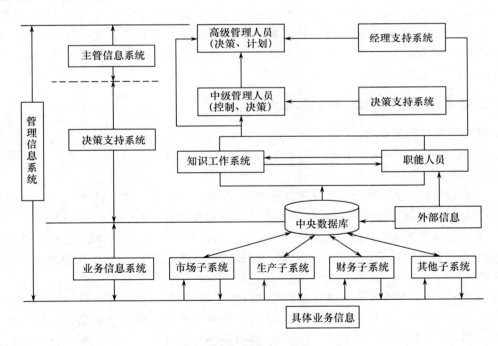

图4-7 管理信息系统的概念结构框图

从图4-7中可以看出,管理信息系统是一个人机系统。机器包括计算机硬件及软件。软件包括业务信息系统、知识工作系统、决策支持系统和经理支持系统;硬件包括各种办公机械及通信设备。人员包括高层决策人员、中层职能人员和基层业务人员,由这些人和机器组成一个和谐的人机系统。

管理信息系统虽是一个人机系统,但机器并不一定是管理信息系统的必要条件。计算机的强大处理能力可以使管理信息系统更加有效。在实际中,把什么样的信息交给计算机处理?

什么工作交给管理人员？力求充分发挥人和机器各自的特长，才是管理和处理信息的目的。人机系统组成一个和谐有效的管理信息系统，是需要系统设计者认真考虑的事情。

　　管理信息系统应该从企业的信息管理的总体出发，全面考虑，保证企业中各个职能部门之间共享数据，减少数据的冗余性，保证数据的兼容性和一致性。严格来说，只有信息集中统一，信息才能成为企业的资源。数据的一体化并不限制个别功能子系统可以保存自己专用的数据，为保证一体化，首先就要有一个全局的系统实现计划，每一个小系统的实现均要在这个总体计划的指导下进行。其次是通过标准、大纲和手续达到系统一体化。这样数据和程序就可以满足多个用户的要求，系统的设备也应当相互兼容，即使在分布式系统和分布式数据库的情况下，保证数据的一致性也是十分重要的。具有统一规划的数据库是管理信息系统成熟的重要标志，它象征着管理信息系统是经过周密的设计建立的，标志着信息已集中成为资源，为各种用户所共享。数据库有自己功能完善的数据库管理系统，管理着数据的组织、数据的输入、数据的存取，使数据为多种用途服务。

　　管理信息系统的概念是发展的。最初许多倡议者设想管理信息系统是一个单一的高度一体化的系统，它能处理所有的组织功能。也有人怀疑先进的计算机系统能否解决定义不清楚的管理判断过程。随着时间的推移，这种高度一体化的单个系统显得过于复杂，并难以实现。管理信息系统的概念转向各子系统的集成，按照总体计划、标准和程序，根据需要开发和实现一个个子系统。这样，一个组织不是只有一个包罗万象的大系统，而是一些相关的信息系统的集合。有些组织所用的信息系统可能只是相关的小系统，它们均属于管理信息系统的范畴，但不是管理信息系统的全部，如统计系统、数据更新系统、状态报告系统、数据处理系统、办公自动化系统和决策支持系统等。

二、管理信息系统的功能与特点

1. 管理信息系统的功能

　　信息系统被应用于管理领域后，其所实现的功能应该是多方面的。综合来看，一个完善的信息系统的功能包括以下几个主要方面。

　　(1) 信息采集。信息系统是把分布在各部门、各处、各点的有关信息收集起来。记录其数据，并转化成信息系统所需形式。信息采集有许多方式和手段，如人工录入数据、网络获取数据、传感器自动采集等，对于不同时间、地点、类型的数据需要按照信息系统需要的格式进行转换，形成信息系统中可以交换和处理的形式。这是信息处理的基础，是整个信息系统能否发挥作用的关键。

　　(2) 信息处理。对进入信息系统的数据进行加工处理，如对账务的统计、结算、预测分析等都需对大批采集录入到的数据进行运算，从而得到管理所需的各种综合指标。信息处理的数学含义：排序、分类、归并、查询、统计、预测、模拟及进行各种数学运算。现代化的信息系统都是依靠规模大小不同的计算机来处理数据，而且处理能力越来越强。对信息的加工处理是信息系统的核心功能。

　　(3) 信息存储。数据被采集进入系统之后，经过加工，形成对管理有用的信息，然后由信息系统负责对这些信息进行存储保管。当组织相当庞大时，需存储的信息量是很大的，就必须依靠先进的存储技术。这时就有物理存储和数据的逻辑组织两个问题。物理存储是指将信息存储在适当的介质上；逻辑组织是指按信息的逻辑内在联系和使用方式，把大批的信息组织成合理的结构，它常依靠数据存储技术。

（4）信息管理。一个系统中要处理和运行的数据量很大，如果不管重要与否、有无用处，盲目地采集和存储，将成为数据垃圾箱。因此，对信息要加强管理。信息管理的主要内容：规定应采集数据的种类、名称、代码等，规定应存储数据的存储介质、逻辑组织方式，规定数据传输方式、保存时间等。

（5）信息检索。存储在各种介质的庞大数据要让使用者便于查询。这是指查询方法简便，易于掌握，响应速度满足要求。信息检索一般要用到数据库技术和方法，数据库组织方式和检索方法决定了检索速度的快慢。

（6）信息传输。从采集点采集到的数据要传送到处理中心，经加工处理后的信息要送到使用者手中，以及部门要使用存储在中心的信息等，这时都涉及信息的传输问题，系统规模越大传输问题越复杂。

信息系统将信息技术、信息和用户紧密连接在一起，但在信息系统的不同发展时期和发展阶段，这三者之间的平衡和协调有着不同的要求。因而，全面地协调信息、信息技术和用户之间的关系，以求得信息建设的成功便成为其首要任务。

2. 管理信息系统的特点

根据管理信息系统的概念，管理信息系统具有以下特点。

（1）面向管理决策。管理信息系统是继管理学的思想方法、管理与决策的行为理论之后的一个重要发展，它是一个为管理决策服务的信息系统，它必须能够根据管理的需要，及时提供所需要的信息，帮助决策者做出决策。

（2）综合性。管理信息系统是一个对组织进行全面管理的综合系统。一个组织在建设管理信息系统时，可根据需要逐步应用个别领域的子系统，然后进行综合，最终达到应用管理信息系统进行综合管理的目标。管理信息系统综合的意义在于产生更高层次的管理信息，为管理决策服务。

（3）人机系统。管理信息系统的目的在于辅助决策，而决策只能由人来做，因而管理信息系统必然是一个人机结合的系统。在管理信息系统中，各级管理人员既是系统的使用者，又是系统的组成部分。在管理信息系统开发过程中，要根据这一特点，正确界定人和计算机在系统中的地位和作用，充分发挥人和计算机各自的长处，使系统整体性能达到最优。

（4）与现代管理方法和手段相结合的系统。如果只简单地采用计算机技术提高处理速度，而不采用先进的管理方法，管理信息系统的应用仅仅是用计算机系统仿真原手工管理系统，充其量只是减轻了管理人员的劳动，其作用的发挥十分有限。管理信息系统要发挥其在管理中的作用，就必须与先进的管理手段和方法结合起来，在开发管理信息系统时，融进现代化的管理思想和方法，如图4-8所示。

（5）多学科交叉的边缘科学。管理信息系统作为一门新兴学科，产生较晚，其理论体系尚处于发展和完善的过程中。研究者从计算机科学与技术、应用数学、管理理论、决策理论、运筹学等相关学科中抽取相应的理论，构成管理信息系统的理论基础，使其成为一个有着鲜明特色的边缘科学。

三、管理信息系统的结构

管理信息系统的结构是指各部件的构成框架。由于管理信息系统的内部组织方式不同，对其结构的理解也有所不同。其中最重要的是基本结构、层次结构、功能结构和硬件结构。

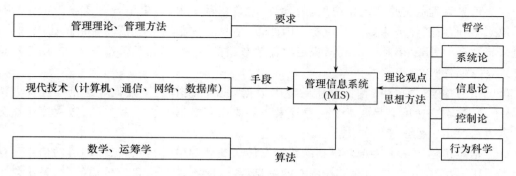

图4-8 现代管理方法和手段相结合

1. 管理信息系统的基本结构

在实际的管理信息系统中,由于组织形式和信息处理规律不同,因此结构也不尽相同,但是最终都可以归并为图4-9所示的基本结构模型。可以看到,管理信息系统的基本组成部件有4个,即信息源、信息处理器、信息用户和信息管理者。

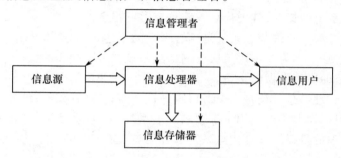

图4-9 管理信息系统的基本结构

信息源是指原始数据产生地。根据原始数据的产生地不同,可以把信息源分为内信息源和外信息源。内信息源主要是指组织内部管理活动所产生的数据,如生产、财务、销售和人事等方面的信息;而外信息源则是指来自企业外部环境的数据,如国家的政策、经济形势、市场状况等。信息处理器是能完成信息的管理存储、加工处理、传递、显示及提供应用等功能的计算机软件与硬件设备,它把原始数据加工成有用信息后传输给信息用户。信息用户是信息的使用者,并分析和应用信息进行决策。信息管理者负责信息系统的设计和实现,并负责信息系统的维护和协调,保证管理信息系统的正常运行和使用。

2. 管理信息系统的层次结构

管理信息系统的任务在于支持管理业务,因而管理信息系统可以按照管理任务的层次进行设计。一般而言,不同管理层次的任务是不相同的,不同的管理层次需要不同的信息服务,为它们提供的管理信息系统就可以按照这些管理层次进行相应划分,每个层次负责一种信息处理的功能,每一层次所需的数据来源和所提供的信息都是完全不同的。

由管理学知识可知,有两种极端的层次结构不利于组织的管理工作。一种是层次结构过于"扁平",即管理幅度过宽,这种状况势必会给高层的管理工作带来极大的不便,高层管理者无法对下层实施有效的控制,导致下层机构各自为政。另一种是层次结构过于陡峭,即管理幅度过窄,层次过多。在这种状况下,信息在各个层次之间的传递往往比较缓慢,大大降低了管理的效率,结果使机构僵化、反应迟钝。因此,在对管理信息系统进行层次划分时,需要分析系统的实际业务状况,从而确定管理幅度与层次。一般来说,如果系统强调的是严格的控制,则每一层次的管理幅度不宜太大。如果系统需要充分发挥下层自主性,则可适当放宽管理幅度。

在实际应用中,一般根据处理的内容和决策的层次把企业管理活动分为3个不同的层次,即战略计划层、管理控制层和运行控制层。一般来说,下层系统的处理量比较大,上层系统的处理量相对小一些,所以就形成了一个金字塔式的结构,在实际工作中,由于管理者所处的管理层次不同、思考问题的角度不同、同一个问题可以属于不同的管理层次,如表4-1所列。

表4-1 不同管理层次的管理任务表

管理层次	管理任务和内容
战略计划层	• 规定组织的目标、政策和总方针 • 确定组织的管理模式 • 确定组织的任务
管理控制层	获得组织所需各种资源、监控等
运行控制层	有效利用各种资源,在规定范围从事管理活动

不同管理层次对信息的需求也不相同,其信息特征的差别如表4-2所列。

表4-2 不同管理层次的信息特征表

管理层次	信息特征						
	来源	范围	概括性	时间性	变化性	精确性	使用频率
战略计划层	外部	很宽	概括	未来	相对稳定	低	低
管理控制层	内部	相对确定	较概括	综合	定期变化	较高	较高
运行控制层	内部	确定	详细	历史	经常变化	高	高

从管理决策问题的性质来看,不同管理层次也不相同。战略计划层的决策内容关系组织的长远目标以及制定获取、使用各种资源的政策等方面,大多数属于非结构化问题的决策。决策者是组织的高层管理人员,除需要根据组织的外部环境和内部条件来做出决策外,还需要他们具有一定的知识、阅历、经验和胆识。运行控制层的决策内容是关于如何有效利用组织的资源,并按照既定的程序和步骤进行工作,大多数属于结构化问题的决策,决策者是基层管理人员,要求他们具有组织实施的能力。而管理控制层的决策内容介于战略管理层和作业管理层之间,既有结构化问题的决策,也有非结构化问题的决策,决策者是组织的中层管理人员。

3. 管理信息系统的功能结构

管理信息系统的结构,也可以按照使用信息的组织职能加以描述。系统所涉及的各职能部门都有着自己特殊的信息需求,需要专门设计相应的功能子系统,以支持其管理决策活动,同时各职能部门之间存在着各种信息联系,从而使各个功能子系统构成一个有机结合的整体。管理信息系统正是完成信息处理的各功能子系统的综合。以物流管理信息系统为例,如图4-10所示,包括:面向企业决策层,进行计划制订和调整的计划管理系统;面向企业管理层,维护企业数据和业务数据,并协调和监督业务活动的协调控制系统;面向企业业务层和客户,对各项业务进行管理和处理的业务处理系统;面向企业信息管理组织,支撑企业信息化运作的企业信息平台;面向整个信息系统,提供信息平台建设的企业信息资源基础设施等。

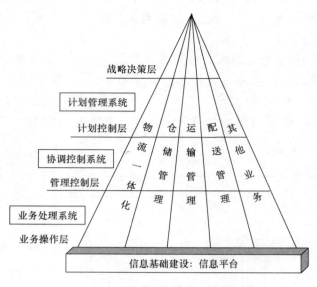

图 4-10 物流管理信息系统体系结构

四、管理信息系统在仓储管理中的应用

（一）仓储信息与处理流程

1. 仓储信息

仓储信息是指与仓储活动（物资接运、物资入库、保管、出库、发运等）有关的信息。在仓储活动的处理与决策过程中，如库房的合理规划、装卸搬运装备的选择、保管方式的确定、库存物资的收发、仓容的利用率等，都需要详细和准确的仓储信息。仓储信息不仅包含与仓储活动有关的信息，而且包含与其他保障活动有关的信息，如物资生产企业信息、保障部队物资需求信息、物资保障运输交通情况信息等。所以仓储信息不仅起着接受上级主管业务部门对物资仓储的活动任务，还起到连接生产厂、物资运输部门和物资使用部队的整个保障链的作用。利用仓储信息不仅对仓储活动具有支持保障的功能，而且对物流可以提供迅速、准确、及时、全面的物资储备信息，实现物资保障活动可视性。

在仓储管理工作中，各种信息以各种形式、方向、轨迹流动，要求对信息进行管理。仓储信息可分为以下几种。

（1）按信息的来源分类，可分为外部信息与内部信息。外部信息指来自仓库外部环境的信息。仓库的信息很多，这里指与仓库有关的、能对仓库活动产生影响的信息。内部信息指来自仓库内部的信息，是仓库的管理人员、管理决策人员进行业务处理、管理控制、决策等行为时产生的信息。外部信息与内部信息互相影响、互相作用、互相转换。如上级向仓库发出入库物资的调拨单信息，属于外部信息；仓库助理员根据入库物资的情况安排了车辆，并将入库物资的信息传输给保管部门，就属于内部信息。

（2）按信息的稳定性分类，可分为固定（静态）信息、流动（动态）信息、周期性信息。固定信息或称静态信息是指基本保持稳定不变的信息，如用户、库房、物资的名称，这些信息会反复出现而不变，系统设计时可以对这些信息编上代码进行管理，以减少输入操作。流动信息或称动态信息是指随着仓储的不断变化而变化的信息，是仓储在某一时点的反映，如物资的即时动态。周期性信息是指信息在一段周期内保持基本稳定不变或随着仓储活动而有规律地变化，并被用户使用，周期结束后就不再被使用或很少被使用。如具体的一次储存的物资信息，当物资储存结束后有关这一次储存物资的信息就被存储起来只供查询使用。

2. 仓储信息处理流程

（1）物资入库信息处理流程，如图 4-11 所示。

（2）物资出库信息处理流程，如图 4-12 所示。

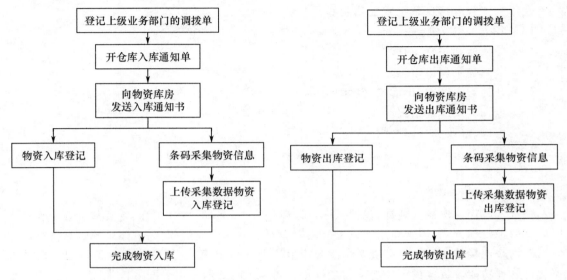

图 4-11 物资入库信息处理流程　　　　图 4-12 物资出库信息处理流程

（3）物资倒库信息处理流程，如图 4-13 所示。

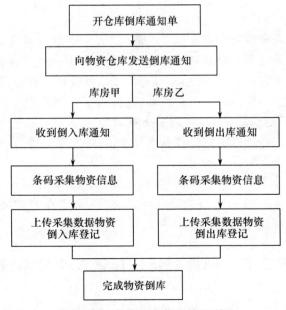

图 4-13 物资倒库信息处理流程

（二）仓储管理信息系统功能

1. 物资出入库

仓库物资管理信息系统是仓库业务信息处理的核心，主要功能如下：

（1）处理上级主管业务部门下达的调拨单，完成物资入库、出库等调拨任务。

（2）处理物资仓库内部各库房进行入库、出库、倒库等工作。

（3）对库存物资情况、收发流水账、车辆收发情况进行查询。

仓库物资管理信息系统主要功能如下：

（1）各类编码维护。

（2）录入原始物资库存。

（3）录入物资调拨单据。

（4）开物资入库单、出库单、倒库单。

（5）查询物资库存情况。

（6）生成、修改和打印月报。

（7）系统备份。

（8）转账结存。

（9）修改工作年度。

物资入库作业中输入数据，包括入库调拨单号、厂商名称、物资名称、物资数量等。物资入库后有两种处理方式，即立即出库或上架出库。对于立即出库的状况，入库系统需具备待出库数据查询并连接派车计划及出货系统。采用上架入库再出库，进货系统需具备货位指定功能或货位管理功能。货位指定功能是指当进货数据输入时即给货物分配最佳货位。货位管理则主要进行物资货位登记、提供现行使用货位报表、空货位报表等，为货位分配以及物资存储货位跟踪提供参考。货位指定系统还需具备人工操作的功能，以便仓库管理人员调整货位，还能根据多个特性查询入库数据。物资入库后系统可用随即过账的功能，使物资入库变化录入总账。

2. 物资库存

库存状态信息是指所有库存物资及零部件的信息，主要包括当前库存量、计划入库量、安全库存量等。库存管理系统采用计算机开单据的方法，对出、入库单据提供了自动生成单据编码和手工录入单据编码两种功能，并对单据号进行一次性检查。具体有以下几个环节。

（1）库存计划。为了有效地进行库存管理，需要确定在哪栋库房设置库存、设置多少、哪些库房储存什么类型的物资、储存多少等库存分配计划。

（2）物资分类分级。按物资类别统计其库存量，并按库存量排序和分类，作为仓库规划布局、物资储存、人员和设备配置等的参考。

（3）调拨处理。对仓库中各种物资的移动进行调配和登记。

（4）盘点。库存物资采用 ABC 分类法进行管理。通过库存物资的盘点，对盘点数据汇总分析，以便调整库存量并做盈亏处理。

第三节　弹药数量质量管理信息系统

弹药数量质量信息管理系统是一套融弹药数量管理和质量管理于一体，业务涵盖弹药数质量信息管理工作各个业务层面的一套标准化弹药数质量信息管理平台。目前，这个系统已经在全军推广使用。

一、系统概述

（一）系统适用对象

按照所承担任务的不同,弹药数量质量管理信息系统分为总部级、战区级、部队级、仓库级,由于所担负的业务工作和工作的侧重点有所区别,这些不同级别的软件系统在可实现功能的设置上存在着一定的差别,不同级别的软件系统具有不同级别的功能。

（二）系统的组成及功能

弹药数量质量管理信息系统按业务工作关系将系统划分成五大程序模块,分别是"查询统计"模块、"计划管理"模块、"质量管理"模块、"数据维护"模块和"其他"模块,图4-14是系统的登录界面。

图4-14 系统登录界面

系统的主要功能包括以下几个方面。

（1）建立弹药管理的明细账、流水账、中转情况及质量监控信息的查询及输出,提供建立、修改系统数据表的数据工具,提供计划管理、质量管理的固定格式统计报表以及上下级对账等。

（2）系统的纵向数据传递、横向数据传递、接收老系统数据、与其他系统的挂接等。

（3）弹药产品的日常调拨、计划调拨、中转等。

（4）弹药申请计划、保障计划以及为调拨拟制装运方案等。

（5）弹药技术检查、弹药射击试验、常规检测、特殊检测、弹药例行检测结果综合评定等。

（6）弹药例行检测转级、年份转级、文件规定转级、特殊检测转级、零星转级等。

（7）提供弹药的使用顺序计划、弹药的储存决策、弹药的修理与处废决策、弹药质量预测、拟制弹药退役报废计划、提供弹药质量问题处理的辅助决策等。

（8）提供弹药管理的规章制度。

（9）提供系统数据维护、系统数据的备份与恢复、错误诊断、系统数据的安全管理以及使用帮助等。

（三）系统的运行环境

1. 硬件环境

该系统对计算机硬件的要求不高,在当前一般的主流计算机上皆可顺畅推荐的标准配置为:CPU 主频 1GHz 以上,256MB 内存,40GB 以上硬盘,17in 显示器,支持 800×600 以上显示分辨率的显卡等。

2. 软件环境

"弹药数量质量信息管理系统"可运行于 Windows XP、Windows 7 等中文操作系统平台之上。

二、系统主要功能

弹药数量质量信息管理系统划分有"查询统计""计划管理""质量管理""数据维护"和"其他"5 个模块。其中,"查询统计"是公共模块,它可以实现弹药数据查询、统计、上下级对账以及制作上报数据;"计划管理"模块主要负责弹药调拨、中转、申请计划、保障计划、装运计划的制定等,"质量管理"模块主要负责弹药质量的监测与控制,质量监测包括抽样计划制定、质量评级、质量转级等,质量控制包括拟制使用、维修、报废计划,进行质量预测等;"数据维护"是对整个系统进行数据维护的模块,各类基础性数据库和信息编码的设置在此模块中完成;"其他"模块是一个辅助模块,提供了一些与系统相关的辅助工具等。

(一) 查询统计

查询和统计功能是该系统的一项基本功能,是用户在日常使用中接触和使用最多的,查询功能主要实现对该系统数据库中存储的弹药数、质量信息进行查询,统计功能则可以向用户提供某些固定格式的常用统计分析报表。

1. 查询功能

查询包括"基本信息查询"和"调拨信息查询"。"基本信息查询"是对弹药明细账的查询,而"调拨信息查询"则是对弹药流水账的查询。

基本信息查询又可分为总量查询和明细查询。总量查询是通过将弹药按照该系统所规定的不同分类方法进行分类以后,对弹药明细账所进行的各种查询。明细查询更为灵活,用户在选择某一弹药品种以后,再根据所要查询弹药质量信息的数据字段名(如弹药生产批、弹药生产年、弹药生产厂等)作为查询条件实施进一步查询,查询结果可以生成报表进行打印,也可以导入 Excel 软件后做进一步的处理。总量查询与明细查询互为补充,前者条件固定,操作简便,但是只适用于该系统所列出的类别条件,用户的可控性较弱,后者功能强大,适应性强;但操作复杂,普通用户不易掌握。"调拨信息查询"分调拨分类查询和调拨单据查询,主要对弹药调拨具体情况进行查询。

2. 统计功能

统计功能用来汇总、分析各种数据信息,提供各种统计分析报表,用于向上级呈报或本级存档。报表分为计划管理报表和质量管理报表。该系统可以自动生成各级机关和业务人员业务工作中常用的各种制式表格,对于一些不常用或较为特殊的报表可以根据不同的要求,通过系统的查询功能先获取必要的数据,再自行加工获得。

3. 制作上报数据

制作上报数据是为了满足上下级对账以及每年弹药数量质量信息汇总分析工作的需要而设置的模块,提供"上报数据"和"接收数据"功能。通过这一功能可以使得弹药数量质量信息能够在各级之间顺畅流通,减少弹药数量质量信息传递和处理工作中的人为干预,保证了数据信息的准确性和可信度。

（二）计划管理

计划管理主要负责弹药产品的作业、中转、装运方案、回收品管理等弹药流动信息管理。其中,作业是唯一对明细账进行操作的模块,本单位弹药收入与发出都应通过本模块进行。

计划管理中作业模块包括办理作业单、修改作业单、作业记账、办理调库单、修改调库单和传递作业单等。作业管理的中转模块包括办理中转收据、修改中转收据、记账中转收据、中转查询统计和中转情况结转内容。其中,中转查询统计主要是对中转计划库中的未执行情况进行查询、浏览、打印或用于查询或上报年度军械产品中转、接收情况统计表。装运方案是根据要运输的弹药和可用的运输工具情况算出对应各运输工具的台次。为制定弹药运输计划起辅助决策作用。

（三）质量管理

该系统所指的质量管理主要是指通过质量监测的手段,包括技术检查、携运行弹药射击试验、常规检测等方法,对弹药质量进行分析处理,评定弹药的质量等级,预测弹药寿命,并进而提出进行弹药质量控制的相关建议。

1. 质量监测的主要内容

弹药质量监测分为例行监测和特殊监测。例行监测是以发现弹药储存过程中可能出现的质量问题为目的,有计划主动进行的质量监测试验;特殊监测是当弹药在运输、储存、使用及例行监测试验过程中出现质量问题以后,为确定发生问题的原因、涉及的范围和影响的程度而被动进行的质量监测,相比而言,例行监测是弹药存储质量监测的重点。

2. 技术检查

系统中就技术检查工作的具体实施步骤如下:
（1）制订抽样计划。
（2）录入技术检查数据。
（3）对技术检查数据进行处理、评定技术检查结果。
（4）将评定结果进行整理、输出到技术检查质量变化数据库。

3. 携运行弹药射击试验

系统中就携运行弹药射击试验的具体实施步骤如下:
（1）制订抽样计划。
（2）输入携运行弹药射击试验数据。
（3）对携运行弹药射击试验数据进行处理、评定试验结果。
（4）对评定结果进行整理、输出到射击试验质量变化数据库。

4. 常规检测

系统中就常规检测试验的具体实施步骤如下:
（1）制订抽样计划。
（2）输入常规检测试验数据。
（3）将常规检测试验数据进行处理、评定检测结果。
（4）对评定结果进行整理、输出到常规检测质量变化数据库。
（5）进行历史数据库维护,为下次检测抽样进行基础数据准备。

5. 质量转级

按时机和内容弹药质量转级可以分为年份转级、例行检测转级、文件规定转级及其他转级等。凡是建有弹药明细账的单位,都应当及时地对所管辖的弹药实施质量转级。年份转级、例行检测转级,一年一次,一般安排在每年的年尾,其他转级按需要随时进行,年底对账前和年终账目结转前必须完成转级。

6. 质量决策

根据系统中弹药明细账记录的弹药质量信息情况,经过信息处理,系统可以作出一些相关决策,如弹药优先使用决策、储存管理决策、修理处废决策和质量预测分析等质量控制决策。

(四) 数据维护

数据维护主要对系统进行设置、维护、整理、备份、传输等操作,主要包括系统备份与恢复、系统设置、基础数据维护、系统初始化、系统检查、主账维护、数据接口等内容。

备份分为系统备份和文件备份。系统备份将备份系统中所有必备数据文件,当系统数据文件损坏,系统不能使用时,将系统备份恢复到系统中,系统就可以正常使用。文件备份用来备份本级系统的各类数据。用以备份系统中由用户录入的容易变更的比较重要的数据,以防止和避免数据被破坏和丢失而造成巨大损失。系统设置包括用户信息设置、口令设置、配置 BDE 等内容。基础数据维护是对一些重要基础数据库进行修改维护。基础数据维护分为标准类和代码类。如单位代码库、弹药代码库、管辖单位等。系统初始化主要为了设定工作的起点,一次性地将系统数据复位。实际上,系统刚安装完毕时,已处于初始化状态。用户在使用过程中如果想使系统恢复到刚安装完毕的状态,可执行此操作。主账维护主要包括初始建账、数据诊断、年终结转、记录选分、更新总账、建立内码、记录合并等。数据接口提供了上报或接收上级下传的弹药数质量信息、质量监控信息、各种作业信息等,包括"上报数据""接收数据""下传数据"功能。

(五) 其他

"其他"模块主要包括帮助、打开报表、打印卡签单、数据转换、规章制度和数据库工具等内容。其中联机帮助系统详细地介绍了本系统各模块的功能及使用方法,熟悉和使用帮助有助于提高用户的业务水平及操作技能。打印卡签单包括打印报表封面及各种弹药堆卡、标签等。数据转换是将 dB 型数据文件转换成 dbf 型数据文件。规章制度属于系统附件之一,便于用户查阅与弹药储供管理相关的规章制度。

三、系统特点与发展趋势

1. 系统特点

弹药数量质量管理信息系统涵盖了非常广泛的业务内容,涉及弹药业务工作的方方面面,与弹药数据与质量信息管理工作息息相关。其主要特点如下:

(1) 将弹药的数量管理与质量管理融为一体,简化了业务关系,提高了管理效率。

(2) 引入了"带批次调拨"的管理模式,为贯彻与实现"用旧存新,用零存整"的弹药使用原则提供了一条有效的途径和方法。

(3) 通过建立的弹药技术档案(包括固有质量信息、流动情况、质量历史情况等),记载了弹药在整个寿命周期内(从出厂到销毁)的全部情况,方便了对弹药历史情况的分析和总结。

(4) 该系统实现了上下级弹药质量信息数据的上传下递,为全军的弹药质量信息汇总及分析处理工作提供了很大的便利,提高了弹药质量信息分析、处理工作的效率。

2. 发展趋势

弹药数量质量管理信息系统发展趋势如下:

(1) 依靠信息技术,实现管理网络化、自动化和远程可视化。在当前信息技术飞速发展的时代背景下,计算机技术和网络通信技术高速发展,弹药数量质量信息管理在未来的发展趋势无疑会依靠网络平台的支持,逐步实现质量信息传递的网络化和自动化,实现弹药技术保障支援的远程化与可视化。伴随着我军信息化基础设施、设备的不断完善,信息传递、处理的方法和手段也将得到进一步发展,通信卫星系统的使用、高速计算机网络的架设、空地一体化的通信条件已经基本具备,这就给弹药质量信息的实时高速传输、处理、共享等提供了实现的可能。

（2）依靠信息技术,实现管理模式上的创新。信息传递、处理方法和手段的变化和创新必然会导致管理模式上的创新,在信息技术应用不断深入的背景下,弹药质量信息管理的方法和手段必然会发生一定改变并导致传统的管理模式也发生相应的变化。随着信息化的不断深入,原先许多由人工完成的工作可以通过智能设备自动完成,以往许多可能因为人工所导致的错误得到了最大程度的避免,信息处理的准确性和处理效率将得到极大的提高,信息传输的实时性和透明性将大大降低信息人工修饰的可能,通过信息使用权限的设定,结合信息加密技术的应用,各级信息管理人员在共享公共数据的同时,各层级的私有数据也能得到妥善保护。由此可见,在未来,伴随着信息技术在弹药质量信息管理领域的不断渗透,弹药质量信息管理的方法和手段必将发生巨大的变化,管理模式必须要进行相应的调整,通过管理模式的创新促进弹药质量管理工作的不断进步与发展。

思考与练习

1. 简述数据模型的主要类型。
2. 简述数据库设计的任务和内容。
3. 简述管理信息系统的基本结构。
4. 简述弹药数量质量管理信息系统的主要功能。
5. 简述弹药数量质量管理信息系统的发展趋势。

第五章 信息处理与决策技术

弹药保障所涉及的业务不仅点多面广,而且情况复杂、数据量大,单靠人工自身决策难度较大,需要利用计算机运用决策支持系统来协助进行,通过计算机自动对输入及存储到数据库的数据按照相应的模型进行处理、组织、运算和模拟,以辅助决策者达到更高层次的决策能力,做出比较科学并有据可循的决策。

第一节 概 述

一、决策支持系统的产生与发展

(一) 产生背景

决策支持系统(Decision Support System,DSS)是在传统的管理信息系统(MIS)的基础上形成和发展起来的。其产生的原因可以归纳为以下3个方面。

1. 传统的 MIS 的局限是导致 DSS 产生的原因之一

传统 MIS 的出现为人们对信息系统在管理领域的发展带来了巨大的希望,它使管理工作由原来的人工处理大量繁琐事务变成了计算机的科学管理,从而使管理提高到新的水平。随着时间的推移,人们发现它并不像预期的那样能带给企业巨大的利润。究其原因,一方面,是其刻板的结构化系统分析方法,漫长的生命周期以及以信息为导向的开发模式,使传统的 MIS 难以适应多变的外部及内部管理环境;另一方面,早期的管理信息系统提高的仅仅是效率而非效益,当企业在经营中决策出现问题的时候采用信息系统导致的损失远远大于传统手工,因此如何做有效的事情才是决策者和今后管理信息系统要面对的事情。还有就是忽视人在管理领域和系统处理中的作用以及没有强调对决策工作的积极支持。信息系统的最终目的是为管理服务的,而管理的重要任务之一是决策,只有当一个信息系统与管理、决策和控制联系在一起时才能发挥其效益。系统分析人员和信息系统本身都不是企图取代决策者做出决策,支持决策才是他们正确的做法。于是人们自然期望一种新的用于管理的信息系统,它在某种程度上可以克服以上缺点,为决策者提供一种切实可行的帮助。

2. 人们对信息处理规律认识的提高是决策支持系统产生和发展的内在动力

随着信息系统在管理领域实践的发展,人们对信息处理规律的认识也在逐步提高。人们逐步认识到,像 MIS 那样完成例行的日常信息处理任务只是信息系统在管理领域中应用的初级阶段。要想进一步提高它的作用、对管理工作做出实质性的贡献,就必须面对不断变化的环境要求,研究更高级的系统,直接支持决策。这是决策支持系统产生和发展的内在动力。

3. 技术的发展是决策支持系统发展的外部因素

决策支持系统的发展是由计算机应用技术从数据处理到知识智能处理的发展而促成的。自 20 世纪 70 年代末以来,许多相关学科都有长足的进步。运筹学模型已发展到近乎完善的地步,数理统计方法及其软件的发展,多目标决策分析突破了单一的效用理论的框架;人工智能方面的知识表达技术、专家系统语言及智能用户界面的发展；高效率、廉价的微机及工作站的出现；数据库及其管理系统的改善；图形专用软件、各类软件开发工具等均为广泛的研制和应用决策支持系统提供了良好的技术准备和物质准备。

（二）发展过程

决策支持系统是在传统的管理信息系统（MIS）理论的基础上发展起来的一门适用于不同领域的、概念和技术都是全新的信息系统的分支，也是目前发展最为迅速的一个分支。其基本概念最早于20世纪70年代初由美国 M. S. Scott Morton 教授在《管理决策系统》一文中首先提出，当时人们称其为人机决策系统或管理决策系统。为了强调这种系统对决策只能起辅助作用，应发挥决策者的主体作用，后来将其名称改为决策支持系统，有时也称辅助决策支持系统，它是一种以决策为目的的人机信息系统。

到20世纪70年代末，决策支持系统一词已经非常流行，一般认为决策支持系统是结合与利用计算机强大的信息处理能力和人的灵活判断能力，以交互方式支持决策者解决半结构化和非结构化决策问题的系统。当时的决策支持系统大都由模型库、数据库及人机交互系统等3个部件组成，它被称为初级决策支持系统。20世纪80年代初，决策支持系统增加了知识库与方法库，构成了三库系统或四库系统。知识库系统是有关规则、因果关系及经验等知识的获取、解释、表示、推理及管理与维护的系统。方法库系统是以程序方式管理和维护各种决策常用的方法和算法的系统。

20世纪80年代后期，人工神经元网络及机器学习等技术的研究与应用为知识的学习与获取开辟了新的途径。专家系统与决策支持系统相结合，充分利用专家系统定性分析与决策支持系统定量分析的优点，形成了智能决策支持系统IDSS，提高了决策支持系统支持非结构化决策问题的能力。

近年来，决策支持系统与计算机网络技术结合构成了新型的能供异地决策者共同参与进行决策的群体决策支持系统GDSS。在GDSS的基础上，为了支持范围更广的群体，包括个人与组织共同参与大规模复杂决策，人们又将分布式的数据库、模型库与知识库等决策资源有机地集成，构建分布式决策支持系统DDSS。

决策支持系统的发展还体现在组成部件的扩展与部件组成的结构变化上。部件及结构的演变反映了决策支持系统从专用到通用，从简单到复杂的发展过程，决策支持系统的发展与信息技术、管理科学、人工智能及运筹学等科学技术的发展紧密相关。随着决策支持系统研究应用范围的扩大与层次的提高以及新技术、新方法的不断推出与引入，决策支持系统的形式与功能会逐步走向成熟，实用性和有效性会进一步增强。

随着研究与应用范围不断扩大与层次不断提高，国外相继出现了多种高功能的通用和专用决策支持系统。现在，决策支持系统已逐步扩大应用于大、中、小型企业中的预算分析、预算与计划、生产与销售、研究与开发等智能部门，并开始应用于军事决策、工程决策、区域开发等方面。

二、决策支持系统的基本概念

（一）决策支持系统的定义

决策支持系统的概念是20世纪70年代早期由Scott Morton教授最先提出的，当时称为"管理决策系统"（Management Decision Systems, MDS）。系统定义为："基于计算机的交互式系统，用以帮助决策者使用数据和模型去解决结构比较差的问题。"上述定义后经Little、Alter、

Moore、Keen及Turban等人的不断扩展和完善后,概括为:决策支持系统是以管理科学、运筹学、控制论和行为科学为基础,以计算机技术、模拟技术和信息技术为手段,面向半结构化的决策问题,支持决策活动的具有智能作用的人—机计算机系统。它能为决策者提供决策所需要的数据、信息和背景资料,帮助明确决策目标和进行问题的识别,建立或修改决策模型,提供各种备选方案,并对各种方案进行评价和优选,通过人—机对话进行分析、比较和判断,为正确决策提供有益帮助。

决策者追求的目标是不断的研究和吸收信息处理其他领域的发展成果,研究决策分析和决策制定过程中所特有的某些问题,并不断将其规范化、形式化,逐步用系统来取代人的部分工作,以全面支持人进行更高层次的研究和更进一步的决策。在这里,通过系统支持人进行研究和决策,以提高工作效率是决策支持系统所追求的主要目标。决策支持系统的建造主旨在于,它代表着信息系统对半结构化和非结构化决策提供辅助的一种不同的方法。它绝不是找出决策的结构并使之完全自动化,而是对各种半结构化决策的过程进行辅助。

(二) 决策支持系统的特点和功能

1. 决策支持系统的特点

决策支持系统的主要特点可以归纳为以下几点。

(1) 面向决策者。决策支持系统的输入和输出、起源和归宿都是决策者。

(2) 主要用于半结构化或者非结构化的决策问题。解决结构化决策问题是一个一次性的处理过程。而决策支持系统则主要用于解决上层管理人员经常面临的结构化程度不高、说明不够充分的问题,即决策支持系统主要辅助决策者分析半结构化和非结构化决策问题。这类问题不能或不便于用其他计算机系统或标准的定量方法或工具求解。因为解决半结构化或者非结构化决策问题是一个需要反复探讨的过程,它存在不确定性因素,需要对决策过程进行研究和探索,因而是一个反复认识、实践的过程。

(3) 强调支持的概念。在问题求解中,计算机既不应该试图提供答案,也不应该给决策者强加一套预先规定的分析顺序,决策者能完全控制决策过程的所有步骤,决策支持系统的目的是支持而不是代替决策者。决策支持系统本身并不做决策,它仅是一个辅助性工具,力求扩展决策者的能力,而不是取而代之,即使把决策专家的知识融合到系统中去也是如此,决策者仍然保持其决策的自主权。

(4) 使用基础的数据和模型。在辅助决策过程中,要把模型或分析技术与传统的数据存取技术及检索技术结合起来。决策支持系统应能提供有关的决策信息和足够的决策模型,提供多种可供决策的行动方案和可能的结果,供决策者判断。它强调决策过程是动态的,是根据决策的不同层次、环境、用户要求以及现阶段人们对于决策问题的理解和已获得的知识等动态确定的。

(5) 强调交互式处理方式、友好的用户界面。这是由决策问题的性质确定的,系统应能让决策者便于探讨问题,能很方便地使用决策支持系统。通过大量、反复、经常性的人机对话方式将计算机系统无法处理的因素(如人的偏好、主观判断能力、经验、价值观念等)输入计算机,并依此来规定和影响决策的进程,让决策者在依据自己的实际经验和洞察力的基础上主动利用各种支持功能,在人机交互的过程中反复学习和探索,最后根据自己的"管理判断"选取一个合适方案。用户界面友好、较强的图形功能和类似自然语言的人机交互接口可以极大地增强决策支持系统的有效性。例如,按决策者的希望,系统给出了一个解,但决策者对它还不满意,此时他可以修改其要求,系统又能重新设计求解方案并组织模型进行求解,如此交互进行,直到满意为止。方便的人机界面,才能使决策用户乐于使用,这是决策支持系统成功的关键所在。

（6）着重于决策制定过程的效果,而不是效率。决策支持系统要能为组织提供决策的良好效果,即能帮助决策者做出正确决策,使组织提高经济效益。因此决策支持系统必须是一个有效的系统,对决策的改善提供支持,追求决策的有效性（准确性、及时性、质量）,而不是决策的效率（费用）。在制定决策的时候,效果集中于应该做什么,而效率集中在该怎样去做。要想有效决策,就需要仔细考虑影响决策的各种条件。如果目的是设计一种能帮助决策者提高决策效果的决策支持系统,则必须了解他对决策背景的理解。相反,以提高效率为目标意味着只需要注意能最大限度地减少时间、成本和精力就可以了。但是,这两个目标之间会存在一种张力,因为在一方面投入的注意力增多会导致在另一方面的减少。

（7）强调对环境及用户决策方法改变的灵活性及适应性。能够灵活地运用模型与方法对数据行加工、分析、预测,以便用户能随时得到所需的综合信息来进行决策。面对迅速变化的条件,决策者应能及时反应,并且决策支持系统应适应这种变化。决策支持系统是灵活的,因此用户可增加、删除、组合、改变或重新安排系统的基本部分。决策支持系统强调的关键因素是响应性,即能力、可能性（指决策支持系统及时提供信息的程度）及灵活性（决策支持系统适应环境变化的程度）。

2. 决策支持系统的功能

为了完成决策支持系统的任务,实现其宗旨即辅助管理者做好决策功能。

（1）管理并随时提供与决策问题有关的组织内部信息。提取管理决策信息数据,并对数据进行分类、合并、归纳、整理,使得数据增值,并将提取的数据建立在独立的数据仓库中,与实时信息处理系统进行隔离。提高信息系统的处理效率,增强决策支持系统的灵活性和可伸缩性。

（2）收集、管理并提供与决策问题有关的组织外部信息。

（3）数据挖掘和数据分析。利用决策系统的分析工具揭示已有数据间的关系和隐藏着的规律性,使其能够反过来预测它的发展趋势,或者在一定条件下会出现的结果。

（4）在决策支持系统的各模块数据基础上组织分析数据,通过抽样、探索、修改、建模、评估几个步骤,结合标准的运筹学（如线性规划、运输问题、网络流问题、分配问题等）、质量管理（如排列图、鱼骨图等）、数理统计分析算法（如回归分析、方差分析、主成分分析、典型相关分析、判别分析、因子分析、聚类分析等）,使得决策支持系统的数据能够帮助决策者制定重大决策。

（5）收集、管理并提供各项决策方案执行情况的反馈信息。

（6）能以一定的方式存储和管理与决策问题有关的各种数学模型,如定价模型、库存控制模型与生产调度模型等。

（7）能灵活地运用模型与方法对数据进行加工、汇总、分析、预测,得出所需的综合信息与预测信息。

（8）决策支持系统数据分析图表。主要图形包括直方图、饼图、星形图、散点相关图、曲线图、三维曲面图及地理图。

（9）具有方便的人机对话和图像输出功能,能满足随机的数据查询要求,回答"如果……则……"之类的问题。

（10）提供良好的数据通信功能,以保证及时收集所需数据并将加工结果传送给使用者。

(11)具有使用者能接受的加工速度与响应时间,不影响使用者的情绪。

(三)决策支持系统的分类

决策支持系统通常按系统的特性及其应用状况进行分类。例如,该系统支持哪些管理层次,支持哪种决策类型,侧重支持哪些方面,支持的深度与广度等,都可作为系统分类的出发点。下面按几种不同分类方法进行讨论。

1. 按支持层次分类

决策支持系统可以支持组织中的各个管理层次。根据各管理层次决策任务的不同,决策支持系统可以划分为以下两方面。

(1)战略规划决策支持系统。这是用于高层管理决策的。

(2)和平控制(或调度指挥)决策支持系统。这是用于操作层管理决策的。

2. 按支持的决策类型分类

一些信息专家将决策类型分为3种:一是独立的决策,一个决策者应具有充分的职权以做出完全的、可以实现的决策;二是顺序的相互依赖决策,一个决策者做出部分决策之后,将其结果传送给其他决策人,一个决策者只完成决策的一部分;三是合伙的相互依赖决策,决策由几个决策人共同研究,协商做出。针对这些决策类型,可以将决策支持系统相应地划分为个人决策支持系统、组织机构决策支持系统(分布式决策支持系统)和群决策支持系统。

3. 按支持的数据与模型操纵能力分类

数据检索和模型计算是决策支持系统的两种重要功能,它们在支持决策过程各阶段中起着重要的作用。因此,很多专家均从数据与模型的操纵能力上对决策支持系统进行分类。按照系统对数据和模型的侧重,决策支持系统可以分为7类。

(1)文档管理系统。该系统基本上是手工文件系统的自动化,主要用于直接存储和查询数据,如库存信息查询系统、预订机票申请系统以及用来跟踪和监测生产过程的车间生产管理系统等。这类系统由一般管理人员使用,主要用来支持日常工作、处理应急任务。

(2)数据分析系统。该系统借助那些适应于任务和设定值的分析操作或者通用的分析操作对数据进行处理。这类系统一般由非经理人员使用,以便分析包括当前数据和历史数据在内的各种文件。

(3)分析信息系统。这类系统目的是利用一系列的面向决策的数据库和一些小模型提供管理决策信息。这种系统的例子如常见的市场信息系统和销售分析系统。

(4)统计模型系统。这类系统包括许多统计和会计模型,可以依据各种制度规定,对统计活动结果进行计算。根据对规定公式的不同输入值,通常能生成收益估计值和资产负债表等。例如,一种航海效益评估系统的数据库中,存有船舶吨位、航速、燃料消耗、海港费用等数据,可以利用它计算航海利润和处理船租契约。又例如,某保险公司经费预算系统可以编制出两年的经费开支规划。

(5)样本模型系统。系统中的模型可以对非研究性活动进行描述、分析和评价。一些概率未定的关键因子需要用户估计后输入。例如,某消费品销售公司利用一种市场响应模拟模型综合系统来跟踪市场变化的情况,探讨未来市场竞争活动与结果之间的联系。

(6)最佳模型系统。能在一系列约束条件下求得最佳解,提供决策行动的指导。这类系统可以用于由数学描述并且有特定目标的重复性决策。例如,一种以利润为主要目标的生产计划优化系统可以利用线性规划模型和人机对话过程确定最佳的产品品种和产量。

(7)建议模型系统。系统以决策规则、优化计算公式或其他数学方法为基础产生一种建议性的方案,适用于结构性稍微强一些的系统。例如,保险公司的税率调整系统能根据保险金和相应政策间的历史关系,按某特殊部门保险政策进行税率调整,进行某种复杂的计算。当保险商认为系统的输出不能反映实际情况时,可以用恰当的方式修改输入,重新计算。

在这 7 种系统中,前 3 种是面向数据的,完成数据检索和分析任务,其余 4 种是面向模型的,提供了模拟功能、优化功能或进行"提出建议"的计算。

4. 按决策支持系统的应用领域分类

按照应用领域可分为生产经营决策支持系统、农业规划决策支持系统、银行决策支持系统、交通运输规划决策支持系统等不同行业的决策支持系统,也可分为生产、财务、计划、物资、销售等不同企业职能的决策支持系统。

5. 按决策支持系统的适用范围分类

按决策支持系统适用范围的狭窄与宽广,又可分为专用决策支持系统以及通用决策支持系统。前者通常根据某一类型问题而专门设计和开发的,而后者往往是根据一类问题开发一种决策支持系统的生成系统,对同类问题的不同具体案例,只要更换一些参数和要求进行适当的调整,即可生成解决该种特殊情况的专用决策支持系统。

三、决策支持系统的结构组成

20 世纪 70 年代末至 80 年代初开发的 DSS 主要由 5 个部件组成,即人机接口(对话系统)、数据库、模型库、知识库和方法库。后来,在这 5 个部件的基础上又开发了各自的管理系统,即对话管理系统、数据库管理系统、模型库管理系统、知识库管理系统、方法库管理系统等部件。因此,一大批 DSS 都可以认为是这 10 个基本部件的不同的集成和组合。一般来说,这 10 个部件可以组成实现支持任何层次和级别的 DSS 系统。

从 20 世纪 80 年代开始,人们对于 DSS 结构的理解发生了一些变化。有的人提出,DSS 是由语言系统、问题处理系统和知识系统 3 种系统组成,这 3 种系统实际上是由上面提到的基本部件发展而来的。语言系统实际上就是一个人机接口,不过它是强调语言(特别是自然语言)在接口中的重要作用。由于突出了自然语言的重要性,因此在 DSS 中配备了相应的自然语言处理系统(被称为 PPS)。根据知识工程的研究成果,数据、模型和知识(狭义)实际上都是广义的知识,从发展的趋势看,很可能对它们采用统一的表达方式。因此,一些人倾向于把数据库、模型库和知识库统一为知识系统。目前这 3 个系统仍然作为独立的部件在 DSS 中起着重要作用。

(一)决策支持系统的概念结构

决策支持系统是一个由多种功能协调配合而成的、以支持决策过程为目标的集成系统。DSS 的概念结构由用户接口(会话系统)、控制系统、问题处理系统、数据库系统、模型库系统、知识库系统和用户共同构成。最简单和实用的三库 DSS 逻辑结构(数据库、模型库、知识库)如图 5-1 所示。

DSS 运行过程可以简单描述为:用户通过会话系统输入要解决的决策问题,会话系统把输入的问题信息传递给问题处理系统,然后问题处理系统开始收集数据信息,并根据知识库中已有的知识来判断和识别问题。如果出现不确定的问题,系统就通过会话系统与用户进行交互对话,直到问题得到明确;然后系统开始搜寻问题解决的模型。通过计算推理得出方案可行性的分析结果,最终将决策信息提供给用户。

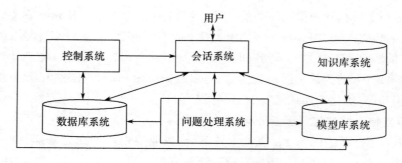

图 5-1 DSS 三库逻辑结构框图

(二)决策支持系统的体系结构

DSS 是一个由多种功能协调配合而成的,以支持决策过程为目标的集成系统。早期的 DSS 都是面向单用户的决策支持,决策过程所需要的决策资源也非常有限,其内部结构也相对简单一些,主要为基于多库结构的 DSS 和基于知识处理的 DSS,随着计算机网络技术的迅速发展,网络技术也随之应用于 DSS,形成了面向分布式多用户的 DSS 体系结构。

1. 基于多库的体系结构

(1) 两库结构形式。两库系统由 3 个部分组成,它们是数据库及其管理系统(数据部件)、模型库及其管理系统(模型部件)和对话系统(对话部件),如图 5-2 所示。该结构也称为"三部件"结构,主要强调对数据、模型及两者集成的支持,适用于对特定领域较稳定问题的决策支持。

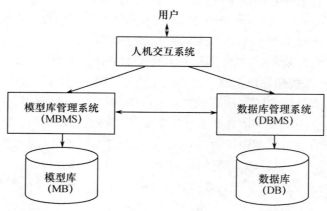

图 5-2 决策支持系统的两库结构

数据部件是 DSS 不可缺少的重要部分。它负责存储和管理 DSS 使用的各种数据以及系统之外的数据,并实现各种不同数据源间的相互转换。其中,数据库用来存储大量数据,一般组织成易于进行大量数据操作的形式,典型的数据组织模型有层次模型、网络模型、关系模型等形式。数据库管理系统具有数据库建立、删除、修改、维护,数据存储、检索、排序、索引、统计等功能。

数据表示的是过去已经发生了的事实,因此数据必然是面向过去的。通过利用模型就可以把面向过去的数据转变成现在或将来的可用于决策分析的信息。模型库子系统是决策支持系统的核心,是最重要的也是较难实现的部分,它包括模型库和模型库管理系统。模型库中存放多种模型,有的按照某些常用的程序设计语言编程,如数学模型和规划模型;还有由用户使用建模语言建立的模型。模型库管理系统支持决策问题的定义、概念模型化和模型的运行、修改、增删等。模型库子系统与对话子系统的交互作用,可使用户控制对模型的操作;它与数据库子系统的交互作用,可以提供模型所需的数据,实现模型输入、输出和中间结果的存取。对话子系统是决策支持系统的人机接口界面,它负责接收和检验用户的请求,协调数据库子系统和模型库子系统之间的通信,为决策者提供信息收集、问题识别以及模型构造、使用、改进、分析和计算等功能。通过对话子系统,决策者能够依据个人经验,主动地利用DSS的各种支持功能,反复学习、分析、再学习,以便选择一个最优的决策方案。

(2)三库结构形式。决策支持系统的三库结构形式一般分为两种。第一种三库结构形式是把模型与方法分离,即数据库、模型库和方法库及相应的管理系统,其结构如图5-3所示。方法库子系统由方法库和方法库管理系统组成,这为模型的生成与组合奠定了基础。

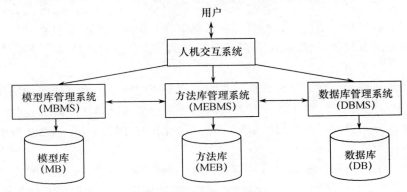

图5-3 DSS的三库结构之一

另一种三库结构形式是将人工智能与专家系统引入决策支持系统,就构成了智能决策支持系统,其基本结构是在传统的基于两库结构决策支持系统结构的基础上加上知识库,形成以数据库、模型库和知识库三库为基础的结构,如图5-4所示。

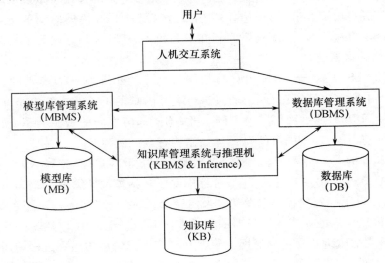

图5-4 DSS的三库结构之二

知识库子系统是DSS能够解决用户问题的智囊,它主要包括一个综合性的知识库,其中存储的是有关问题领域的各种知识、数据、模型等,目的是提高系统的定性分析能力。该子系统除了具有通常的维护管理功能外,还可能包括知识获取、知识集成和知识服务等功能。

2. 基于知识的体系结构

基于知识的体系结构,是 Bonczek 于 1981 年提出的。这种 DSS 结构由语言子系统(Language System,IS)、知识子系统(Knowledge System,KS)和问题处理子系统(Problem Processing System,PPS)三部分组成,如图 5-5 所示。

图 5-5 基于知识的体系结构框架

(1)语言系统。语言系统是提供给决策者的所有语言能力的总和,它包括供用户或模型检索数据的检索语言和由用户操纵模型的计算机语言。决策用户利用语言系统的语句、命令、表达式等来描述决策问题,交给问题处理子系统处理,得出决策信息。它是决策者与 DSS 通信的桥梁。

(2)问题处理系统。问题处理系统是决策支持系统的核心。问题处理系统针对实际问题提出问题处理的方法、途径;利用语言子系统对问题进行形式化描述,写出问题求解过程;利用知识子系统提供的知识进行实际问题求解,最后得出问题的解答,产生辅助决策所需要的信息以支持决策。

(3)知识系统。知识系统是 DSS 中有关问题领域的知识主体,它包含问题领域中的大量事实和相关知识,如数据、模型、产生式规则、表格、框架图形等。知识子系统中存储的知识增强了 DSS 解决问题的处理能力。

基于知识的框架结构将专家系统中的问题处理技术引入到 DSS 的体系结构中,克服了 DSS 缺乏知识的弱点,符合 DSS 智能化发展的趋势,对 DSS 的发展也起到了很大的促进作用,较好地解决了对决策问题求解过程的控制。但该框架仍然保留着专家系统的求解思路,未能充分体现出决策者在模型建造、模型选择等方面的作用和 DSS 模型驱动的特点。此外,基于该框架的 DSS 不具备学习能力,不能学习新知识和积累经验,因此也就无法改善自身的性能。

3. 基于网络的体系结构

基于网络的 DSS 体系结构是随着计算机网络技术的迅速发展而产生的,它弥补了传统 DSS 在决策过程中所需决策资源有限、多人参与决策困难的不足。决策人员在任何地方都可以通过网络来使用 DSS,通过网络实现不同企业、不同部门之间的资源共享,实现群决策。由于网络的拓扑结构不同,基于网络的 DSS 体系结构有以下两种。

(1)基于 C/S 的 DSS 体系结构。图 5-6 所示为基于客户/服务器(C/S)的 DSS 体系结构。基于 C/S 的 DSS 结构主要包括:①服务器端除了包括模型库管理系统和数据库管理系统外,另外还提供接口用于处理客户端发送过来的命令;②客户端即人机交互系统,客户端通过 TCP/IP 网络协议以消息的形式与服务器端集成在一起。基于 C/S 的 DSS 体系结构比传统的 DSS 体系结构最大的改进是通过局域网上数据共享实现了模型的远程过程调用。在这种模型下,服务器端一直处于循环等待客户请求状态,由客户端发出服务请求,服务器端与客户端协商好信息通信方式后,接受客户端申请,解释客户端请求并给出应答,即为客户端提供所需服务。而客户端与服务器端信息交换便是以远程过程执行来实现的。由于这种方式注重进程之间的通信与同步,它可以使几个进程共同协作来完成同一任务。因此,可以由多个用户通过多个终端共同进行决策。基于 C/S 的 DSS 体系结构的不足就是系统维护量大,任何一个功能的修改将影响所有客户端程序的修改。同时,难以满足分布范围较广的客户的决策需求。

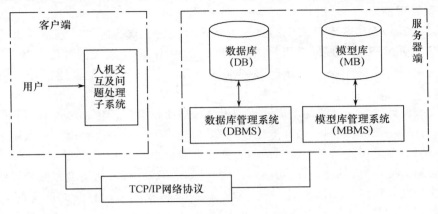

图 5-6　基于 C/S 的 DSS 体系结构

(2) 基于 B/S 的 DSS 体系结构。图 5-7 所示为基于浏览器/服务器(B/S)的 DSS 体系结构。该结构与 C/S 结构最大的区别在于多了 Web 服务器、应用服务器等中间层。其中浏览器为用户提供了一个统一的浏览文档的窗口,用户通过它向 Web 服务器发送请求,Web 服务器响应浏览器的请求,并根据请求与应用服务器发生信息交换。应用服务器是处理用户决策需要的一个综合服务单元,Web 服务器根据用户要求向应用服务器提出决策需求,应用服务器则根据此需求向模型库/数据库要求相应的模型和数据,做处理后以 Web 页面的形式提供给用户。基于 Web 的 DSS 体系结构对决策模型使用分布式的对象模型。通过使用这种基本结构,DSS 开发人员可使用本地模型所提供的丰富资源,并可将模型服务置于远程系统中。而决策过程中所使用的模型资源可以通过分布式对象模型充分利用互联网上的模型信息资源,实现了决策资源的传递与共享。

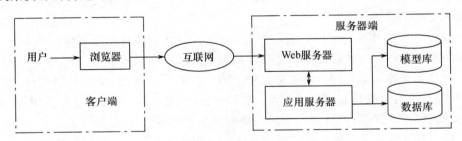

图 5-7　基于 B/S 的 DSS 体系结构

(三) 决策支持系统的技术构成

DSS 是由各种技术性很强的部件构成,这些部件构成了 DSS 结构的技术基础。根据不同的问题,用不同的部件组合成一定的结构,就可以构成针对某一特定领域的 DSS。所以说,DSS 的技术部件是 DSS 开发研究的主要对象。DSS 的技术构成部件有以下几个方面。

1. 界面部分

界面部分是 DSS 的一个重要构成部件。界面部分的好坏往往直接关系到 DSS 的质量。由于 DSS 所面临的问题是不确定性的,而且是直接面对决策者,所以系统必须研制出一个可供用户表达和描述决策问题的窗口。通过这扇窗口,用户要能很方便地表达自己的主观意志和想法,能够干扰和影响问题的求解过程,能够分析、评价系统、方案以及结果,便于进行双向推理等。这就是 DSS 重视界面部分的原因。

2. 模型管理部分

模型管理部分是 DSS 不可缺少的技术构成部分之一。DSS 区别于其他系统的特点之一就在于模型驱动,DSS 需要根据对用户提出的问题的识别,调出系统内部已有的基本模型(或模型),匹配生成一个针对某一特定问题的求解过程,即模型。模型管理部分必须具有以下功能。

(1) 模型设计并输入系统的功能。模型设计一般是由某一问题领域富有经验的专家来进行,系统必须提供一个确定的方法和专用输入模块,允许他们自由地将模型输入到系统内。

(2) 模型的存储功能。即在计算机内方便地存储模型。

(3) 动态构模功能。根据系统对问题性质、任务的识别结果,从模型存储装置中调出相应的基本模型,然后经过匹配(与数据、变量、算法以及基本模型之间自身的匹配等),构成求解问题的模型。

(4) 模型的管理功能。既然由大量的基本模型存储在系统内,则必然存在着模型管理的问题。模型管理一般包括:对模型的增、删、改;模型与数据、变量的连接;查询;灵敏度分析等。

3. 知识管理部分

知识管理部分主要是管理有关决策问题领域的知识,如问题的性质、求解的一般方法、限制条件、现实状态、国家有关这类问题的规定、法规条件以及暂行或试行方法等,以便为用户界面、推理机、咨询系统、动态构模以及综合分析提供必要的知识支持。

4. 数据库部分

DSS 的数据管理部分同其他系统一样,是通过数据库系统来完成的。它与 MIS 等不同的是,它不像 MIS 一样强调数据的整体结构性和全面性,而只是存储与决策问题领域有关的数据。所以在 MIS、DSS 相互存在的系统里,DSS 的数据库往往是作为 MIS 数据库的一个子集而存在的。它常常是通过一个决策数据提取系统来取出 DSS 所需的数据。

5. 推理部分

推理部分是表现 DSS 智能特征的一个重要环节。DSS 的推理功能和特点如下:

(1) 决策问题、现象、求解方法以及其前因后果的联系和先后影响。

(2) 支持人机界面部分的双向推理过程。即对于系统的提问,操作者通过自己的理解和推理来回答问题;对于操作者回答的问题,系统通过识别和理解,再提出进一步深入的问题;或者操作者向系统提出问题,系统通过识别和推理给予解答,然后反复进行。

(3) DSS 的推理一般有确定型推理和不确定型推理两大类,在半结构化的知识不完全领域,DSS 所面临的大多是不确定型推理。推理所需要的支持环境是知识库系统和数据库系统。

6. 分析比较部分

分析比较部分是要对 DSS 的工作过程和所产生的方案、模型以及运行的结果进行综合分析和比较,以便从中选出用户(决策者)最为满意的方案或解。分析比较部分一般与下列方面有关。

(1) 与具体问题领域的环境有关。一般分析都必须放在特定的条件下才能进行,反映这个特定环境的部分就是数据库中所存的数据和知识库中所存储的知识。

(2) 与用户有关。分析比较一般是通过一定的准则、方法和用户意见来综合进行的,而准则、方法又是由用户制定的,故整个分析比较部分实质上是用户驱动的。它与用户的偏好、学识、价值观、需求等密切相关。

（3）与需求和认识程度有关。用户对求解某一决策问题的需求程度以及他们现阶段对这个问题的认识程度也是影响分析比较方案或结果的重要因素。

7. 问题处理系统

从理论上来说,问题处理系统是整个 DSS 的核心部分,其他各部分都是为问题处理系统服务的。问题处理系统一般处在 DSS 结构的中心环节,与其他各部分组成一个有机联系的整体。问题处理系统的主要功能如下:根据交互式人机会话的结果,识别问题;根据所识别的问题构造出求解问题的模型和方案;根据所构造的模型或方案,联系或匹配所需要的算法、变量、数据等;运行求解系统;根据实际问题、用户要求、评价结果、反馈要求等,修正方案或模型;形成最终问题的解,以支持用户进行决策;提供一种问题描述语言或问题处理语言,以帮助用户更方便地描述问题和构造整个问题处理系统的框架。

8. 控制部分

控制部分是 DSS 的一个内部管理和运行监督机制。它的主要任务是:在 DSS 系统形成之后,确保系统按照原来设计时预定的程序有条不紊地运行。控制部分包括连接和调用系统其他各部分、规定和控制系统各部分运行的程序、开辟系统工作区以及维护和保护系统等。

9. 咨询部分

咨询部分一般是与界面部分紧密相关的,是为用户对系统运行的每一过程或系统运行结果做进一步解释的一种解释系统。例如,在系统运行过程中,系统向用户索要某一方面的信息,如果用户感到不可理解,则可向系统请求咨询(输入 WHY 询问为什么等),这时系统必须通过咨询系统,向用户解释这个信息关系到哪些方面的问题,以及解释它对于求解问题的重要性等。

10. 模拟部分

模拟部分是 DSS 结构中的一种事先模拟系统运行结果的措施,是一个单独的模块。其目的是为系统所构成的问题求解方案创造出一种模拟运行的环境,以便及时地发现方案可能存在的问题和不足,从而尽早地(在实际决策和实施之前)消除它们。

第二节 智能决策支持系统

决策支持系统的应用目前已深入到企业管理、商业、金融、办公及日常生活等各个领域,为经济发展、社会进步做出了重大的贡献。随着应用的发展,决策过程中出现的信息越来越多,也越来越复杂,原先决策支持系统单纯的数值分析方法已远远不能满足决策者的需求。决策过程需要知识,因为知识可以帮助方案的产生。理解问题需要信息,也需要有利用信息理清问题的知识;问题澄清之后,要得出解决问题的不同方案,则主要依靠知识。基于知识的决策支持系统(Knowledge Based Decision Support Systems,KBDSS)又称智能决策支持系统,它既发挥了专家系统以知识推理形式解决定性分析问题的特点,又发挥了决策支持系统以模型计算为核心的解决定量分析问题的特点,充分做到定性分析和定量分析的有机结合,为决策者在决策阶段的全过程提供更加有效的支持,使得解决问题的能力和范围得到一个大的发展。

一、基于专家系统的智能决策支持系统

专家系统的决策支持在于利用专家的知识资源进行推理,达到专家解决实际问题的能力。

知识推理是人工智能的主要技术,它是以定性方式辅助决策。专家系统兴起于20世纪60年代末,到20世纪80年代已经发展很成熟了,应用范围也扩展到各行各业。专家系统已经是人工智能领域中最具有应用价值的技术。

(一)专家系统的基本原理

1. 专家系统概念

专家系统是具有大量专门知识,并能运用这些知识解决特定领域中实际问题的计算机程序系统。这里提到的解决实际问题是利用推理方法。也就是说,专家系统是利用大量的专家知识,运用知识推理的方法解决各特定领域中的实际问题。它使计算机专家系统这样的软件能够达到人类专家解决问题的水平。

2. 专家系统的结构

专家系统的结构是指专家系统各组成部分的构造方法和组织形式。系统结构选择恰当与否,是与专家系统的适用性和有效性密切相关的。选择什么结构最为恰当,要根据系统的应用环境和所执行任务的特点而定。

试图在专家系统中采用专家的两种主要优点建模,即专家的知识和推理。要实现这一点,专家系统必须有两个主要模块,即知识库和推理机。图5-8所示为专家系统的简化结构框图。专家系统将专家的领域知识集中存储在知识库模块中。

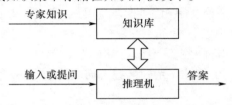

图5-8 专家系统的简化结构框图

知识库是专家系统包含领域知识的部分。工作内存是专家系统包含执行任务时发现的问题事实的部分。推理机是专家系统的知识处理器,它将工作内存中的事实与知识库中的领域知识相匹配,以得出问题的结论。推理机处理工作内存中的事实和知识库中的领域知识,以提取新信息。它搜寻约定与工作内存里的信息之间的匹配规则。当推理机找到匹配时,它就把规则的结论加入到工作内存中,并继续扫描规则,寻求新的匹配。图5-9所示为理想专家系统的结构框图。由于每个专家系统所需要完成的任务和特点不相同,其系统结构也不尽相同,一般只具有图中部分模块。

专家系统的主要组成部分如下:

(1)知识库。知识库用于存储某领域专家系统的专门知识,包括事实、可行操作与规则等。为了建立知识库,要解决知识获取和知识表示问题。知识获取涉及知识工程师如何从专家那里获得专门知识的问题;知识表示则要解决如何用计算机能够理解的形式表达和存储知识的问题。

(2)综合数据库。综合数据库又称为全局数据库或总数据库,它用于存储领域或问题的初始数据和推理过程中得到的中间数据(信息),即被处理对象的一些当前事实。

(3)推理机。推理机用于记忆所采用的规则和控制策略的程序,使整个专家系统能够以逻辑方式协调地工作。推理机能够根据知识进行推理和导出结论,而不是简单地搜索现成的答案。

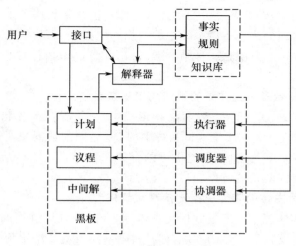

图 5-9 理想专家系统结构框图

(4)解释器。解释器能够向用户解释专家系统的行为,包括解释推理结论的正确性以及系统输出其他候选解的原因。

(5)接口。接口又称界面,它能够使系统与用户进行对话,使用户能够输入必要的数据、提出问题和了解推理过程及推理结果等。系统则通过接口,要求用户回答提问,并回答用户提出的问题,进行必要的解释。

(二)基于专家系统的智能决策支持系统体系结构

基于专家系统的智能决策支持系统充分发挥了专家系统以知识推理形式解决定性分析问题的特点,又发挥了初级阶段决策支持系统的模型计算为核心的解决定量分析问题的特点,充分做到定性分析和定量分析的有机结合,使得解决问题的能力和范围得到较大的发展。

专家系统与决策支持系统的具体集成结构形式如图 5-10 所示。

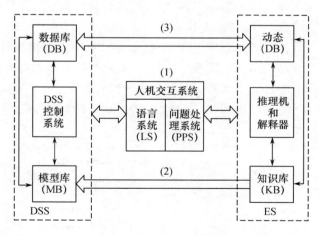

图 5-10 智能决策支持系统集成结构框图

在该智能决策支持系统中,决策支持系统和专家系统的结合主要体现在 3 个方面:一是决策支持系统和专家系统的总体结合,由人机交互系统把决策支持系统和专家系统有机结合起来;二是知识库和模型库的结合。模型库中的数学模型作为知识的一种形式,即过程性知识,加入到知识推理过程中去;三是数据库和动态数据库的结合,决策支持系统中的数据库可以看成是相对静态数据库,它为专家系统中的动态数据库提供初始数据。专家系统推理结束后,动态数据库中的结果再送回到决策支持系统中的数据库中去。

由决策支持系统和专家系统这3种结合形式,也就形成了3种智能决策支持系统的集成形式。

1. 决策支持系统与专家系统并重的智能决策支持系统结构

这种结构形式如图5-11所示。这种结构形式中,决策支持系统和专家系统之间的关系主要是专家系统中的动态DB和决策支持系统中的DB之间的数据交换,即智能决策支持系统中第一种和第三种结合形式为主体,同时也可结合第二种形式。这种结构形式体现了定量分析和定性分析并重的解决问题的特点。

2. 决策支持系统为主体的智能决策支持系统结构

这种集成结构形式体现了以定量分析为主体,结合定性分析解决问题的形式。这种结构中人机交互系统和决策支持系统控制系统合为一体,从决策支持系统角度来看,简化了智能决策支持系统的结构,如图5-12所示。这种结构中,专家系统相当于一类模型,即知识推理模型或称智能模型,它被决策支持系统控制系统所用。

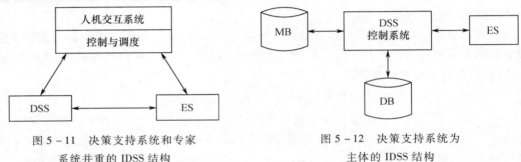

图5-11 决策支持系统和专家系统并重的IDSS结构

图5-12 决策支持系统为主体的IDSS结构

3. 专家系统为主体的智能决策支持系统结构

这种结构形式体现了以定性分析为主体,结合定量分析的特点。这种结构中,人机交互系统和专家系统的推理机合为一体,它从专家系统角度来看简化了IDSS的结构。

(1)决策支持系统作为一种推理机形式出现,受专家系统中的推理机所控制。其结构形式如图5-13所示。这种结构中的推理机是核心,一是对产生式知识的推理是搜索加匹配;二是对数学模型的推理就是对公式的计算。问题的求解体现为推理形式。

(2)数学模型作为一种知识出现,即模型是一种过程性知识,体现了第二种结合形式。其结构形式如图5-14所示。

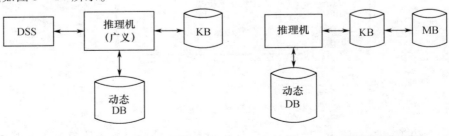

图5-13 决策支持系统作为推理形式的IDSS结构框图

图5-14 模型作为知识的IDSS结构框图

二、基于数据挖掘的智能决策支持系统

（一）数据仓库与数据挖掘

1. 数据仓库

数据仓库的概念始于 20 世纪 80 年代中期，首次出现是在 William H. Inmon 的 *Building the Data Warehouse* 一书中。随着人们对大型数据库系统的研究、管理、维护等方面认识的深入和不断完善，在总结、丰富、集中多年企业信息的经验之后，对数据仓库给出了更为精确的定义，即"数据仓库是在企业管理和决策中面向主题的、集成的、与时间相关的、不可修改的数据集合"。数据仓库实际上是一个"以大型数据管理信息系统为基础的、附加在这个数据库系统之上的、存储了从企业所有业务数据库中获取的综合数据的、并能利用这些综合数据为用户提供经过处理后的有用信息的应用系统"。

数据仓库主要具有以下基本特征。

（1）数据仓库的数据是面向主题的。与传统数据库面向应用进行数据组织的特点相对应，数据仓库中的数据是面向主题进行组织的。主题是一个抽象的概念，是较高层次上企业信息系统中的数据综合、归类并进行分析利用的抽象。在逻辑意义上，它是对应某一宏观分析领域所涉及的分析对象。面向主题的数据组织方式，就是在较高层次上对分析对象的数据的一个完整、一致的描述，能完整、统一地刻画各个分析对象所涉及的企业的各项数据以及数据之间的联系。

（2）数据仓库的数据是集成的。数据仓库的数据是从原有的分散的数据库数据抽取来的。数据仓库的每一个主题所对应的源数据在原有的各分散数据库中有许多重复和不一致的地方，且来源于不同的联机系统的数据都和不同的应用逻辑捆绑在一起。另外，数据仓库中的综合数据不能从原有的数据库系统直接得到。因此，在数据进入数据仓库之前，必然要经过统一与综合，这一步是数据仓库建设中最关键、最复杂的一步，一是要统一源数据中所有矛盾之处，如字段的同名异义、异名同义、单位不统一、字长不一致等，二是进行数据综合和计算。数据仓库中的数据综合工作可以在从原有数据库抽取数据时生成，但许多是在数据仓库内部生成的，即进入数据仓库以后进行综合生成的。

（3）数据仓库的数据是不可更新的。数据仓库的数据主要供决策分析之用，所涉及的数据操作主要是数据查询，一般情况下并不进行修改操作。数据仓库的数据反映的是一段相当长的时间内历史数据的内容，是不同时点的数据库快照的集合，以及基于这些快照进行统计、综合和重组的导出数据，而不是联机处理的数据。数据库中进行联机处理的数据经过集成输入到数据仓库中，一旦数据仓库存放的数据已经超过数据仓库的数据存储期限，这些数据将从当前的数据仓库中删去。因为数据仓库只进行数据查询操作，所以数据仓库管理系统相比数据库管理系统而言要简单得多。数据库管理系统中许多技术难点，如完整性保护、并发控制等，在数据仓库的管理中几乎可以省去。但是由于数据仓库的查询数据量往往很大，所以就对数据查询提出了更高的要求，它要求采用各种复杂的索引技术；同时由于数据仓库面向的是高层管理者，他们会对数据查询的界面友好性和数据表示提出更高的要求。

（4）数据仓库的数据是随时间不断变化的。数据仓库中的数据不可更新是针对应用来说的，也就是说，数据仓库的用户进行分析处理时是不进行数据更新操作的。但并不是说，在从数据集成输入数据仓库开始到最终被删除的整个数据生存周期中，所有的数据仓库数据都是永远不变的。数据仓库的数据是随时间的变化而不断变化的。一是数据仓库随时间变化不断增加新的数据内容。数据仓库系统必须不断捕捉联机分析处理（OLAP）数据库中变化的数

据,追加到数据仓库中去。二是数据仓库随时间变化不断删去旧的数据内容。数据仓库的数据也有存储期限,一旦超过了这一期限,过期数据就要被删除。只是数据仓库内的数据时限要远远长于操作型环境中的数据时限。在操作型环境中一般只保存有 60~90 天的数据,而在数据仓库中则需要保存较长时限的数据(如 5~10 年),以适应决策支持系统(DSS)进行趋势分析的要求。三是数据仓库中包含有大量的综合数据,这些综合数据中很多跟时间有关,如数据经常按照时间段进行综合,或隔一定的时间片进行抽样等。

2. 数据挖掘

数据挖掘(Data Mining)就是从大量的、不完全的、有噪声的、模糊的、随机的数据中,提取隐含在其中的、人们事先不知道的、但又是潜在有用的信息和知识的过程。数据挖掘应该更正确地命名为"从数据中挖掘知识"。

1)数据挖掘的任务与功能

(1)概念描述。概念描述就是对某类对象的内涵进行描述,并概括这类对象的有关特征。具体的描述分为特征性描述和区别性描述。前者描述某类对象的共同特征,后者描述不同类对象之间的区别。

(2)关联分析。数据关联是数据中存在的一类重要的可被发现的知识,若两个或多个变量间存在着某种规律性,就称为关联。关联可分为简单关联、时序关联、因果关联。关联分析就是从大量的数据中发现项集之间有趣的联系、相关关系或因果结构以及项集的频繁模式。

(3)分类与预测。分类是数据挖掘中的一项非常重要的任务。分类的目的是提出一个分类函数或者分类模型,该模型能把数据库中的数据项映射到给定类别中的一个。预测是利用历史数据建立模型,再运用最新数据作为输入值,获得未来变化的趋势或者评估给定样本可能具有的属性值或值的范围。

(4)聚类分析。聚类是根据数据的不同特征,将其划分为不同的数据类。它的目的是使得属于同一类别的个体之间的距离尽可能小,而不同类别上的个体间的距离尽可能大。聚类与分类的区别:分类需要预先定义类别和训练样本,而聚类分析直接面向源数据,没有预先定义好的类别和训练样本,所有记录都根据彼此相似程度来加以归类。

(5)偏差分析。偏差分析又称为比较分析,它是对差异和极端特例的描述,揭示事物偏离常规的异常现象,其基本思想是寻找观测结果与参照值之间有意义的差别。偏差包括分类中的反常实例、不满足规则的特例、观测结果与模型预测值的偏差量值随时间的变化等。

2)数据挖掘方法与技术

(1)聚类分析方法。聚类分析方法是一个比较活跃的数据挖掘研究领域,源于统计学、生物学以及机器学习等。聚类生成的组叫簇,簇是数据对象的集合。聚类分析的过程就是使同一个簇内的任意两个对象之间具有较高的相似性,不同簇的两个对象之间具有较高的相异性。用于数据挖掘的聚类分析方法有划分的方法、层次的方法、基于密度的方法、基于网格的方法和基于模型的方法等。

(2)决策树方法。决策树主要应用于分类和预测,提供了一种展示类似在什么条件下会得到什么值这类规则的方法。决策树的基本组成包含决策节点、分支和叶子,顶部的节点称为"根",末梢的节点称为"叶子"。建立决策树的过程,即树的生长过程是不断地把数据进行切分的过程,每次切分对应一个问题,也对应着一个节点。对每个切分都要求分成的组之间的"差异"最大。各种决策树算法之间的主要区别就是对这个"差异"衡量方式的区别。

(3)人工神经网络方法。人工神经网络是一类比较新的计算模型,它是模仿人脑神经网络的结构和某些工作机制而建立的一种计算模型。这种计算模型的特点是利用大量的简单计算单元(即神经元)连成网络,来实现大规模并行计算。神经网络的工作机理是通过学习,来改变神经元之间的连接强度。由于人工神经网络具有自我组织和自我学习等特点,能解决许多其他方法难以解决的问题,因此得到较普遍的应用。人工神经网络方法主要有前馈式网络、反馈式网络和自组织网络。

(4) 粗糙集。粗糙集是一种处理不确定、不完备数据和不精确问题的新的数学理论。粗糙集理论建立在分类机制的基础上,将知识理解为对数据的划分,并引入上近似和下近似等概念来刻画知识的不确定性和模糊性。模糊集和概率统计方法是处理不确定信息的常用方法,但这些方法需要一些数据的附加信息或先验知识,如模糊隶属函数和概率分布等,这些信息有时并不容易得到。粗糙集分析方法仅利用数据本身提供的信息,无需任何先验知识。

(5) 关联规则挖掘。关联规则挖掘是数据挖掘中最活跃的研究方法之一。最初的动机是针对购物篮分析问题提出的,其目的是发现交易数据库中不同商品(项)之间的联系。这些规则找出顾客购买行为模式,如购买了某一商品对购买其他商品的影响。发现这样的规则可以应用于商品货架设计、货存安排以及根据购买模式对用户进行分类。之后,关联规则挖掘在其他领域也得到了广泛讨论。关联规则的基本思想:一是找到所有支持度大于最小支持度的频繁项集,即频集;二是使用第一步找到的频集产生期望的规则。其核心方法是基于频集理论的递推方法。关联规则挖掘的主要算法包含关联发现、序列模式发现和类似的时序发现等。

(6) 统计分析方法。统计方法是从事物的外在数量上的表现去推断该事物可能的规律。科学的规律性一般总是隐藏得比较深,最初总是从其数量表现上通过统计分析看出一些线索,然后提出一定的假说或学说,作进一步深入的理论研究。当理论研究提出一定的结论时,往往还需要在实践中加以验证。就是说,观测一些自然现象或专门安排的试验所得资料,是否与理论相符、在多大程度上相符、偏离可能是朝哪个方向等问题,都需要用到统计分析方法。常见的统计分析方法有回归分析(多元回归、自回归)、判别分析(贝叶斯判别、费歇尔判别、非参数判别)以及探索性分析(主元分析、相关分析)等。

3. 数据仓库与数据挖掘的关系

数据挖掘和数据仓库作为决策支持新技术,在近10年来得到迅速发展。作为数据挖掘对象,数据仓库技术的产生和发展为数据挖掘技术开辟了新的战场,同时也提出了新的要求和挑战。数据仓库和数据挖掘是相互结合起来一起发展的,二者是相互影响、相互促进的。

(1) 数据仓库为数据挖掘提供了更好的、更广泛的数据源。数据仓库中集成和存储着来自异质的信息源的数据,而这些信息源本身就可能是一个规模庞大的数据库。同时数据仓库存储了大量长时间的历史数据(5~10年),这使得我们可以进行数据长期趋势的分析,为决策者的长期决策行为提供了支持。数据仓库中数据在时间轴上的纵深性是数据挖掘不能回避的又一个新难点。

(2) 数据仓库为数据挖掘提供了新的支持平台。数据仓库的发展不仅仅是为数据挖掘开辟了新的空间,更对数据挖掘技术提出了更高的要求。数据仓库的体系结构努力保证查询和分析的实时性。数据仓库一般设计成只读方式,数据仓库的更新由专门的一套机制保证。数据仓库对查询的强大支持使数据挖掘效率更高,挖掘过程可以做到实时交互,使决策者的思维保持连续,有可能挖掘出更深入、更有价值的知识。

(3) 数据仓库为更好地使用数据挖掘工具提供了方便。数据仓库的建立,充分考虑数据挖掘的要求。用户可以通过数据仓库服务器得到所需的数据,形成中间数据库,利用数据挖方法进行挖掘,获得知识。数据仓库为数据挖掘集成了企业内各部门的全面的、综合的数据,数据挖掘要面对的是关系更复杂的企业全局模式的知识发展。而且,数据仓库机制大大降低了数据挖掘的障碍,一般进行数据挖掘要花大量的精力在数据准备阶段。数据仓库中的数据已经被充分收集起来,进行了整理、合并,并且有些还进行了初步的分析处理。这样,数据挖掘的注意力能够更集中于核心处理阶段。另外,数据仓库中对数据不同粒度的集成和综合,更有效地支持了多层次、多种知识的挖掘。

(4)数据挖掘为数据仓库提供了更好的决策支持。企业领导的决策要求系统能够提供更高层次的决策辅助信息,从这一点上讲,基于数据仓库的数据挖掘能更好地满足战略决策的要求。数据挖掘对数据仓库中的数据进行模式抽取和发现知识,这些正是数据仓库所不能提供的。

(5)数据挖掘对数据仓库的数据组织提出了更高的要求。数据仓库作为数据挖掘的对象,要为数据挖掘提供更多、更好的数据。其数据的设计、组织都要考虑到数据挖掘的一些要求。

(6)数据挖掘还为数据仓库提供了广泛的技术支持。数据挖掘的可视化技术、统计分析技术等都为数据仓库提供了强有力的技术支持。

总之,数据仓库在纵向和横向都为数据挖掘额提供了更广阔的活动空间。数据仓库完成数据的收集、集成、存储、管理等工作,数据挖掘面对的是经过初步加工的数据,使得数据挖掘能更专注于知识的发现。又由于数据仓库所具有的新特点,对数据挖掘技术提出了更高的要求。另外,数据挖掘为数据仓库提供了更好的决策支持,同时促进了数据仓库技术的发展。可以说,数据挖掘和数据仓库技术要充分发挥潜力,就必须结合起来。

(二)基于数据挖掘的挖掘决策支持系统结构

数据挖掘、数据仓库、联机分析处理都是决策支持新技术,但它们有着完全不同的辅助决策方式。数据仓库中存储着大量辅助决策的数据,它为不同的用户随时提供各种辅助决策的随机查询、综合数据或趋势分析信息。联机分析处理提供了多维数据分析,进行切片、切块、钻取等多种分析手段。数据挖掘是挖掘数据中隐含的信息和知识,让用户在进行决策中使用。数据仓库、联机分析处理和数据挖掘可以结合起来。在数据仓库系统的前端分析工具中,多维数据分析与数据挖掘是其中的重要工具。它可以帮助决策用户进行多维数据分析和挖掘出数据仓库的数据中隐含的规律性。

数据挖掘可以用于数据仓库,也可以直接用于数据库,即它可以用于数据仓库的海量数据,也可以用于事务处理的操作数据。结合联机分析处理、数据仓库和数据挖掘形成了基于数据仓库的决策支持系统,其结构框图如图 5-15 所示。

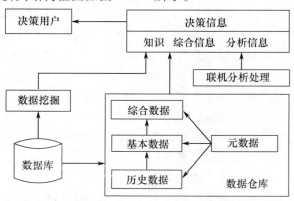

图 5-15 基于数据挖掘的智能决策支持系统结构框图

三、数据挖掘在弹药保障中的应用

(一)弹药保障数据分析

弹药保障中各种数据主要是由部队仓库和后方仓库逐级汇总至相关机关业务部门,各业务数据按照业务关系分别流向各主管参谋,综合数据流向主管首长。各业务参谋根据所得数据,提出意见或建议,以报表或军用文书的形式提供给首长,供首长进行决策,决策后的数据以文件的形式上传或下达。从纵向来看,部队仓库后方仓库主要负责数据的收集,对它们的要求是数据必须准确、及时、规范。根据获取的数据和上级的有关文件做出相应的决策。数据处理主要集中于相关机关业务部门通过数据处理获取及时、准确、全面的数据做出决策。

弹药保障中数据一般为3类,即静态数据、动态数据和分析数据。静态数据就是那些不经常变化的基本数据;动态数据就是一些经常变化的数据;分析数据则是用户需要预算、分析的数据,这类数据为领导机构提供决策依据。

1. 弹药的静态数据

主要包括与弹药相关的基本情况及标准,具体如下:

(1) 弹药基本数据。
(2) 人员数据。
(3) 保障设备情况。
(4) 库房数据。
(5) 弹药元件数据。
(6) 交通情况数据。
(7) 弹药运输工具数据。
(8) 库房水电、安全情况数据。
(9) 弹药共储原则数据。
(10) 弹药使用限定数据。
(11) 武器配套弹药基数标准。
(12) 弹药技术检查评定标准。
(13) 弹药部队射击试验评定标准。

2. 弹药的动态数据

主要包括与弹药运输、出入库、存储、调拨等数据,具体如下:

(1) 弹药调拨数据。
(2) 弹药申请保障计划数据。
(3) 弹药中转计划数据。
(4) 弹药中转入库数据。
(5) 弹药出库数据。
(6) 弹药技术检查数据。
(7) 库房检查登记数据。
(8) 库房温湿度登记数据。
(9) 库房账目数据。

（10）弹药保障人员出入数据。

（11）弹药发射检测数据。

（12）弹药部队射击试验数据。

3. 弹药的分析数据

主要包括与弹药调拨、消耗等数据，具体如下：

（1）弹药调拨计划分析数据。

（2）弹药消耗数据。

（3）弹药中转计划分析数据。

（4）弹药存储条件分析数据。

（5）弹药质量监控条件的设定数据。

（6）弹药运输路线选择数据。

（7）弹药库房选址数据。

（8）弹药数量质量变化数据。

以上的数据基本反映了弹药保障中的数据涉及范围，它们是数据挖掘的数据源，它们的确定将决定挖掘结果如何。对于我军弹药保障的整个过程，主要有筹措、存储、补充、管理、处废等组成部分。

（二）弹药保障数据挖掘典型应用

针对以上我军弹药保障中数据的分析，挖掘任务主要应用于以下几个方面。

1. 弹药消耗

作战过程中每天要统计上报弹药消耗，而且根据弹药消耗的多少，适时补充弹药确保作战需要，不能因为弹药补给不及时而影响战斗的胜利。一次战斗储备多少弹药合适？弹药储备不足会影响战斗的进程，甚至贻误战机。但弹药储存过多，也会给部队机动带来困难，或造成重大的人力、物力浪费等。弹药消耗预计可通过总结以往作战弹药消耗情况，从中找出一般的规律，并根据未来作战弹药消耗的特点，采用现代的科学预测方法，预计消耗量，从而为拟制弹药储备计划和弹药保障计划提供科学的依据，增强保障的计划性和主动性。弹药消耗是一个复杂的问题，对于各种战斗来说，影响弹药消耗的因素很多，如战斗类型、作战样式、战斗持续时间、参战兵力兵器数量、武器技术性能、战术的运用以及敌人的兵力兵器情况、自然地理条件等因素都对弹药消耗产生影响。

在数据挖掘中，关于预测的典型方法是回归分析，即利用大量的历史数据，以时间变量建立线性或非线性回归方程。预测时，只要输入任意的时间值，通过回归方程就可以求出该时间的状态。近年来，新发展起来的神经网络方法，这种方法经实践验证更为精确。分类和回归虽然也能进行预测，但分类一般用于离散数值；回归预测则用于连续数值。神经网络既可用于连续数值，也可用于离散数值。

借助数据挖掘的关联模式发现技术，得到各个因素的支持度和置信度，就可以清楚地知道各个因素对弹药消耗影响的大小。借用平时作战训练消耗的弹药和作战仿真的大量数据来预测存储结构的比例，从而验证比例是否合理。还可以根据影响储备结构的主要因素战争的规模和强度、武器装备的变化、战场区域地理环境和作战的模式、军事战略方针、敌方武器装备的配备相关记录等进行挖掘预测。

2. 弹药仓库布局

经过30多年的建设,我军后方仓库具有了一定的规模,基本上满足了要求。但是对于高技术局部战争还存在不少的问题:仓库偏僻,交通不便;点多面广,储备分散;条块分割,自成体系。随着信息化战争的到来,这些问题越来越突出,它们直接影响了我军弹药保障的快速性、机动性和联合性。影响弹药库布局的因素很多,大致有以下几个。

(1)装备保障部署。弹药储备布局,是装备保障部署的组成部分。而装备保障部署是以适应作战需要为前提,根据作战类别、作战样式和指挥员对装备保障的要求来进行的。因此,只有与装备保障部署保持一致,构成按方向、有重点、纵深梯次、前后衔接、左右相连的储备布局网络,才能适应部队作战部署的需要,保证有效地对部队实施弹药供应。

(2)安全因素。弹药储备布局必须考虑安全因素,一般来说仍可认为,远离前线的弹药储备布局更安全,只不过,为了快速进行弹药供应,要求弹药储备布局靠前,从而两者之间存在一个权衡。弹药库应尽量选择在山区或隐蔽条件好的丘陵地带,在满足后勤部署要求、保证及时供应的前提下,应避开大中型城市、大型工矿基地,重要交通枢纽、大中型水库、大型桥梁、有开采价值的矿藏区、地震烈度在九度以上的地震区、受国家保护的名胜古迹和其他遭空袭的目标。

(3)运输方式。战时,运输的物资,不仅有弹药,还有军需、油料等物资,运输量大,运力将是弹药储备布局时必须考虑的一个因素,应该根据我军运力的实际情况,确定弹药储备布局靠前的程度。战时军械物资(包括弹药)运输方式有铁路、公路、水路、航空、人力畜力等,目前,我军仍以铁路运输和汽车运输为主。

(4)交通道路。我军军械物资(包括弹药)运输方式以铁路运输和汽车运输为主,因此军械物资(包括弹药)的运输在很大程度上将依赖于交通道路的状况,弹药储备布局必须考虑运输问题,以便弹药前送的交通道路状况良好。弹药库除了应该有良好的库区道路以外,既要有路况良好的公路相通,更要靠近铁路支线,并与铁路干线保持一定安全距离,便于快速前送弹药,进行弹药供应。

因此,根据影响弹药仓库布局的因素军事战略布置、交通运输条件、地理条件和其他建立弹药仓库的特殊条件等,来挖掘它们和弹药仓库之间选址点的关联。也可对现有仓库的位置进行挖掘,分别对近些年来各个弹药库的弹药质量变化进行分析,综合其他因素,发掘较适合建立弹药仓库的地方,进行弹药仓储规模扩大。

3. 弹药存储

弹药保障中跟弹药存储密切相关的主要是弹药存储质量、弹药存储结构和弹药存储原则3个方面。

(1)弹药的存储质量。如何最大限度地提高弹药的存储年限,延长弹药的寿命,是各级弹药管理部门十分关注的问题。弹药装药各种成分的含量及其自身的安定性,只有在合适的温湿度环境之中才能维持。影响库存弹药质量变化的客观因素除了温湿度以外,还有其他一些因素,如密封状况、雨季的长短、空气的酸碱度等也可作为模糊评判因素的一部分。

(2)弹药的储备结构。由于各类弹药在战时发挥功能不同、用途不同,作战时的消耗也不一样。科学地构建弹药的储备结构,对于高效经济地实施弹药保障具有重要意义。按储备的性质和用途来划分,弹药的储备分战略储备、战役储备、战术储备三级,要以恰当的比例结合才比较合理,按照弹药的种类划分,弹药分轻、压、反、高、导五大类,如何根据不同任务确定五类弹药的储备结构,是首长机关十分关注的问题。

（3）弹药存储原则。弹药的品种繁多,各类弹药的技术安全性能差异较大,如何合理地将弹药存放在各个库房中,既能保证安全,又便于管理和接收发出,这是弹药仓库管理中需要解决的首要问题。

在弹药存储中,可以应用以下数据挖掘方法。

（1）公式发现。在弹药仓库的防潮降湿工作中,通过观测、登记、查算后获得库内温湿度值。通过数据挖掘技术来分析库内库外温湿度的变化规律,发掘弹药质量变化和温湿度之间的必然联系,用公式进行描述,从而可以有效地把握库房通风、密闭的最佳时机,提高库房通风、密闭效果,达到控制库房温湿度,不使超标的目的。

（2）聚类。弹药质量的变化会导致弹药的一些故障的出现,运用聚类算法对这些故障进行聚类,发现故障的具体类别,从而分析故障产生的原因。

（3）分类。弹药质量分为四等六级：新品、堪用品、待修品、废品四等,在四等的基础上,将堪用品分为堪一、堪二两级,待修品分为待一、待二两级。库存弹药质量评判因素,一般是弹药的战术技术指标,如感度、猛度、发火率、解除保险时间、延期时间等。按照分类算法对这些指标进行分类,预测弹药的将来的质量等级。确定更为合理的弹药质量划分方法。

（4）偏差检测。对弹药数据库中的异常数据进行检测。偏差检测的数据模式有极值点、断点、拐点、零点和边界等不同的偏差对象。偏差包括的规则知识有分类中的反常实例、模式的例外、观察结果对模型预测的偏差、量值随时间的变化等。

4. 数据挖掘在弹药保障其他相关问题的应用

（1）弹药的运输。通过数据挖掘技术对往年的运输进行分析,挖掘出运输的规律,对于安排运输计划是很有帮助的。根据交通运输状况,即路况、运输能力、运送时间、运输成本、运输工具、弹药保障等挖掘最佳路线、最佳运输工具等。

（2）抽样调查。抽样调查是弹药质量监控中一种常用的方法,用以判断库内全部弹药是否变质。对于数量和质量来说,任何质量都表现为一定的数量,没有数量也就没有质量。对于情况和问题一定要注意到它们的数量方面,要有基本的数量分析,注意决定事务质量的数量界限。将数据挖掘应用于抽样调查,可以对这个数量界限进行确定。

（3）弹药处理。从弹药处理数据中挖掘出常见的故障,并对其进行分类,深度挖掘产生故障的原因,所存放弹药的仓库的不利条件,从而采取预防措施。

第三节 弹药储运装载管理决策支持系统

"弹药储运装载管理决策支持系统"是全军配发的一套用于弹药储运装载管理的决策支持平台。该系统的应用解决了弹药储运装载管理决策中存在的实际问题,提高了弹药储运装载管理决策的科学化、规范化和自动化水平。

一、系统概述

（一）系统基本特点

弹药储运装载管理决策支持系统是遵循我军弹药管理正规化、信息化建设和战时快速保障的总体要求,紧密结合弹药储运管理工作的业务需求研制的。系统的基本特点主要体现在以下几个方面。

（1）系统对弹药储运管理工作中的核心业务所需的信息进行了总体数据规划,专题研究了法规制度应用、弹药储运分组、防爆安全距离和弹药编码,构建了弹药储运装载管理决策信息资源库,解决了管理决策资源匮乏和信息分散问题。

（2）针对弹药储运装载安全保障的客观要求,采取在程序中嵌入了弹药储运分组、堆积高度、堆积方式、装载方向、装载限重和限容等限定条件的决策方法,贯彻落实了弹药储运装载的安全技术和管理规定,可有效地防止储运装载事故的发生。

（3）依据管理决策要求,构建了限定条件的弹药库房储存模型、野战储存模型和运输决策模型；基于决策资源和决策模型研究成果,开发了弹药、运输工具等数据库,开发了弹药运输装载决策、库房弹药储存决策、野战弹药储存决策、弹药基数换算等决策功能模块,解决了弹药储运装载管理决策的科学性、快速性、安全性和实用性的相关性和融合性问题,主体功能覆盖了弹药储运装载管理决策的业务范围,适用于平时和战时条件下多种储存模式和多种运载方式的弹药储运装载管理决策。

（4）软件系统实现了综合优化决策,决策结果打印输出,三维图形显示,数据管理、查询、维护,系统和数据保密等功能,决策快速准确,决策结果安全可靠性,操作维护简便。

（二）系统结构组成

系统由六大模块构成,分别为数据管理、管理决策、数据查询、打印、系统管理和帮助模块。

1. 数据管理模块

数据管理模块可以实现弹药、配套武器、运输工具和弹药封套及盖布相关数据的管理与维护。主要包括弹药详细数据维护、武器与基数标准数据维护、武器弹药编配数据维护、相关法规文件维护等功能。

2. 管理决策模块

其主要包括4个功能模块,具体如下：

（1）弹药运输决策。可以按弹药批次选择要运输的弹药及数量,根据不同的运输工具,系统会根据运输工具的型号及运输参数,并结合相应的业务规则,进行运输决策。

（2）库房弹药储存决策。包括地面库和洞库两种储存方式。用户可以选择要存储的弹药及数量,系统会根据用户所选择的储存方式和弹药数据,结合业务规则进行计算决策。

（3）野战弹药储存决策。覆盖物可以选择封套或者盖布。具有计算决策、打印弹药清单、打印决策结果等功能,能够显示单垛的整垛或堆垛效果图。

（4）弹药基数计算。用户根据维护好的武器数量与基数标准表,可根据配置比例计算出相应的弹药数量。

3. 数据查询模块

该模块可以实现弹药数据查询、相关法规文件查询、浏览弹药数据、浏览运输工具数据、浏览弹药类别数据、浏览弹药历史数据等功能。

4. "打印"模块

其包括两个功能模块,即打印弹药数据和打印运输工具信息。打印弹药数据,为用户提供了多种方式选定要打印的数据,可以通过单选、多选或者模糊添加的方式选择要打印的数据。可以对选定的数据进行增加、修改或删除。打印结果会输出到 Word 字处理软件中,用户可以对数据进行二次编辑。打印运输工具信息,用户可以通过多种方式选择要打印的数据,功能与打印弹药数据基本相同。

5. 系统管理模块

系统管理模块主要功能有系统数据库备份、系统数据库更新、更改密码、退出系统等。

6. 系统帮助模块

系统使用帮助提供了 CHM 格式的帮助文件,供用户查阅和使用,在进行系统操作时可以随时查阅和参考。用户手册中的绝大多数内容在帮助文件中都可以查阅到。

（三）系统运行环境

该系统对计算机硬件的要求不高,在当前一般的主流计算机上皆可顺畅运行。系统运行于中文 Windows XP/Windows 7 操作系统平台上,为实现系统中的三维显示、动态演示等功能,系统运行环境需安装 Office 2000 以上安装包中的 Microsoft Word、Microsoft Access 和 Windows Media Player 7.0 以上版本软件。

二、系统主要功能

1. 数据管理

弹药及其相关的详细描述数据是实现装载、储存决策的基础。数据管理主要包括弹药基本数据、字典数据库、运输工具相关数据以及其他相关数据的增加、修改、删除等操作。为了提高系统的安全性,进入数据管理界面必须输入数据管理员密码。当数据管理员密码被确认后,系统将默认当前用户为系统管理员。可以进行数据管理的操作,直到关闭系统。

2. 弹药运输储存决策

弹药运输储存决策包括 4 个功能模块,分别是弹药运输决策、库房弹药储存决策、野战弹药储存决策和弹药基数计算。其中库房弹药储存又分为地面库和洞库两种方式。用户可以选择多种弹药或者一种弹药的多种批次的数量后,选择储运方式,系统会根据弹药储运的业务规则,计算出储运方案,并给出整车、零头车、整垛的三维储运示意图。同时可以打印储运方案、进行数据归档以及对数据进行对账处理等。

3. 数据查询浏览

数据查询浏览主要提供了一些重要基础数据的查询和浏览,便于用户检查数据的准确性以及了解自己的数据环境。数据查询浏览包括弹药详细数据查询、相关法规文件查询、浏览弹药数据、查看弹药类别编码数据、浏览运输工具数据、浏览弹药历史数据等功能,并且系统提供了不同的查询方式,便于用户进行查询。

思考与练习

1. 简述决策支持系统的特点和功能。
2. 简述专家系统的基本原理。
3. 数据挖掘的任务与功能有哪些?
4. 弹药保障数据挖掘典型应用有哪些?
5. 弹药储运装载管理决策支持系统的基本特点有哪些?

第六章 弹药仓库环境监控信息技术

弹药仓库的管理是一项复杂的系统工程,其核心工作基本可归结为库内物资管理、库房环境控制、库区安全监控3个方面。这3项工作分别保障了装备物资的数量准确、质量可靠、储存安全。本章针对库房环境控制、库区安全监控方面,主要介绍库房温湿度监控、消防安全监控和安防监控等监测控制相关信息技术。

第一节 概 述

一、弹药仓库环境监控主要内容

(一)储存环境影响要素分析

影响弹药仓库储存环境的因素有很多,概括起来主要有以下两个方面。

1. 自然环境

自然环境包括温度、湿度、大气、光照、射线、生物、微生物、锈蚀、虫害、洪水、静电、雷电、火灾、电气设备、机械设备等。自然环境因素中,温湿度的影响最为显著。弹药在仓库储存状态下,影响其质量变化的最主要因素是温度和湿度,高温环境使弹药装药加速分解,使高分子制品老化、电子元件失效,降低弹药的储存寿命。高湿环境会导致金属制品发生腐蚀,火炸药制品性能下降,纺织和皮毛制品发生霉烂,光学仪器生霉、生雾或开胶,电子元器件失效,高分子制品老化等。湿度除对弹药的金属腐蚀起直接作用外,与霉变还有着密切的关系。某些金属部件封存常用的防锈油等有机材料是微生物生长繁殖的营养源,温湿度条件适宜时,霉菌就会在金属部件上大量繁殖。霉菌在生长过程中产生出的水解霉、有机酸等有害物质会直接或间接地腐蚀这些金属部件。为防止金属腐蚀等温湿度作用效应对装备质量的影响,军械仓库库房一般要求温度不超过30℃,相对湿度不超过70%,"三七线"是弹药仓库管理的一项重要内容。

2. 社会环境

社会环境是指安全管理过程中,所处时间、地域的政治、经济、治安状况对仓库安全构成的威胁。如弹药管理过程中,可能发生犯罪分子盗窃、抢劫、人为破坏案件,这些就可归结为社会环境因素构成的危险。

(二)环境监控的主要内容

弹药仓库管理核心有两个,一是质量,二是安全。对于库存弹药,质量管理主要是进行温湿度有效控制。目前仓库温湿度的检测,主要通过仓库保管人员进行巡检,沿用传统的方法即通过干湿度表、毛发湿度计、双金属式测量计和湿度试纸等测试器材进行人工检测,并结合经验视情做出处理。这就存在如监测不及时、处理不妥当、维护保养差、人为因素多等一系列问题,与弹药仓库信息化管理不相适应,采用科学的方法、先进的设备,对其进行自动化的监测与控制,使物资储存环境条件达到最佳状态,这是仓库信息化的基本要求。

仓库的安全问题可归结为3个方面,即人的不安全行为、物的不安全状态及环境的不安全条件。同时,这些危险因素并不是孤立的,它们相互之间往往具有密切的联系,仓库安全管理事故大都是两种或两种以上危险因素共同作用而引起的。因此,要防止安全管理事故的发生,必须完善相应的安全监控手段,全面掌握各种危险因素的状态水平。

考虑到弹药仓库的地域特点和弹药本身特性,弹药仓库自动化、信息化监控方面主要体现在3个方面,一是库房温湿度监控,二是弹药仓库的消防安全监控,三是弹药仓库安防监控。本章主要学习涉及库房温湿度监控、消防安全监控和安防监控的信息技术。

二、环境监控系统的原理与组成

(一)基本原理

环境监控是一门综合性的技术,它是计算机技术(包括软件技术、接口技术、通信技术、网络技术和显示技术)、自动控制技术、自动检测和传感技术的综合应用。

环境监控的基本原理就是利用传感装置将监控环境中被监控对象中的物理参量(如温度、压力、流量、速度)转换为电量(如电压、电流),再将这些代表实际物理参量的电量送入控制器中转换为计算机可识别的数字量,控制器中的应用软件根据采集到的物理参量的大小和变化情况以及按照程序所要求该物理量的设定值进行判断,然后在输出装置中输出相应的电信号,并且推动执行装置(如空调机、通风机、灭火装置、报警器)动作,从而完成相应的控制任务。同时,监控参量通过通信系统在计算机的相关软件的控制下以数字、图形或曲线的方式显示出来,从而使得操作人员能够直观而迅速地了解被监控对象的变化过程。此外,计算机还可以将采集到的数据存储起来,随时进行分析、统计和显示并制作各种报表等。环境监控的基本原理框图如图6-1所示。

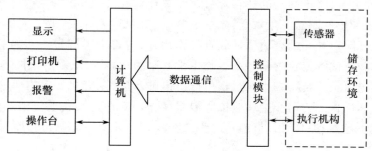

图6-1 环境监控的基本原理框图

(二)系统组成

监控系统分为硬件和软件两个部分,硬件主要由传感器、变送器、控制器、输入/输出装置、数据传输装置、执行机构和计算机等部分组成。软件主要分为系统软件、开发软件和应用软件等。

对于不同的监控系统来说,也许形态各异,但功能构成上一般均由4个模块组成,分别为采集转换模块、数据处理模块(下位机)、数据通信模块和管理控制模块(上位机)。如果把整个监控系统看作一个人的话,那么采集转换模块就像人的眼睛、耳朵、鼻子、皮肤一样,用来感觉整个环境的变化,并将环境的某种参数进行采集、记录。数据处理模块与传感器相连,获取传感器数据并进行处理。数据通信模块就像人的神经脉络,主要作用是将传感器采集的数据由下位机传到控制管理模块(上位机),同时将控制管理所发出的指令传到控制器,使相应环境控制设备工作改善储存环境条件。管理控制模块的主要作用是对整个监控系统进行管理控制,并将数据进行存档、处理。

1. 采集转换模块

采集转换模块中核心构件是传感器,传感器是一种能感受被测量并按照一定的规律转换成可用输出信号的器件或装置。传感器一般由敏感元件和转换元件组成,敏感元件是指传感器中能直接感受或者响应与检出被测对象的待测信息或非电量的部分,转换元件是指传感器中能将敏感元件所感受或者响应出的信息直接转换成电信号的部分。在环境监控中,采集转换模块起着至关重要的作用,例如,在库房温湿度监控中,感受环境变化的是温湿度传感器;在消防安全监控中,主要应用感烟、感温、感光等传感器采集火灾发生时所产生的烟雾、温度升高和火焰,从而发出报警信号。弹药仓库的安防监控也应用各式各样的传感器来采集环境中要监控的信号,视频监控中前端设备摄像机的基本构成也是 CCD 图像传感器。采集转换模块的主要作用通过传感器采集环境中被控对象的参数变化,将采集变量进行放大、调整、模数转换等适当变换后传送数据处理模块。

2. 数据处理模块

数据处理模块又称为下位机,是经 A/D 转换直接与传感器相连并获取传感器数据的计算机,一般由可编程逻辑控制器和单片机组成。

可编程序逻辑控制器(Programmable Logic Controller,PLC)是一种专门为工业环境应用而设计的数字运算操作的电子系统,它采用可编程序的存储器,用来存储用户指令,通过数字或模拟的输入/输出,完成确定的逻辑、顺序、定时、计数、运算等功能,来控制各种类型的机械或生产过程。PLC 在环境监测监控系统中得到广泛应用。主要有以下特点,一是可靠性高、抗干扰能力强,能适应各种恶劣的环境,PLC 采用了光电耦合隔离及各种滤波方法,有效地防止了干扰信号的进入。内部采用电磁屏蔽,防止辐射干扰。电源使用开关电源,防止了从电源引入干扰。具有良好的自诊断功能。对使用的元器件进行了严格的筛选和老化且设计时就留有充分的余地,充分地保证了元器件的可靠性。二是采用模块化结构,系统组成灵活方便,PLC 一般由主模块(包含 CPU 的模块)、电源、各种输入/输出模块构成,并可根据需要配备通信模块或远程 I/O 模块。模块间的可通过机架底座或电缆来连接,因而十分方便。三是主要采用梯形逻辑图,编程简单、易学、易懂。四是安装简便、调试方便、维护工作量小。在计算机监控系统中,计算机作为上位机可以提供良好的人机界面,进行全系统的监控和管理,而 PLC 作为下位机,执行可靠、有效的分散控制,计算机与 PLC,PLC 与 PLC 之间通过通信网络实现信息的传送和交换,所有的现场控制都是由 PLC 完成的,上位机只是进行程序编制、参数设定和修改、数据采集使用,即使上位机出了故障,监控系统还能正常运行,提高了系统的可靠性。

单片机是一种集成电路芯片,它采用超大规模技术把具有数据处理能力(如算术运算、逻辑运算、数据传送、中断处理)的微处理器、随机存取数据存储器(RAM)、只读程序存储器(ROM)、输入/输出接口电路(I/O 接口),甚至还包括定时器/计数器、串行通信口、显示驱动电路(LCD 或 LED 驱动电路)、脉宽调制电路(PWM)、模拟多路转换器及 A/D 转换器等电路集成到一块芯片上,构成一个小巧且完善的计算机系统。这些电路能在软件的控制下准确、迅速、高效地完成程序设计者事先规定的任务。单片机控制系统能够取代以前利用复杂电子线路或数字电路构成的控制系统,可以用软件控制来实现,并能够实现智能化,在计算机监控中也有广泛的应用。

3. 数据通信模块

数据通信模块的主要作用是将传感器采集的数据由下位机传到控制管理模块(上位机),同时将控制管理所发出的指令传到控制器,使执行机构做出相应动作改善环境条件。

对于弹药仓库来说,因为最小防爆距离的要求,库房相对分散,库区面积大,同时,弹药仓库一般处于山区,自然条件相对恶劣,因此安全、可靠的通信模块在监控上起着至关重要的作用。

在仓库数据通信中,常用的传输介质分为有线介质和无线介质,有线介质分别为同轴电缆、双绞线和光纤等,无线介质有无线电、微波、红外、激光和卫星等。

4. 管理控制模块

管理控制模块又称为上位机,一般采用高性能的工控机或PC,其主要负责对整个监控系统进行控制和管理,对监控信息进行显示、记录、报警处理,并执行各项管理功能。主要由计算机硬件和监控管理软件构成。

三、监控系统集成与数据融合

随着目前部队信息化水平的不断提高,全军仓库建立了多种多样的监控系统,但存在一个重要的问题是缺乏统一规划和统一标准,一般是功能单一、通用性较差、升级改造能力差,由于技术的进步,投入大量资金,建立一个监控系统往往用了一段时间后就完全废除,又重新投资建设新的系统,其主要原因就是标准化问题,因此,目前监控系统的各个组成部分逐步走向标准化,有了统一的标准,升级改造也就容易、方便。另外,数字化、智能化是自动监控的发展方向。

环境监控集成主要运用数据融合技术对各传感器所采集数据进行处理。数据融合一词最早出现在20世纪70年代末期。随着传感器技术的迅速发展,尤其在军事指挥系统中对提高综合作战能力的迫切要求,使其得到了长足的发展。数据融合是针对一个系统中使用多个传感器这一问题而展开的一种信息处理的新的研究方向,所以数据融合也称为传感器融合。数据融合一直没有一个统一的定义,一般认为:利用计算机技术,对按时间顺序获得的若干传感器的观测信息,在一定的准则下加以自动分析、综合,从而完成所需要的决策和估计任务而进行的信息处理过程,称为数据融合。对于环境监控来说,数据融合是将来自多个(种)传感器采集的多种类型的数据信息进行综合处理,从而能够得出对现实环境的更为准确、可靠的描述,其中分布在一般监控现场的传感器是数据融合技术的基础,综合处理采用的相关算法是数据融合技术的核心,实时、准确掌握现场情况是数据融合技术的目的。

监控现场的传感器是数据融合技术的基础,传统的数据采集方法通常都是使用单一的传感器对目标进行监测,完成采集任务,如果面对比较复杂的监测状况则使用多个(种)传感器去采集,但是这里面使用的多个(种)传感器仅仅是根据自身的不同性能从各个侧面孤立地反映目标信息。而一般在大多数情况下,想要准确掌握现场目标情况就必须同时分析处理多个或者多种类型的数据,因为这些数据一般又来自多个不同的传感器。但是单一传感器采集的多个数据会带来比较大的信息冗余,多个传感器相互之间也会存在很多矛盾。所以必须通过对各个(种)传感器及其采集的信息进行有效的配合,通过相互的补充使用,将它们采集的数据进行优化,产生对监控现场准确度较高的描述,因此迫切要求对信息做进一步处理。在这个过程中选取的优化算法是否恰当是十分重要的。对于多个(种)传感器系统来说,采集得到的数据具有数据形式多样、数据内容冗余等特点,这样就对数据融合方法产生了既具有鲁棒性又要求有很强的并行处理能力的基本要求,而且,除了以上的基本要求外,还要求融合算法拥有很高的运算速度和精度,要求与前续预处理系统和后续的实际操作系统的良好的接口功能以及与不同技术和方法的协调能力等。

数据融合技术的分类方法有很多,根据融合的内容,将其分为3个层次,分别为数据层、特征层和决策层。

多传感器数据融合在目标监测监控中,根据多信息源、多项数据进行综合处理,相对以前单一传感器完成任务方面,体现了许多优点,大致表现在以下几个方面。

(1)提高了监控系统的可靠性。一般监控现场都是生存条件比较差,即使传感器质量很可靠,也避免不了出现失效,受到干扰等情况,甚至传感器有监测不到的地方,这样,其他传感器可以提供一部分信息,融合系统就可以提高整个系统对特定传感器监控设施状态的了解程度,弱化单传感器的不确定性。

(2)提高了数据的可信度。系统中对某目标的判断是基于区域范围内多个(种)传感器对该目标的判断,其可信度要比在该区域内一个该类型传感器采集的数据可靠性有很大提高。

(3)扩大了监控系统的覆盖范围。该范围可以从时间和空间两方面来看,由于多传感器可以对同一目标进行检测判断,所以在相关目标传感器出现没有检测到范围和出现故障时,其他传感器可以帮助增加系统的监视能力和检测概率。

(4)降低了监控系统采集数据的成本。虽然与单传感器系统相比,多传感器系统的复杂性大大增加,进而增加了绝对成本,设备的尺寸、重量、功耗等物理因素增大了,但是由于其能够加大系统的安全性,这样就能够在很大程度上降低后续的维护成本。所以综合考量,基于多传感器的融合系统在各项成本上要远低于单传感器系统。

第二节　弹药仓库温湿度自动监控技术

储存环境保持适宜的温湿度是弹药仓库管理的一项重要内容。如果管理人员不能及时发现储存环境中温湿度异常情况并实时解决问题,将会导致弹药等装备、器材腐蚀、变质、失效,甚至引发爆炸,造成大量装备的非正常消耗。

目前仓库温湿度的检测,主要通过仓库保管人员进行巡检,沿用传统的方法即通过干湿度表、毛发湿度计、双金属式测量计和湿度试纸等测试器材进行人工检测,并结合经验视情做出处理。这就存在如监测不及时、处理不妥当、维护保养差、人为因素多等一系列问题。

采用科学的方法、先进的设备,对仓库温湿度进行自动化的监测与控制,使物资储存环境条件达到最佳状态,这是仓库管理信息化的主要标志,也是仓库信息化管理的基本要求。本节主要学习温湿度监控方面的信息技术。

一、温湿度传感器

在温湿度自动监控过程中,传感器在储存环境中感应各对应的物理量并产生相应的电压模拟量,经采样保持电路后由多路模拟开关将各模拟信号依次送到A/D转换器,将其模拟输入端的模拟信号转换为计算机可以接收的数字信号,然后经I/O端口送给下位机,下位机对其进行数据处理,当此时的环境为危险情况、超标情况时,将驱动报警器进行报警;同时,控制器向上位机传输所采集的数据加以存档或做进一步处理;这种由采集数据、处理数据到控制执行机构对环境进行改善的动作,将持续进行直至环境达到较为理想的状态为止。这样数据的采集和数据的处理不停地进行,从而使环境基本保持较为理想的状态,以利于物资的储存。在整个系统中,传感器起着至关重要的作用,下面学习温湿度传感器的分类及原理。

（一）温度传感器

温度的检测方法很多,从使用方式可以划分为接触类和非接触类。常见的接触式温度传感器主要由将温度转化为非电量和将温度转化为电量两大类。而转化为非电量的温度传感器主要是热膨胀式温度传感器;转化为电量的温度传感器主要是热电偶、热电阻、热敏电阻和集成温度传感器等。一般将转化为电量的这类温度传感器称为热电式温度传感器。

1. 热电偶传感器

温差热电偶(简称热电偶)是目前温度测量中使用最普遍的传感元件之一。它除具有结构简单、测量范围宽、准确度高、热惯性小、输出信号为电信号便于远传或信号转换等优点外,还能用来测量流体的温度、固体以及固体壁面的温度。微型热电偶还可用于快速及动态温度的测量。

两种不同的导体或半导体 A 和 B 组合成图 6 - 2 所示的闭合回路,若导体 A 和 B 的连接处温度不同(设 $T > T_0$),则在此闭合回路中就有电流产生,也就是说,回路中有电动势存在,这种现象叫作热电效应。这种现象早在 1821 年首先由赛贝克(See - back)发现,所以又称为赛贝克效应。

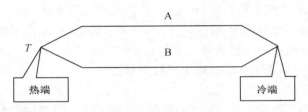

图 6 - 2 热电偶原理

热电势由两部分组成,即接触电势和温差电势。接触电势是两种不同的金属互相接触时,由于不同金属内自由电子的密度不同,在两金属 A 和 B 的接触点处会发生自由电子的扩散现象。自由电子将从密度大的金属 A 扩散到密度小的金属 B,使 A 失去电子带正电,B 得到电子带负电,从而产生热电势,接触电势原理如图 6 - 3 所示。

对单一金属导体,如果两端的温度不同,则两端的自由电子就具有不同的动能。温度高则动能大,动能大的自由电子就会向温度低的一端扩散。失去了电子的这一端就处于正电位,而低温端由于得到电子处于负电位。这样两端就形成了电位差,称为温差电动势,如图 6 - 4 所示。

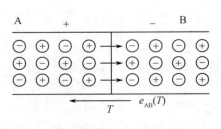

图 6 - 3 接触电势原理

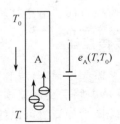

图 6 - 4 温差电势原理

那么,由导体材料 A、B 组成的闭合回路,其接点温度分别为 T、T_0,如果 $T > T_0$,则必存在

着两个接触电势和两个温差电势,整个回路总电势(图6-5)为

$$E_{AB}(T,T_0) = e_{AB}(T) - e_{AB}(T_0) - e_A(T,T_0) + e_B(T,T_0)$$

根据上述原理,可以在热电偶回路中接入电位计 E,只要保证电位计与连接热电偶处的接点温度相等,就不会影响回路中原来的热电势,接入的方式如图6-6所示。

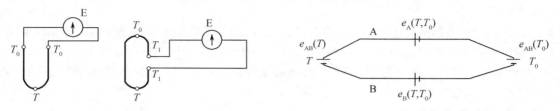

图6-5 回路总电热　　　　　　　　图6-6 电位计接入热电偶回路

电偶回路热电势只与组成热电偶的材料及两端温度有关,与热电偶的长度、粗细无关。导体材料确定后,热电势的大小只与热电偶两端的温度有关。如果使 $e_{AB}(T_0)$ = 常数,则回路热电势 $e_{AB}(T,T_0)$ 就只与温度 T 有关,而且是 T 的单值函数,这就是利用热电偶测温的原理。常见的热电偶有铂铑-铂热电偶、镍铬-镍铝(镍铬-镍硅)热电偶和铜-康铜热电偶。铂铑-铂热电偶用于较高温度的测量,标定在630.74~1064.43℃范围内温标基准。镍铬-镍铝(镍铬-镍硅)热电偶是贵重金属热电偶中最稳定的一种,用途很广,可在0~1000℃下使用,误差小于1%,其线性度好,热电动势在相同环境下比铂铑-铂还大4~5倍,但这种热电偶不易做得均匀,误差比铂铑-铂大1倍。铜-康铜热电偶用于较低的温度(0~400℃),具有较好的稳定性,尤其是在0~100℃范围内,误差小于0.1℃。

2. 热电阻传感器

热电阻传感器是利用导体的电阻值随温度变化而变化的原理进行测温的。导体的电阻值随温度变化而改变,通过其阻值的测量可以推算出被测物体的温度,利用此原理构成的传感器就是电阻温度传感器。作为测量温度用的热电阻材料应具有以下特性:有高且稳定的电阻温度系数,电阻值与温度之间具有良好的线性关系;热容量小,反应速度快;材料的复现性和工艺性好,便于批量生产,降低成本;在使用范围内,其化学和物理性能稳定。

目前使用的热电阻材料有铂(Pt)、铜(Cu)、镍(Ni)和钨(W)等纯金属材质;有铑铁及铂钴等合金材料。铂热电阻的优点是物理、化学性能非常稳定,尤其是耐氧化能力强(1200℃以下);电阻率较高、易于提纯、复制性好;精度高、稳定性好、性能可靠;缺点是电阻温度系数小,在还原性介质中易变脆,价格昂贵。铜热电阻的电阻温度系数较大、线性好、价格便宜;缺点是电阻率较低,电阻体的体积较大,热惯性较大,稳定性较差,在100℃以上时容易氧化,因此只能用于低温及没有浸蚀性的介质中。

3. 热敏电阻传感器

热敏电阻是利用某种半导体材料的电阻率随温度变化而变化的性质制成的。用半导体材料制成的热敏电阻与金属热电阻相比,有以下特点:电阻温度系数大、灵敏度高,比一般金属电阻大10~100倍;结构简单、体积小,可以测量点温度;电阻率高、热惯性小,适宜动态测量;阻值与温度变化呈线性关系;稳定性和互换性较差。

热敏电阻按温度特性可分为正温度系数(PTC)热敏电阻、负温度系数(NTC)热敏电阻和临界温度系数(CTC)热敏电阻3类。NTC热敏电阻常用于温度测量、温度补偿和电流限制等,适合制造连续作用的温度传感器;PTC热敏电阻常用于温度开关、恒温控制和防止冲击电流

等；CTC 热敏电阻常用于记忆、延迟和辐射热测量计等。

4. 集成温度传感器

集成温度传感器是利用晶体管 PN 结的电流—电压特性与温度的关系，把感温 PN 结及有关电子线路集成在一个小硅片上，构成一个小型化、一体化的专用集成电路片，又称为 PN 结温度传感器。

集成温度传感器实质上是一种半导体集成电路，内部集成了温度敏感元器件和调理电路。与上述几种传感器相比，具有线性好、精度适中、灵敏度高、体积小、使用方便等优点。虽然由于 PN 结受耐热性能和特性范围的限制，只能用来测量 150℃ 以下的温度，但在许多领域得到了广泛应用。

5. 智能温度传感器

智能温度传感器是指具有信息检测、信息处理、信息记忆、逻辑思维和判断功能的传感器。它不仅具有传统传感器的各种功能，而且还具有数据处理、故障诊断、非线性处理、自校正、自调整以及人机通信等多种功能。它是微电子技术、微型电子计算机技术与检测技术相结合的产物。早期的智能传感器是将传感器的输出信号经处理和转化后由接口送到微处理机部分进行运算处理，传感器主要以微处理器为核心，把传感器信号调节电路、微电子计算机存储器及接口电路集成到一块芯片上，使传感器具有一定的人工智能。当前智能化测量技术有了进一步的提高，使传感器实现了微型化、结构一体化、阵列式、数字式，使用方便和操作简单，具有自诊断功能、记忆与信息处理功能、数据存储功能、多参量测量功能、联网通信功能、逻辑思维及判断功能。智能化传感器是传感器技术未来发展的主要方向。

（二）湿度传感器

湿敏传感器是能够感受外界湿度变化，并通过器件材料的物理或化学性质变化，将湿度转化成有用信号的器件。湿度检测较之其他物理量的检测显得困难，这首先是因为空气中水蒸气含量要比空气少得多。另外，液态水会使一些高分子材料和电解质材料溶解，一部分水分子电离后与溶入水中的空气中的杂质结合成酸或碱，使湿敏材料不同程度地受到腐蚀和老化，从而丧失其原有的性质；再者，湿信息的传递必须靠水对湿敏器件直接接触来完成，因此湿敏器件只能直接暴露于待测环境中，不能密封。通常，对湿敏器件有下列要求：在各种气体环境下稳定性好，响应时间短，寿命长，互换性好，耐污染和受温度影响小等。微型化、集成化及廉价是湿敏器件的发展方向。

湿度传感器湿敏器件类型分为电解质类湿敏器件、陶瓷型湿敏器件和陶瓷型湿敏器件。

电解质类湿敏器件典型代表是氯化锂湿敏电阻。氯化锂湿敏电阻是利用吸湿性盐类潮解，离子电导率发生变化而制成的测湿元件。氯化锂通常与聚乙烯醇组成混合体，在氯化锂（LiCl）溶液中，Li 和 C 均以正负离子的形式存在，而 Li^+ 对水分子的吸引力强，离子水合程度高，其溶液中的离子导电能力与浓度成正比。当溶液置于一定温湿场中，若环境相对湿度高，溶液将吸收水分，使浓度降低，因此，其溶液电阻率增高；反之，环境相对湿度变低时，则溶液浓度升高，其电阻率下降，从而实现对湿度的测量。氯化锂湿敏元件的优点是滞后小，不受测试环境风速影响，检测精度高，但其耐热性差，不能用于露点以下测量，器件性能重复性不理想，使用寿命短。

陶瓷型湿敏器件典型代表是半导体陶瓷湿敏电阻，通常用两种以上的金属氧化物半导体材料混合烧结而成为多孔陶瓷。这些材料有 $ZnO-LiO_2-V_2O_5$ 系、$Si-Na_2O-V_2O_5$ 系、$TiO_2-MgO-Cr_2O_3$ 系、Fe_3O_4 等，前 3 种材料的电阻率随湿度增加而下降，故称为负特性湿敏半导体陶瓷,最后一种的电阻率随湿度增加而增大,故称为正特性湿敏半导体陶瓷。由于水分子中的氢原子具有很强的正电场,当水在半导体陶瓷表面吸附时,就有可能从半导体陶瓷表面俘获电子,使半导体陶瓷表面带负电。如果该半导体陶瓷是P型半导体,则由于水分子吸附使表面电势下降,将吸引更多的空穴到达其表面,于是,其表面层的电阻下降。若该半导体陶瓷为N型,则由于水分子的附着使表面电势下降,如果表面电势下降较多,不仅使表面层的电子耗尽,同时吸引更多的空穴达到表面层,有可能使到达表面层的空穴浓度大于电子浓度,出现表面反型层,这些空穴称为反型载流子。它们同样可以在表面迁移而表现出电导特性。因此,由于水分子的吸附,使N型半导体陶瓷材料的表面电阻下降。由此可见,不论是N型还是P型半导体陶瓷,其电阻率都随湿度的增加而下降。

高分子类湿敏器件利用有机高分子材料的吸湿性能与膨润性能制成的湿敏元件。吸湿后,介电常数发生明显变化的高分子电介质,可做成电容式湿敏元件。吸湿后电阻值改变的高分子材料,可做成电阻变化式湿敏元件。常用的高分子材料是醋酸纤维素、尼龙和硝酸纤维素等。高分子湿敏元件的薄膜做得极薄,使元件易于很快地吸湿与脱湿,减少了滞后误差,响应速度快。这种湿敏元件的缺点是不宜用于含有机溶媒气体的环境,元件也不能耐80℃以上的高温。

二、温湿度监控系统构成模式

目前,温湿度监控系统主要有以下几种构成模式。

1. 基于温度计和湿度计的人工测量模式

对于温湿度监测来说,最早采用的测量方式是人工方式测量,但由于人工方式存在人为误差的原因,并且温度计本身也存在误差比较大、反应比较慢的原因,导致这种温湿度测量方式效率比较低,同时抽样也不具有代表性,并且这种测量方式的应用环境也有很大的局限,进行监测的工作人员不可能直接到达一些危险的地带进行温湿度测量。

2. 分散仪表控制模式

分散仪表控制模式主要有以下两种。

(1) 基于温湿度传感器以单片机为核心的监控模式。基于温湿度传感器以单片机为核心的监控模式是使用温度传感器和湿度传感器对环境进行温湿度测量。温度传感器和湿度传感器的输出信号均为模拟信号,必须经过A/D转换,转换所得的数字信号由单片机接收,通过单片机对温湿度进行监控。这种监控模式的优点是温湿度的监控效率有了很大的提高,温湿度的实时数据可由LED数码管进行同步显示,缺点就是温度传感器和湿度传感器的初始输出信号均为模拟信号,模拟信号在传输过程中容易发生损耗,使传输的信息产生误差,从而影响整体监控精度。

(2) 基于集成电路的监控模式。基于集成电路的监控模式主要体现了集成电路技术的提高对温湿度监控领域的影响。随着集成电路技术的蓬勃发展,传统的基于模拟信号输出的温度传感器和湿度传感器已经不能满足监控环境对系统的要求,取而代之的是数字化的温湿度传感器和湿度传感器。在这类新型的传感器中,温湿度检测芯片、A/D转换模块、温度补偿模块等均被集成于统一的整体,这样做不仅仅使整体系统的结构得以在很大程度上简化,并且降低了温湿度信号在传输过程中所发生的损耗,提高了信号的抗干扰性,从而从整体上提高了系统的精度。大规模集成电路技术的发展为温湿度的数字化、网络化监控提供了技术上的可能。虽然在系统的效率和结构上有了很大的提高和发展,但基于集成电路的温湿度监控模式依旧仍是采用单片机监控的简单模式,属于分散的仪表控制模式。

3. 集中式计算机监控模式

随着计算机技术的蓬勃发展,已经有许多温湿度监控系统都纷纷采用了主机-终端的监控模式,模式的实现方式是采用一个主机作为整个温湿度监控系统的监控核心,各个监控环境的温湿度情况由分别的监控子系统进行测量,而监控主机会对所有的子系统进行统一的监控管理,这种监控模式相对于以前的分散仪表监控模式已经有了很大的提高和进步,突破了仅仅只是依靠单片机的分散式控制,从整体上显著扩大了温湿度监控系统的使用功能和环境。但主机-终端模式在系统的实现过程中也存在很多的缺点与不足,这种监控模式的布线相对复杂,传输距离也受到限制,从而很难做到对不同地点的温湿度监控,并且这种模式应用起来不够灵活,对于温湿度的实时监控问题和子系统与中央监控系统的实时通信问题并不能很好地解决。

4. 分布式监控模式

分布式监控系统是一个计算机系统,网络通信为其通信纽带,分布式监控系统有两个控制级,即过程控制级和过程监控级,是一个多级系统。在国内,分布式监控系统通常称为集散控制系统。分布式监控系统的基本思想是分散控制、集中操作、分级管理、配置灵活、组态方便。

分布式监控系统采用微处理机分别控制各个回路,而用中小型工业控制计算机或高性能的微处理机实施上一级的控制。各回路之间和上下级之间通过高速数据通道交换信息。分布式监控系统具有数据获取、直接数字控制、人机交互以及监控和管理等功能。分布式控制系统是在计算机监督控制系统、直接数字控制系统和计算机多级控制系统的基础上发展起来的,是一种比较完善的控制与管理系统。这种分散化的控制方式能改善控制的可靠性,不会由于计算机的故障而使整个系统失去控制。当管理控制级出现故障时,过程控制级(控制回路)仍具有独立控制能力,个别控制回路发生故障时也不致影响全局。分布式监控系统(DCS)是以微处理机为基础,以分散危险为控制目的,以集中化操作和管理为特性,集先进的技术于一体的新型控制系统。随着现代计算机和通信网络技术的高速发展,DCS正在向着多元化、网络化、开放化、集成管理方向发展。

在分布式的温湿度监控系统中,整个系统包括有许多分散的温湿度监控节点,任意的温湿度监控节点都可以通过网络与服务主机或称为上位机进行数据通信。系统通过每个温湿度监控节点处理所采集到的温湿度数值并进行监测,通过上位机进行数据存储并且显示温湿度监控节点所传送来的温湿度数据,并且上位机可以通过网络通信向任意的温湿度监控节点发送系统设置值或是其他的控制参数。这种温湿度监控模式的优点是故障率较低,故障影响范围较小,从控制效果上来说这种监控模式易于实现系统的局部独立监控效果。

三、后方弹药仓库温湿度监控系统

本小节主要介绍某仓库应用的一种主从式两级温湿度监控系统。系统能有效地监测各仓库温湿度的变化情况,并实时做出应答,控制仓库温湿度值保持在设定范围内,具有成本低、应用范围广、使用方便、可靠性高等优点。

(一)系统构成

系统采用主从式两级结构,如图6-7所示。主机为PC上位机,从机用以Motorola 68HC08GP32为主控芯片的分库分机(下位机)。分机采用了DALLAS公司的数字式温度传感器芯片DS18B2E和LANCE公司的数字化可联网湿度探头LTM8900,它们均为"一线总线"传感器,即可以在3根线〔电源线、地线、信号线〕上同时并联多个温湿度探测点。每个分机上可以连接10根电缆,每根电缆最多可以连接64个探测点,很容易实现对多仓库温湿度值的实时监控。PC主机通过一个RS-232-485转换器直接与众多下位机(分机)相连。分机通过68HC08GP32的片内Flash功能,实现对DS18B20的序列号和LTM 8900的拨码地址的动态存取,从而节省了大量存储器。温湿度数据保存在68HC08GP32的片内RAM里。分机自带键盘和液晶模块,通过键盘输入可以实现分机的单机运行,也可以实现与上位机联网运行。

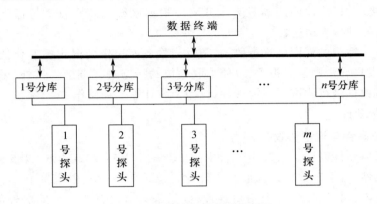

图6-7 终端与分库通信框架

PC上位机提供了一个强大的数据库支持软件,用户通过PC的串口轻松实现与下位机的通信,如图6-8所示。数据库采用通用的Access数据库,软件用Borland C++ Builder编制,具有速度快、效率高的特点。

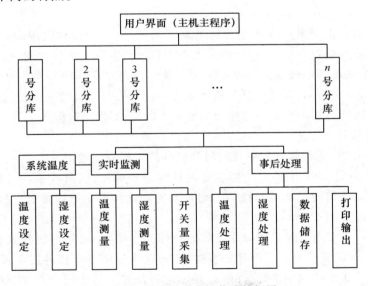

图6-8 终端与分库通信功能框图

其主要功能如下。
(1)可通过PC主机设置各分机的温湿度界限值和报警线。
(2)显示各分机当前的温湿度值、实时曲线和历史曲线并存入数据库。
(3)可实现"手动/自动"工况转换,手动工况下,可远程开关各点的被控设备;自动工况下,可根据设置值由各分机自动控制。

(4）各分机可结合本库的实际需要设置各自的温湿度值。

(5）当温湿度超过警界值或被控设备出现故障时，可自动报警。

(6）进行简单的温湿度情况分析处理及多种报表打印。

中心控制室主控计算机（PC）与各监控仓库监控点（单片机）距离相距较远，且各库较为分散。如果采用传统的串行通信直接发送、接收数据，其串行数据位数和所能传输的最大距离是有限的，这取决于传输的速率和传输的电气性能，对于一般的 PC 和单片机所具有的 RS-232C 串行通信接口，其传输的距离只有十几米。根据系统的特点，PC 与各单片机之间采用 RS-485 数字信号进行数据通信。

系统可对各个库内的温湿度进行监测，随时记录各库房内的温湿度变化情况并将其存入计算机中，如果发现异常则及时报警，以便采取相应的措施进行调节。另外，可以对任意时间段内的所有测试数据进行读取、显示、查询、打印和统计等多种操作。

（二）系统设计

1. 系统通信硬件与通信协议

（1）系统通信硬件设计。系统由一台主控 PC、一个 RS-232C/RS-485 网络转换器、多个智能数据采集器、若干个数字式温湿度一体化传感器组成。其中主控 PC 与网络转换器均放在中心监控室内，两者通过 PC 通信口连接；数据采集器放置在每个库房外部的控制框中，以总线方式通过一对双绞线相互连接，并最终与中心控制室内的网络转换器相连，每个库房内部放置多个数字式温湿度一体化传感器，以星状方式连接到数据采集器上。PC 与 RS-232C/RS-485 网络转换器间通过串口相连，网络转换器为光电隔离型，自带电源适配器，可有效地防止雷击和各种干扰信号对微机系统的干扰，并提高了输出阻抗，可最大限度地提高网络传输距离。

（2）通信协议。由于 RS-485 是一种半双工通信，发送和接收共用同一物理通道，在任意时刻只允许一台网络设备处于发送状态，若有两台或两台以上的设备同时发送数据，即产生总线冲突，使整个系统通信瘫痪。本系统采用主从式查询方式，即 PC 给出某一下位机的地址码，向所有下位机发出询问，当某一下位机接到这一地址码与本机地址码相符时，就发送数据，PC 即接收数据；否则当本机地址码与呼叫地址码不符时，不发送数据。

2. 系统软件设计

系统的软件由 PC 通信软件和单片机通信软件两大部分组成。

（1）PC 通信软件。PC 的通信功能主要包括呼叫各单片机、向各单片机发送控制命令并接收数据。为提高系统通信的可靠性，在 PC 与单片机之间开始数据传送之前，采用软件握手通信。其流程图详见图 6-9。

其工作过程：PC 发送需呼叫的单片机的地址作为呼叫信号，等待接收该单片机的应答信号，PC 进行检测，若应答信号正确即开始数据传送，这样说明整个软件握手过程成功，若应答信号不正确则再发送需呼叫的地址，并等待接收应答信号。对于同一对 PC/单片机多次呼叫时，常因某些原因不能保证每次通信成功或出现死锁，可以利用定时器对通信时间加以限制，以免发生死锁情况，当超过一定的时间，握手通信仍未完成时，宣布通信失败，并提示错误信息。

（2）单片机通信软件。各单片机的通信采用 8031 单片机的串行中断的方式实现。单片机平时对各监控传感器进行数据采集并定时存储。当有串行中断时，执行串行中断服务程序，判断是否为本单片机的地址信息，如果地址信息与本单片机的地址相符时，转为接收控制命

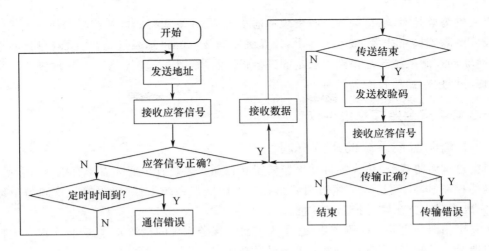

图 6-9　PC 机通信软件框图

令,并发送数据;如果地址信息与本单片机的地址不相符时,则退出中断。

3. 一线总线技术

一线总线即是在一根电缆上并联多个传感器的技术,电缆采用三线制,即一根信号线、一根电源线和一根地线。线上同时可以并联多个温湿度探测,线长可达 200m。

本系统采用的是 DALLAS 公司的数字式温度传感器芯片 DS18B20 和 LANCE 公司的数字化可联网湿度探头 LTM8900,它们均为一线总线传感器。每个分机上可以连接 10 根电缆,每根电缆最多可以连接 64 个探测点,很容易实现对多仓库温湿度值的实时监控。

4. 温湿度传感器

传统温度测量一般采用铂电阻或热电偶等测温元件,而湿度的测量则采用电容式湿敏元件。这种测量方法信号采集回路繁复、布线复杂,每一元件都需要信号电缆;同时铂电阻、热电偶信号十分微弱,信号传输过程中很容易受周围杂波信号的干扰。根据军械仓库布局复杂、环境恶劣、布线困难等特点,系统选取了 DALLAS 公司生产的新一代数字化温度传感器 DS18B20 和 LANCE 公司的数字化可联网湿度探头 LTM8900 分别为温度和湿度传感器。

(1) DS18B20 数字式温度传感器。该传感器集温度感知、数字量转化、数据长线传输、传感器联网通信于一体。采用 9~12 个位来表示被测量点的温度,通过单一线和控制器进行通信。温度读取、测量和设置等所需的能源也都可以在数据线上获取而无需另加电源。由于每个 DS18B20 内部都设有固定的序号,所以多个 DS18B20 可以共存于同一条线上。

(2) LTM8900 数字化可联网湿度探头。LTM8900-BMS 为单总线网络,由 VDD、DATA 和 GND 这 3 条线组成。其中单片机与 LTM8900 通信所用的数据线 DATA 为双向总线,所有数据的收发均通过这条总线来完成。每个 LTM8900 的单总线接口部分为三态门结构,因此,这条总线上可以挂接多个 LTM8900 模块,共享同一条数据线。LTM8900 模块与单片机之间以一条数据线相连,并通过电平及脉宽的不同表示每一位(BIT)是"0"还是"1",由 8 个位组成的脉冲串代表一个字节,由此组成命令或数据。

第三节　弹药仓库消防安全监控技术

由于弹药仓库所储存物资的特殊属性,消防安全是弹药仓库安全防护的重点。消防安全监控以火灾为监控对象,是一种及时发现和通报火情,并采取有效措施控制和扑灭火灾的消防监控设施。随着检测技术、微电子技术、计算机控制技术的迅速发展,火灾探测与自动报警系统、消防联动控制系统等都得到了长足的进步,形成了成熟的、现代化的火灾预警和消防联动体系,广泛应用在弹药仓库等场所。

一、消防安全监控系统构成

(一)消防监控系统的运行机制

根据建筑消防规范,将火灾自动报警装置和自动灭火装置按实际需要有机地组合起来,配以先进的控制技术,便构成了建筑消防系统。消防监控系统由探测、报警与控制3个部分组成,它完成了对火灾预防与控制的功能。

火灾探测部分主要由探测器组成,是火灾自动报警系统的检测元件,它将火灾发生初期所产生的烟、热、光转变成电信号,然后送入报警系统。

报警控制由各种类型报警器组成,它主要将收到的报警电信号显示和传递,并对自动消防装置发出控制信号。前两个部分可构成相对独立的火灾自动报警系统。

联动控制由一系列控制系统组成,如声光报警系统、水灭火、气体灭火系统等。联动控制部分其自身是不能独立构成一个自动的控制系统的,因为它必须根据来自火灾自动报警系统的火警数据,经过分析处理后,方能发出相应的联动控制信号。

整个运行过程:火灾探测器通过对火灾发出燃烧气体、烟雾粒子、温升和火焰的探测,将探测到的火情信号转化为火警电信号。在现场的人员若发现火情后,也应立即直接按动手动报警按钮,发出火警电信号。火灾报警控制器接收到火警电信号,经确认后,发出预警和火警声光报警信号,同时显示并记录火警地址和时间,告诉消防控制室的值班人员。火灾报警控制系统原理框图见图6-10。

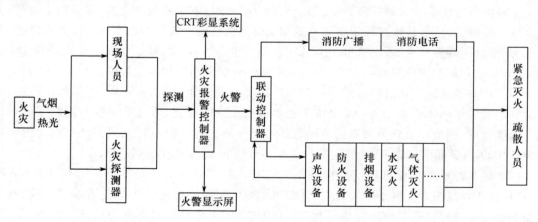

图6-10 火灾报警控制系统原理框图

(二)消防监控系统结构形式

消防监控系统结构形式多样。按火灾探测器与火灾报警控制器间连接方式不同可分为多线制和总线制系统结构;按火灾报警控制器实现火灾信息处理及判断智能的方式不同可分为集中智能和分布智能系统结构。根据火灾自动报警系统联动功能的复杂程度及报警系统保护范围的大小,将火灾自动报警系统分为区域报警系统、集中报警系统和控制中心报警系统3种系统结构。

1. 多线制系统结构

多线制系统结构形式与早期的火灾探测器设计、火灾探测器与火灾报警控制器的连接等有关。一般要求每个火灾探测器采用两条或更多条导线与火灾报警控制器相连接,以确保从每个火灾探测点发出火灾报警信号。

2. 总线制系统结构

总线制系统结构形式是在多线制基础上发展起来的。微电子器件、数字脉冲电路及计算机应用技术用于火灾自动报警系统,改变了以往多线制结构系统的直流巡检和硬线对应连接方式,代之以数字脉冲信号巡检和信息压缩传输,采用大量编码、译码电路和微处理器实现火灾探测器与火灾报警控制器的协议通信和系统监测控制,大大减少了系统线制,带来了工程布线灵活性,并形成了枝状和环状两种工程布线方式。

3. 集中智能系统结构

集中智能型系统一般是二总线制结构,并选用通用火灾报警控制器。其特点是:火灾探测器完成对火灾参数的有效采集、变换和传输;火灾报警控制器采用微型机技术实现信息集中处理、数据储存、系统巡检等,并由内置软件完成火灾信号特征模型和报警灵敏度调整、火灾判别、网络通信、图形显示和消防设备监控等功能。在这种结构形式下,火灾报警控制器要一刻不停地处理每个火灾探测器送回的数据,并完成系统巡检、监控、判优、网络通信等功能。当建筑规模庞大、火灾探测器和消防设备数目众多时,单一火灾报警主机会出现应用软件复杂庞大、火灾探测器巡检周期过长、火灾监控系统可靠性降低和使用维护不便等缺点。

4. 分布智能系统结构

分布智能型系统是在保留二总线制集中智能型系统优点基础上发展起来的。它将集中智能型系统中对火灾探测信息的基本分析、环境补偿、探头清洁报警和故障判断等功能由现场火灾探测器或区域控制器直接处理,从而免去中央火灾报警控制器大量的信号处理负担,使之能够从容地实现上位管理功能,如系统巡检、火灾参数算法运算、消防设备监控、联网通信等,提高了系统巡检速度、稳定性和可靠性。显然,分布智能方式对火灾探测器和区域控制器设计提出了更高要求,要兼顾火灾探测及时性和报警可靠性。由于系统集散化的结构,一旦某一部分发生故障,不会对其他部分造成影响,并且联网功能强,应用网络技术,可以和建筑物自动控制系统进行集成,增强了综合防灾能力。

5. 区域火灾报警系统

区域火灾报警系统通常由区域火灾报警控制器、火灾探测器、手动火灾报警按钮、火灾报警装置及电源等组成,其系统框图如图6-11所示。

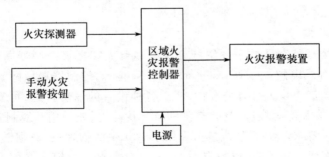

图6-11 区域火灾报警系统框图

区域火灾报警系统宜用于二级保护对象。因为未设置集中报警控制器,当火灾报警区域过多而又分散时就不便于集中监控与管理。

6. 集中火灾报警系统结构

集中火灾报警系统通常由集中火灾报警控制器、至少两台区域火灾报警控制器（或区域显示屏）、火灾探测器、手动火灾报警按钮、火灾报警装置及电源等组成，其系统框图如图6-12所示。

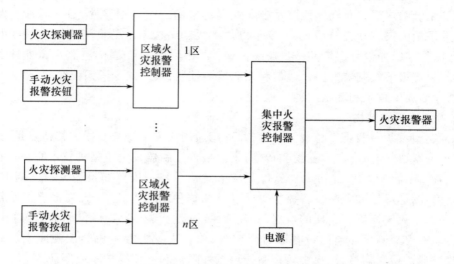

图6-12 集中火灾报警系统框图

集中火灾报警系统宜用于一级和二级保护对象。集中火灾报警系统应设置在由专人值班的房间或消防值班室内，若集中报警不设在消防控制室内，则应将它的输出信号引至消防控制室，这有助于建筑物内整体火灾自动报警系统的集中监控和统一管理。

7. 控制中心报警结构

控制中心报警系统通常由至少一台集中火灾报警控制器、一台消防联动控制设备、至少两台区域火灾报警控制器（或区域显示屏）、火灾探测器、手动报警按钮、火灾报警装置、火警电话、火警应急照明、火灾应急广播、联动装置及电源等组成，其系统框图如图6-13所示。

控制中心报警系统宜用于特级和一级保护对象。火灾报警控制器设在消防控制室内，其他消防设备及联动控制设备，可采用分散控制和集中遥控两种方式。各消防设备工作状态的反馈信号，必须集中显示在消防控制室的监控台上，以便对建筑内的防火安全设施进行全面控制与管理。控制中心报警系统探测区域可多达数百个甚至几千个。

（三）消防监控系统组网形式

1. 总线型拓扑结构

总线型拓扑结构是最常见的一种组网方法。多台火灾报警控制器间通常采用现场总线CAN实现无主从对等式组网。CAN（Control Area Network，控制器局域网）现场总线作为网络底层的现场总线在通信协议上具有公开性，便于各种设备的信息传送，可支持双绞线、同轴电缆、射频、光缆、红外线和电力线等，具有较强的抗干扰能力，能采用两线制实现通信与供电，并可满足本质安全防爆要求。CAN总线模型采用了OSI中的物理层、数据链路层、应用层，提高了实时性。其节点有优先级设定，支持点对点、一点对多点广播模式通信，各节点可随时发送消息。CAN具有可靠性高、支持多种处理、支持优先级仲裁、链路简单、配置灵活、芯片资源丰富、成本低及廉抗干扰能力强等特点，是一种有效支持分布式控制和实时控制的串行通信

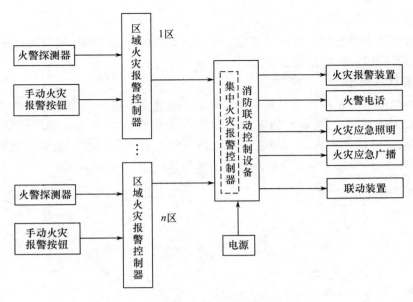

图 6-13 控制中心报警系统框图

网络。

2. 星型拓扑结构

在星型拓扑中各节点通过单独线路采用 Hub 集线器与中心节点相连,数据从中心节点通过集线器传送到网上所有节点。可以组成多级星型网络,星型网络的特点是很容易在网络中增加新的节点,数据的安全性较好,但因为所有节点都连接到一点,网络规模较大时,需要大量的线缆,并且如果集线器出现故障,整个网络会瘫痪。如果网络中的某一节点或者线缆出现了故障,不会影响整个网络的运行,网络中除去这个节点以外的部分仍可正常运行。适用于一个监控中心集中监视和控制的场所,通过扩展子节点可以任意增加网络中的节点数量。

3. 环型拓扑结构

环型拓扑结构网络的所有节点彼此串行连接,构成一个回路或成闭环。在环型拓扑网络中,数据是单方向传输的,两个节点之间仅有唯一的线缆连接,当出现节点故障或线缆故障时可以检测到,并改为数据双向传送,不影响节点通信,可靠性高。但由于环路是封闭的,所以扩充不方便。另外,当环中所接站点过多时,将会影响信息传输效率,使网络的响应时间变长。

二、火灾探测子系统

火灾探测子系统的核心组成是火灾探测器。火灾探测器是一种在火灾发生后能依据物质燃烧过程中所产生的烟雾、高温等各种现象,将火灾信号转变为电信号,并输入火灾报警控制器,由报警控制器以声、光信号向人发出警报的器件。

严格意义上的火灾探测器是具有人工智能的,因为火与火灾是相对于人的控制能力而言的。在人的控制范围内的燃烧是有用的火,超出人的控制范围内的燃烧才是火灾。要判别一个燃烧现象是火还是火灾需要人的智慧。目前在消防系统中所用的火灾探测器实际上是"燃烧探测器",是通过检测燃烧过程中所产生的种种物理或化学现象来探测燃烧现象。根据火灾探测器探测火灾参数的不同,可分为感烟式、感温式、感光式、可燃气体探测式和复合式等主要类型。

（一）感烟探测器

常用的感烟探测器有离子感烟探测器和光电感烟探测器。感烟探测器对火灾前期及早期报警很有效，应用最广泛，应用数量最大。

1. 离子感烟探测器

离子感烟探测器的工作原理如图 6-14 所示。电离室两极间的空气分子受放射源 Am^{241} 不断放出的 α 射线照射，高速运动的 α 粒子撞击空气分子，从而使两极间空气分子电离为正离子和负离子，这样就使电极之间原来不导电的空气具有了导电性。此时在电场的作用下，正、负离子的有规则运动，使电离室呈现典型的伏安特性，形成离子电流。

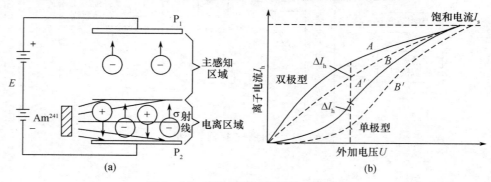

图 6-14 离子感烟探测器的工作原理

离子感烟探测器感烟的原理：当烟雾粒子进入电离室后，被电离部分的正离子和负离子被吸附到烟雾粒子上，使正、负离子相互中和的概率增加；同时离子附着在体积比自身体积大许多倍的烟雾粒子上，会使离子运动速度急剧减慢，最后导致的结果就是离子电流减小。烟雾浓度大小可以以离子电流的变化量大小进行表示，从而实现对火灾过程中烟雾浓度这个参数的探测。

离子感烟式探测器适用于点型火灾探测。根据探测器内电离室的结构形式，又可分为双源和单源感烟式探测器。

（1）双源式离子感烟探测器。双源式离子感烟探测器原理如图 6-15 所示。

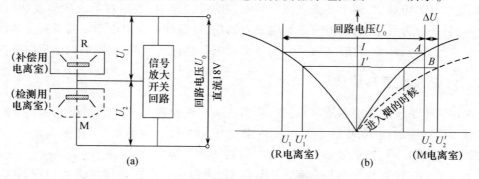

图 6-15 双源式离子感烟探测器原理

双源式离子感烟探测器是一种双源双电离室结构的感烟探测器，即每一电离室都有一块放射源。一室为检测用开室结构电离室 M；另一室为补偿用闭室结构电离室 R。这两个室反向串联在一起，检测室工作在其特性的灵敏区，补偿室工作在其特性的饱和区，即流过补偿室的离子电流不随其两端电压的变化而变化。无烟时，探测器工作在 A 点。有烟时，由于检测室 M 中离子减少且离子运动速度减慢,相当于内阻变大。又因双室串联,回路电流不变,故检测室两端电压增高,探测器工作点移至 B 点。A 点和 B 点间的电压增量 ΔU 即反映了烟雾浓度的大小。

（2）单源式离子感烟探测器。单源式离子感烟探测器原理如图 6-16 所示。单源式离子感烟探测器两电离室共用一块放射源片,参考室包含在采样室中,参考室小,采样室大。采样室的 α 射线通过中间电极的一个小孔放射出来。其检测电离室和补偿电离室由电极板 P_1、P_2 和 P_m 等构成,共用一个放射源。其检测室和补偿室都工作在非饱和灵敏区,极板 P_m 上电位的变化量大小反映了烟雾浓度的大小。单源式感烟探测器的检测室和补偿室在结构上都是开室,两者受环境温度、湿度、气压等因素影响均相同,因而提高了对环境的适应性;并且只需较微弱的 α 放射源（比双源双室的源强减少一半）,克服了双源双室要求两源片相互匹配的缺点,能做成超薄型探测器,具有体积小、质量轻及美观大方的特点。

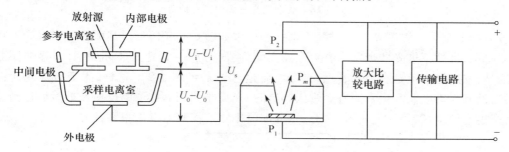

图 6-16 单源式感烟探测器原理

2. 光电感烟探测器

光电感烟式探测器的基本原理:利用烟雾粒子对光线产生遮挡和散射作用来检测烟雾沟存在。主要分为遮光型感烟探测器和散射型感烟探测器。

（1）遮光型感烟探测原理。遮光型感烟探测器具体又可分为点型和线型两种类型。点型遮光感烟探测器原理如图 6-17 所示。其中的烟室为特殊结构的暗室,外部光线进不去,但烟雾粒子可以进入烟室。烟室内有一个发光元件及一个受光元件。发光元件发出的光直射在受光元件上,产生一个固定的光敏电流。当烟雾粒子进入烟室后,光被烟雾粒子遮挡,到达受光元件的光通量减弱,相应的光敏电流减小,当光敏电流减小到某个设定值时,该感烟探测器发出报警信号。

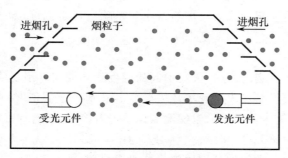

图 6-17 点型遮光感烟探测器原理

线型遮光感烟探测器在原理上与点型相似,但在结构上有区别。线型遮光探测器的发光元件和受光元件是分两个部分安装的,两者相距一段距离,其原理如图 6-18 所示。光束通过路径上无烟时,受光元件产生一固定光敏电流,无报警输出。而当光束通过路径上有烟时,则光束被烟雾粒子遮挡而减弱,相应的受光元件产生的光敏电流下降,当下降到一定程度则探测器发出报警信号。

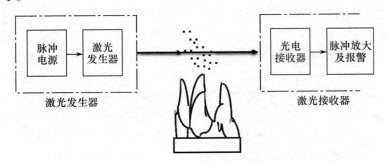

图 6-18　线型遮光感烟探测器原理

（2）散射型感烟探测器。散射型感烟探测原理如图 6-19 所示。其中的烟室也为一特殊结构的暗室,进烟不进光。烟室内有一个发光元件,同时有一受光元件,但散射型感烟探测器不同的是,发射光束不是直射到受光元件上,而是与受光元件错开。这样,无烟时受光元件上不受光,没有光敏电流产生。当有烟进入烟室时,光束受到烟雾粒子的反射及散射而达到受光元件,产生光敏电流,当该电流增大到一定程度时则感烟探测器发出报警信号。

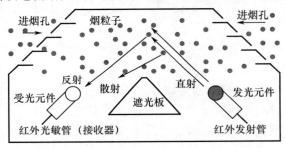

图 6-19　散射型感烟探测原理

（二）感温探测器

物质在燃烧过程中释放出大量的热,使环境温度升高,通过检测环境温度及其变化量可以探测火灾发生。与感烟及其他类型探测器相比,其可靠性高但灵敏度略低,反应时间滞后,不太适宜早期火灾的探测。感温式火灾探测器主要是响应异常温度、温升速率和温差等火灾信号的火灾探测器,有定温、差温和差定温 3 种。

1. 定温式探测器

定温式探测器是在规定时间内,火灾引起的温度达到或超过预定值时发出报警响应,有线型和点型两种结构。线型是当火灾现场环境温度上升到一定数值时,可熔绝缘物熔化使两导线短路,从而产生报警信号。线型定温探测器由感温电缆、接线盒和终端盒 3 个部分组成。感温电缆是检测火灾的敏感元件,接线盒、终端盒为配套部件,可以向火灾报警控制器发出火灾信号。感温电缆由两根弹性钢丝分别包敷热敏绝缘材料,绞成对型,绕包带再加外护套制成。在正常监视状态下,两根钢丝间阻值接近无穷大。由于电缆终端接有电阻,并在另一端加上电压,故正常情况下电缆中通过微小的监视电流。电缆周围温度上升至额定动作温度时,其钢丝间热敏绝缘材料的绝缘性能被破坏,绝缘电阻发生跃变,接近短路,火灾报警器检测到这一变化后,报出火警信号。当线型定温电缆发生断线时,监视电流变为零,控制器据此可发出故障报警信号,如图6-20所示。

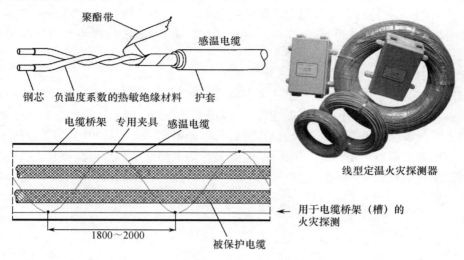

图6-20 线型定温探测器

点型式定温探测器则是利用双金属片、易熔金属、热电偶、热敏电阻等热敏元件,当温度上升到一定数值时发出报警信号。下面对双金属片定温探测器进行介绍,其结构如图6-21所示。这种定温探测器由热膨胀系数不同的双金属片和固定触点组成。当环境温度升高时,双金属片受热膨胀向上弯曲,使触点闭合,输出报警信号。当环境温度下降后,双金属片复位,探测器状态复原。

2. 差温式探测器

差温式探测器是在规定时间内,环境温度上升速率超过预定值时报警响应。它也有线型和点型两种结构。线型是根据广泛的热效应而动作的,主要感温器件有按探测面积蛇形连续布置的空气管、分布式连接的热电偶、热敏电阻等。图6-22所示为空气管线型差温探测器,它由敏感元件空气管为 $\phi 3mm \times 0.5mm$ 紫铜管、传感元件膜盒和电路部分组成。其工作原理是:当正常时,气温正常,受热膨胀的气体能从传感元件泄气孔排出,不推动膜盒片,动、静接点不闭合;当发生火灾时,火灾区温度快速升高,使空气管感受到温度变化,管内的空气受热膨胀,泄气孔无法立即排出,膜盒内压力增加推动膜片,使之产生位移,动、静接点闭合,接通电路,输出报警信号。

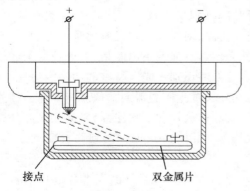

图6-21 点型定温式探测器原理示意图

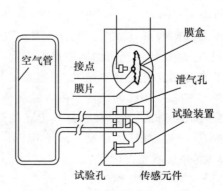

图6-22 空气管线型差温探测器

点型则是根据局部的热效应而动作的,其主要感温器件是空气膜盒、热敏电阻等。图6-23所示为膜盒式探测器结构示意图。空气膜盒是温度敏感元件,其感热外罩与底座形成密闭气室,有一小孔与大气连通。当环境温度缓慢变化时,气室内外的空气可由小孔进出,使内外压力保持平衡。如温度迅速升高,气室内空气受热膨胀来不及外泄,致使室内气压增高,波纹片鼓起与中心线柱相碰,电路接通报警。

3. 差定温式探测器

差定温式探测器是将温差式、定温式两种感温探测元件组合在一起,同时兼有两种功能。其中某一种功能失效,另一种功能仍能起作用,因而大大提高了可靠性。差定温式探测器一般多为膜盒式或热敏电阻等点型的组合式感温探测器,如图6-24所示,其差温部分的工作原理同膜盒差温火灾探测器。定温部分工作原理:弹簧片的一端用低熔点合金焊接在外壳内侧,当环境温度达到标定温度时,易熔合金熔化,弹簧片弹回,压迫固定在波纹片上的动触点,从而发出火灾报警信号。

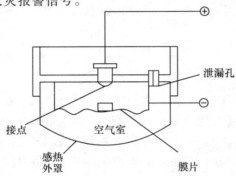

图6-23 膜盒式探测器结构示意图

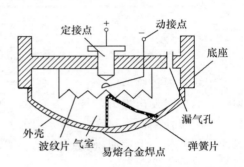

图6-24 差定温式探测器结构

(三) 感光探测器

感光探测器又称为火焰探测器或光辐射探测器,它对光能够产生敏感反应。按照火灾的规律,发光是在烟生成及高温之后,因而感光式探测器属于火灾晚期报警的探测器,适用于火灾发展迅速,有强烈的火焰和少量的烟、热,基本上无阻燃阶段的火灾。燃烧时的辐射光谱可分为两大类:一类是由炽热炭粒子产生的具有连续性光谱的热辐射;另一类为由化学反应生成的气体和离子产生具有间断性光谱的光辐射,其波长多为红外及紫外光谱范围内。现在广泛使用的是红外式和紫外式两种感光式火灾探测器。

1. 红外式感光探测器

红外式感光探测器是利用火焰的红外辐射和闪烁现象来探测火灾。红外光波长较长,烟雾粒子对其吸收和衰减远比紫外光及可见光弱。所以,即使火灾现场有大量烟雾,并且距红外探测器较远,红外感光探测器依然能接收到红外光。需要强调指出的是,为区别背景红外辐射和其他光源中含有的红外光,红外感光探测器还要能够识别火光所特有的明暗闪烁现象,火光闪烁频率在3~30Hz的范围。图6-25所示为红外式感光探测器的结构。为了保证红外光敏元件只接收红外光,在光传输路径上还要设置一块红玻璃片和一块锗片,以滤除除红外光之外的其他光。该红外感光探测器对于$0.3m^2$的火焰能在相距45m处探测到并发出报警信号。

2. 紫外式感光探测器

对易燃、易爆物(汽油、酒精、煤油、易燃化工原料等)引发的燃烧,在燃烧过程中它们的氢氧根在氧化反应(即燃烧)中有强烈的紫外光辐射。在这种场合下,紫外式感光探测器可以很

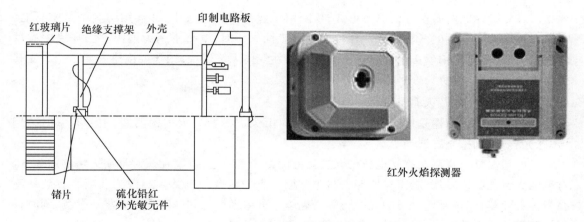

图 6-25　红外式感光探测器

灵敏地探测这种紫外线。图 6-26 所示为紫外式感光探测器的结构示意图。

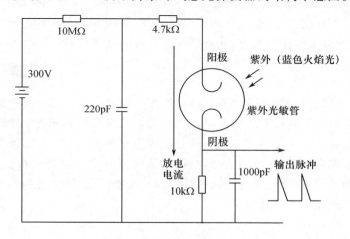

图 6-26　紫外式感光探测器的结构示意图

紫外式感光探测器玻璃罩内是两根高纯度的钨丝或钼丝电极。当电极受到紫外光辐射时即发出电子，并在两电极间的电场中被加速，这些高速运动的电子与罩内的氢、氦气体分子发生撞击而使之离化，最终造成"雪崩"式放电，相当于两电极接通，导致探测器发出火灾报警信号。

（四）可燃气体探测器

对可燃性气体可能泄漏的危险场所（如厨房、燃气储藏室、油库、易挥发并易燃的化学品储藏室等）应安装可燃气体探测器，这样可以更好地杜绝一些重大火灾的发生。可燃气体探测器主要分为半导体型和催化型两种。

1. 半导体型可燃气体探测器

半导体型可燃气体探测器是由半导体做成的气敏元件，对氢气、一氧化碳、天然气、液化气、煤气等可燃性气体有很高的灵敏度。该种气敏元件在 250~300℃ 温度下，遇到可燃性气体时，电阻减小，电阻减小的程度与可燃性气体浓度成正比。

2. 催化型可燃气体探测器

采用铂丝作为催化元件，当铂丝加热后，其电阻会随所处环境中可燃性气体浓度的变化而变化。具体检测电路多设计成电桥形式,检测用铂丝裸露在空气中,补偿用铂丝则是密封的,两者对称地接在电桥的两个臂上。环境中无可燃性气体时,电桥平衡无输出。当环境中有可燃性气体时,检测用铂丝由于催化作用导致可燃性气体无焰燃烧,铂丝温度进一步增大,使其电阻也随之增大,电桥失去平衡有报警信号输出。

(五) 复合式火灾探测器

复合式火灾探测器是可以响应两种或两种以上火灾参数的火灾探测器,主要有感温感烟型、感光感烟型、感光感温型等。

光电感温复合探测器将光电感烟和感温探测结合在一起,以期在探测早期火情的前提下,对后期火情也给予监视,属于早期探火与非早期探火的复合。就其多层探测及减小直到杜绝漏报火灾而言,无疑要比普通的单一探测器优越。可用光电感烟来实现火灾早期探测,同时再用探测器的感温功能来做火灾探测后备补偿。

光电、温感、电离式复合探测器是将探测器的一个探头中装有3只传感器,即电离型、光电型和温感型,它同时可起到光电、电离、感温不同的环境报警。由于探测器的多重性,即使区域用途以及火灾的性质发生改变,此类探测器也可适应,且能几乎100%地探测到所有种类的火灾,实现早期火情的全范围探测报警,从而提高探测器的可靠性。

烟温复合探测器结构如图6-27所示。进入迷宫所包围的烟雾敏感空间的烟雾粒子在红外发射管所发出的红外脉冲光束的照射下,产生光散射,散射光被红外光敏二极管接收,转换成电信号,此电信号代表烟雾的大小,放大后送给微处理器。这一部分与一般光电感烟探测器原理一样。在迷宫和外壳间放置了两只温敏二极管。火灾形成过程中,燃烧材料产生的热被温敏二极管检测到并转变成电信号。此电信号代表温度的高低,放大后送给微处理器。这一部分与一般的感温探测器相同。微处理器根据上述两部分的烟雾信号和温度信号进行计算,最后给出不同级别的报警信号,并通过总线传送给控制器。最后,由控制器根据一定的逻辑关系和具体的保护要求发出火灾警报。

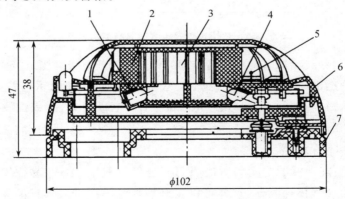

图6-27 烟温复合探测器结构

1—红外发射管;2—迷宫;3—烟雾敏感空间;4—红外接收管;5—温敏二极管;6—外壳;7—底座。

三、火灾报警控制子系统

火灾报警控制子系统是火灾自动报警系统的重要组成部分,又称为火灾报警控制器。在火灾自动报警系统中,火灾探测器是系统的"感觉器官",随时监视周围环境的情况。而火灾报警控制器,则是该系统的"身躯"和"大脑",是系统的核心。

火灾报警控制器的作用是向火灾探测器提供高稳定度的直流电源；监视连接各火灾探测器的传输导线有无故障；能接收火灾探测器发送的火灾报警信号，迅速、正确地进行转换和处理，并以声、光等形式指示火灾发生的具体部位，进而发出消防设备的启动控制信号。

（一）工作原理

火灾报警器以单片机为核心，将地址编码信号和火警、故障信号叠加到探测器电源中，实现控制器与探测器之间的二总线并联。分为三大部分，即信号获取与传送电路、中央处理单元、输出电路，其构造框图如图6-28所示。

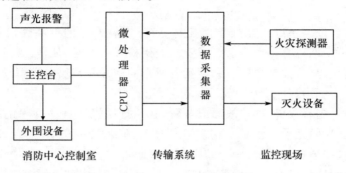

图6-28 火灾报警控制器构造框图

无火灾时，控制器通过输出接口控制探测器电源电路发出探测器编码信号和接收探测器回答信号。控制器单片机内部定时器在提供时间计数的同时，也产生探测器编码信号，通过输出接口控制探测器，使24V直流电流叠加有探测器编码信号。探测器上装有编码电路，它利用微分电路将信号由电源中分离出来，经译码后使与编码相符的探测器被选通。探测器回答信号也是如此从电源中分离出来，按顺序送入单片机，巡回检测程序根据输入信号判断是否有火警或故障发生，如此巡回检测各个探测器。

火灾时，控制器接收到探测器发来的火警信号后，液晶显示火灾部位、电子钟停在首次火灾发生的时刻，同时控制器发出声光报警信号，打印机打印出火灾发生的时间和部位。当探测器编码电路有故障时，如短路、线路断路、探头脱落等，控制器发出故障声光报警，显示故障部位并打印。

（二）基本功能

火灾报警控制器的基本功能主要有以下几个方面。

（1）主备电源。在控制器中备有备用电池，在控制器投入使用时，应将电源盒上方的主、备电开关全打开，当主电网有电时，控制器自动利用主电网供电，同时对电池充电，当主电网断电时，控制器会自动切换改用电池供电，以保证系统的正常运行。在主电供电时，面板主电指示灯亮。时钟正常显示时分值。备电供电时，备电指示灯亮，时钟只有秒点闪烁，无时分显示，这是为节省用电，其内部仍在正常走时，当有故障或火警时，时钟重又显示时分值，且锁定首次报警时间。当备电低于20V时关机，以防电池过放电而损坏。

（2）火灾报警。当接收到探测器、手动报警按钮、消火栓报警按钮及编码模块所配接的设备发来的火警信号时，均可在报警器中报警，火灾指示灯亮并发出火灾变调音响，同时显示首次报警地址号及总数。

（3）故障报警。系统在正常运行时，主控单元能对现场所有的设备（如探测器、手动报警按钮、消火栓报警按钮等）、控制器内部的关键电路及电源进行监视，一旦有异常立即报警。

报警时,故障灯亮并发出长音故障音响,同时显示报警地址号及类型号。

(4) 时钟锁定,记录着火时间。系统中时钟走时是软件编程实现的,有年、月、日、时、分。当有火警或故障时,时钟显示锁定,但内部能正常走时,火警或故障一旦恢复,时钟将显示实际时间。

(5) 火警优先。在系统存在故障的情况下出现火警,则报警器能由报故障自动转变为报火警,而当火警被清除后又自动恢复报原有故障。

(6) 调显火警。当火灾报警时,数码管显示首次火警地址,通过键盘操作可以调显其他的火警地址。

(7) 自动巡检。报警系统长期处于监控状态,为提高报警的可靠性,控制器设置了检查键,供用户定期或不定期进行电模拟火警检查。处于检查状态时,凡是运行正常的部位均能向控制器发回火警信号,只要控制器能收到现场发回来的信号并有反应而报警,则说明系统处于正常的运行状态。

(8) 自动打印。当有火警、部位故障或有联动时,打印机将自动打印记录火警、故障或联动的地址号,此地址号同显示地址号一致,并打印出故障、火警、联动的月、日、时、分。当对系统进行手动检查时,如果控制正常,则打印机自动打印正常。

(9) 测试。控制器可以对现场设备信号电压、总线电压、内部电源电压进行测试。通过测量电压值,判断现场部件、总线、电源等的正常与否。

(10) 部位的开放及关闭。部位的开放及关闭有以下几种情况:①子系统中空置不用的部位(不装现场部件),在控制器软件制作中即被永久关闭,如需开放新部位应与制造厂联系;②系统中暂时空置不用的部位,在控制器第一次开机时需要手动关闭;③系统运行过程中,已被开放的部位其部件发生损坏后,在更新部件之前应暂时关闭,在更新部件之后再将其开放。

(11) 显示被关闭的部位。在系统运行过程中,已开放的部位在其部件出现故障后,为了维持整个系统正常运行,应将该部位关闭。但应能显示出被关闭的部位,以便人工监视关闭部位的火情并及时更换部件。操作相应的功能键,控制器便顺序显示所有在运行中被关闭的部位。当部位是多部件部位时,这些部件中只要有一个是关闭的,它的部位号就能被显示出来。

(12) 输出。①向本控制器所监视的某些现场部件和控制接口提供 24V 电源;②控制器有输出端子,可用双绞线将多台控制器连通组成多区域集中报警系统,系统中有一台作集中报警控制器,其他作区域报警控制器;③控制器有 GTRC 端子,用来同 CRT 联机,其输出信号是标准 RS-232 信号。

(13) 联机控制。可分为"自动"联动和"手动"启动两种方式,但都是总线联动控制方式。在联动方式时,先按自动键,"自动"灯亮,使系统处于自动联动状态。当现场主动型设备(包括探测器)发生动作时,满足既定逻辑关系的被动型设备将自动被联动。手动启动在"手动允许"时才能实施,手动启动操作应按操作顺序进行。无论是自动联动还是手动启动,该动作的设备编号均应在控制板上显示,同时启动灯亮。已经发生动作的设备的编号也在此显示,同时回答灯亮。启动与回答能交替显示。

(14) 阈值设定。报警阈值(即提前设定的报警动作值)对于不同类型的探测器其大小不一,目前报警阈值是在控制器的软件中设定。这样控制器不仅具有智能化、高可靠的火灾报警,而且可以按各探测部位所在应用场所的实际情况不同,灵活、方便地设定其报警阈值,以便更加可靠地报警。

四、自动灭火子系统

(一) 自动喷水灭火系统

自动喷水灭火系统,根据被保护建筑物的性质和火灾发生、发展特性的不同,可以有许多不同的系统形式。这里主要介绍湿式自动喷水灭火系统、干式自动喷水灭火系统、预作用自动喷水灭火系统、雨淋系统和水幕系统等常用的自动喷水灭火系统。

1. 湿式自动喷水灭火系统

湿式自动喷水灭火系统是应用最广泛,控火、灭火率最高的一种闭式自动喷水灭火系统,目前世界上已安装的自动喷水灭火系统中有 70% 以上采用了湿式自动喷水灭火系统。

湿式自动喷水灭火系统一般包括闭式喷头、管道系统、湿式报警阀组和供水设备。湿式报警阀的上下管网内均充以压力水。当火灾发生时,火源周围环境温度上升,导致水源上方的喷头开启、出水、管网压力下降,报警阀阀后压力下降致使阀板开启,接通管网和水源,供水灭火。与此同时,部分水由阀座上的凹形槽经报警阀的信号管,带动水力警铃发出报警信号。如果管网中设有水流指示器,水流指示器感应到水流流动,也可发出电信号。如果管网中设有压力开关,当管网水压下降到一定值时,也可发出电信号,消防控制室接到信号,启动水泵供水。

2. 干式自动喷水灭火系统

干式自动喷水灭火系统主要是为了解决某些不适宜采用湿式系统的场所。虽然干式系统灭火效率不如湿式系统,造价也高于湿式系统,但由于它的特殊用途,至今仍受到人们的重视。

干式自动喷水灭火系统主要由闭式喷头、管网、干式报警阀、充气设备、报警装置和供水设备组成。平时报警阀后管网充以有压气体,水源至报警阀前端的管段内充以有压水。干式自动喷水灭火系统,火灾发生时,火源处温度上升,使火源上方喷头开启,首先排出管网中的压缩空气,于是报警阀后管网压力下降,干式报警阀阀前压力大于阀后压力,干式报警阀开启,水流向配水管网,并通过已开启的喷头喷水灭火。干式系统平时报警阀上下阀板压力保持平衡,当系统管网有轻微漏气时,由空压机进行补气,安装在供气管道上的压力开关监视系统管网的气压变化状况。

3. 预作用自动喷水灭火系统

预作用自动喷水灭火系统主要由闭式喷头、管网系统、预作用阀组、充气设备、供水设备、火灾探测报警系统等组成。预作用系统,平时预作用阀后管网充以低压压缩空气或氮气(也可以是空管),发生火灾时,由火灾探测系统自动开启预作用阀,使管道充水呈临时湿式系统。因此要求火灾探测器的动作先于喷头的动作,而且应确保当闭式喷头受热开放时管道内已充满了压力水。从火灾探测器动作并开启预作用阀开始充水,到水流流到最远喷头的时间,应不超过 3min,其时水流在配水支管中的流速不应小于 2m/s,由此来确定预作用系统管网最长的保护距离。

火灾发生时,由火灾探测器探测到火灾,通过火灾报警控制箱开启预作用阀,或手动开启预作用阀,向喷水管网充水,当火源处温度继续上升,喷头开启迅速出水灭火。如果发生火灾时,火灾探测器发生故障,没能发出报警信号启动预作用阀,而火源处温度继续上升,使得喷头开启,于是管网中的压缩空气气压迅速下降,由压力开关探测到管网压力骤降的情况,压力开关发出报警信号,通过火灾报警控制箱也可以启动预作用阀,供水灭火。因此,对于充气式预作用系统,即使火灾探测器发生故障,预作用系统仍能正常工作。

4. 雨淋系统

雨淋系统为开式自动喷水灭火系统的一种,系统所使用的喷头为开式喷头,发生火灾时,系统保护区域上的所有喷头一起喷水灭火。

雨淋系统通常由3个部分组成,即火灾探测传动控制系统、自动控制成组作用阀门系统和带开式喷头的自动喷水灭火系统。其中火灾探测传动控制系统可采用火灾探测器、传动管网或易熔合金锁封来启动成组作用阀。火灾探测器、传动管网、易熔锁封控制属自动控制手段。当采用自动手段时,还应设手动装置备用。自动控制成组作用阀门系统,可采用雨淋阀或雨淋阀加湿式报警阀。

雨淋系统适用于燃烧猛烈、蔓延迅速的严重危险建筑物或场所,如炸药厂、剧院舞台上部、大型演播室、电影摄影棚等。如果在这些建筑物中采用闭式自动喷水灭火系统,发生火灾时,只有火焰直接影响到喷头才被开启喷水,且闭式喷头开启的速度慢于火势蔓延的速度,因此不能迅速出水控制火灾。

5. 水幕系统

水幕系统是开式自动喷水灭火系统的一种。水幕系统喷头呈1~3排排列,将水喷洒成水幕状,具有阻火、隔火作用,能阻火焰穿过开口部位,防止火势蔓延,冷却防火隔绝物,增强其耐火性能,并能扑灭局部火灾。

水幕系统的作用方式和工作原理与雨淋系统相同。当发生火灾时,由火灾探测器或人发现火灾,电动或手动开启控制阀,然后系统通过水幕喷头喷水,进行阻火、隔火或冷却防火隔断物。

(二) 自动气体灭火系统

自动气体灭火系统主要用在火灾时不宜采用水等灭火或有贵重设备的场所。通常在建筑物中采用气体灭火的主要场所有柴油发电机房、锅炉房、大型电子计算机房、可燃性气体及易燃液体仓库、变电站等,其能有效地扑灭电气火灾、可燃性气体火灾、液体火灾及易燃固体物质的表面火灾等。

常用的气体灭火系统有七氟丙烷灭火系统、CO_2 灭火系统、烟烙尽混合气体灭火系统。

1. 七氟丙烷灭火系统

七氟丙烷的灭火机理为抑制化学链反应,七氟丙烷灭火剂通过氮气加压以液态方式储存在容器内,系统在20℃有2.5MPa和4.2MPa两种充装压力,启动时通过增压氮气的压力来推动灭火剂喷放。七氟丙烷灭火方式的应用主要以全淹没灭火为主,可组成管网灭火系统和无管网灭火系统。其灭火机理主要包括3个方面:一是使保护区冷却,七氟丙烷采用液态形式存储、气态形式喷放,液体汽化后吸收大量的热;二是灭火剂分裂,灭火剂是由大分子组成的,灭火时分子中一部分键断裂需要吸收热量,同时化学反应链可阻止燃烧;三是消耗氧气,保护区内的喷射和火焰的存在降低氧气的浓度,从而降低了燃烧的速度。

七氟丙烷灭火系统的优点:七氟丙烷灭火剂是毒性较低、无色、无味、无二次污染的气体,对人体产生不良影响的体积浓度临界值为9%,其最小设计灭火浓度为7%,因此,正常情况下对人体不会产生不良影响,可用于经常有人活动的场所,特别是它不破坏大气臭氧层,符合环保要求。由于灭火浓度较低,因而储瓶数量较少,占地面积也较小,而且各项指标较为合理,系统功能完善、工作准确可靠、长期储存不泄漏。

七氟丙烷灭火系统的弊端:该灭火剂在空气中存在时间约为30年,会产生一定的温室效应,而且因为灭火剂的释放必须在10s之内完成,达到灭火浓度;否则产生的酸性分解物对人体有害,对被保护设施也有腐蚀性,所以输送距离短。另外,灭火剂造价也比较高。

2. CO_2 灭火系统

CO_2 是一种能够用于扑救多种类型火灾的灭火剂。它的灭火作用主要是相对地减少空气中的氧含量,降低燃烧物的温度,使火焰熄灭,是物理形式的灭火剂。CO_2 灭火剂以气液两相储存在容器内,高压 CO_2 灭火系统最高储存压力接近 15MPa,低压 CO_2 灭火系统最高储存压力通常在 2.38MPa。启动时靠 CO_2 自身的蒸汽压力推动喷放。应用时可组成全淹没灭火系统和局部应用灭火系统、管网灭火系统和无管网灭火系统。

二氧化碳灭火系统的优点:灭火时不污染环境,对保护区不产生腐蚀和破坏作用,它适用于扑救各种可燃、易燃液体和固体物质火灾,CO_2 灭火系统技术成熟,应用广泛,而且 CO_2 灭火系统能输送较远距离。

二氧化碳灭火系统的弊端:其较高的灭火浓度对人非常危险,不宜用于有人场所。另外,在释放过程中的冷凝现象可能会对电子元件造成损害。而且,在实际应用中通常采用高压液化储存的高压系统和低温储存的低压系统。高压储存,需要的瓶组数目多,占地面积大,对运输管道和储存环境温度要求较严格,低压系统需要外设制冷设备,而且两种系统的造价都比较高。

3. 烟烙尽灭火系统

烟烙尽灭火剂由 52% 氮、40% 氩、8% 二氧化碳 3 种气体组成,比空气略重,属于惰性气体灭火剂,以气态形式储存,其储存压力为 15MPa。烟烙尽的灭火机理是通过降低防护区中的氧气浓度(由空气正常含氧量的 21% 降至 12.5%),使其不能维持燃烧而达到灭火的目的,为物理反应,属被动灭火。

烟烙尽是一种绿色环保型灭火剂,在灭火时不会发生任何化学反应,不污染环境,无毒、无腐蚀性,具有良好的电绝缘性能,不会对被保护设备构成危害,也无需延迟喷放,这是其他灭火剂所不具备的特点。烟烙尽混合气体灭火剂在 42.8% 的灭火浓度下,人或者动物不会感到不适应,这是由于此时保护区内的 CO_2 含量在 4%~5% 之间,提高了人或动物的呼吸频率,这样可以使人或动物氧气的摄入量与在正常空气下氧气摄入量保持一致。另外,混合气体以设计浓度和空气混合后,可以在较长的时间内保持这一灭火浓度,即使保护区没有采取特别的密封措施,系统也能在 20min 后保持灭火所需的浓度。另外,灭火剂价格便宜,输送距离也很长,这对于保护相距较远的保护区十分有利,由于灭火气体可充分与空气混合,故能有效防止复燃。但因是被动灭火,其灭火效果略差,其高压气态储存方式带来了储瓶数量大、占地面积大、系统造价高的缺点。

第四节 弹药仓库安全防范信息技术

一、安全防范技术概述

(一)安全防范技术概念

1. 安全防范定义

安全就是没有危险、不受侵害、不出事故;防范就是防备、戒备,而防备是指做好准备以应付攻击或避免受害,戒备是指防备和保护。安全防范的定义可概括为:做好准备和保护,以应付攻击或者避免受害,从而使被保护对象处于没有危险、不受侵害、不出现事故的安全状态。

显而易见,安全是目的,防范是手段,通过防范的手段达到或实现安全的目的,就是安全防范的基本内涵。

2. 安全防范的基本要素

安全防范是社会公共安全的一部分,就防范手段而言,安全防范包括人力防范、实体(物)防范和技术防范3个范畴。其中人力防范和实体防范是古已有之的传统防范手段,它们是安全防范的基础,随着科学技术的不断进步,这些传统的防范手段也不断融入新科技的内容。技术防范的概念是在近代科学技术用于安全防范领域并逐渐形成的一种独立防范手段的过程中所产生的一种新的防范概念。

安全防范的3个基本要素是探测、延迟与反应。探测是指感知显性和隐性风险事件的发生并发出报警;延迟是指延长和推延风险事件发生的进程;反应是指组织力量为制止风险事件的发生所采取的快速行动。在安全防范的3种基本手段中,要实现防范的最终目的,都要围绕探测、延迟、反应这3个基本防范要素开展工作、采取措施,以预防和阻止风险事件的发生。当然,3种防范手段在实施防范的过程中所起的作用有所不同。

基础的人力防范手段(人防)是利用人们自身的传感器(眼、耳等)进行探测,发现妨害或破坏安全的目标,做出反应;用声音警告、恐吓、设障、武器还击等手段来延迟或阻止危险的发生,在自身力量不足时还要发出求援信号,以期待做出进一步的反应,制止危险的发生或处理已发生的危险。

实体防范(物防)的主要作用在于推迟危险的发生,为"反应"提供足够的时间。现代的实体防范已不是单纯物质屏障的被动防范,而是越来越多地采用高科技手段,一方面使实体屏障被破坏的可能性变小,增大延迟时间;另一方面也使实体屏障本身增加探测和反应的功能。

技术防范手段可以说是人力防范手段和实体防范手段的功能延伸和加强,是对人力防范和实体防范在技术手段上的补充和加强。它要融入人力防范和实体防范之中,使人力防范和实体防范在探测、延迟、反应3个基本要素中间不断地增加高科技含量,不断提高探测能力、延迟能力和反应能力,使防范手段真正起到作用,达到预期的目的。

探测、延迟和反应3个基本要素之间是相互联系、缺一不可的关系。一方面,探测要准确无误、延迟时间长短要合适,反应要迅速;另一方面,反应的总时间应小于(至多等于)探测加延迟的总时间。

3. 安全防范技术与安全技术防范

安全防范技术是用于安全防范的专门技术,在国外,安全防范技术通常分为3类,即物理防范技术(Physical Protection)、电子防范技术(Electronic Protection)、生物统计学防范技术(Biometric Protection)。物理防范技术主要指实体防范技术,如建筑物和实体屏障以及与其匹配的各种实物设施、设备和产品(如门、窗、柜、锁等);电子防范技术主要是指应用于安全防范的电子、通信、计算机与信息处理及其相关技术,如电子报警技术、视频监控技术、出入口控制技术、计算机网络技术及其相关的各种软件、系统工程等。生物统计学防范技术是法庭科学的物证鉴定技术和安全防范技术中的模式识别相结合的产物,它主要是指利用人体的生物学特征进行安全技术防范的一种特殊技术门类,现在应用较广泛的有指纹、掌纹、眼纹、声纹等识别控制技术。

安全技术防范是以安全防范技术为先导,以人力防范为基础,以技术防范和实体防范为手段,所建立的一种具有探测、延迟、反应有序结合的安全防范服务保障体系。由于现代科学技术的不断发展和普及应用,"技术防范"的概念也越来越普及,越来越为执法部门和社会公众所认可和接受,以致成为使用频率很高的一个新词汇,技术防范的内容也随着科学技术的进步而不断更新。在科学技术迅猛发展的当今时代,可以说几乎所有的高新技术都将或迟或早地移植、应用于安全防范工作中。因此,"技术防范"在安全防范技术中的地位和作用将越来越重要,它已经带来了安全防范的一次新的革命。

(二) 弹药仓库安全防范系统主要构成

仓库安全是仓库的生命,是仓库业务的保证,特别是对于弹药仓库更是所有工作的重中之重,这是由弹药的特殊属性及弹药仓库的特殊地位决定的。目前在弹药仓库中常用的安全防范系统主要包括入侵探测与报警系统、视频监控系统、出入口控制系统、电子巡查系统、钥匙监控管理系统等。

1. 入侵探测与报警系统

入侵探测与报警系统是利用传感器技术和电子信息技术探测并锁定非法进入或试图非法进入设防区域的行为、处理现场信息、发出报警指令,并根据预案能采取相应对策的电子系统或监测网络。入侵探测与报警系统的基本功能是根据被防护对象的使用功能及安全防范管理的要求,对设防区域内发生的非法入侵、盗窃、破坏和抢劫等进行实时有效的探测与报警。入侵探测与报警系统通常是由前端探测设备、传输部件、控制设备、显示/记录设备4个主要部分组成。它一般包括仓库周界防入侵系统和库房内部防盗报警系统。仓库周界防入侵系统是保障整个仓库安全及正常运行的外部屏障。库房内部防盗报警系统是保障库房内部安全及正常运行的内部屏障。系统根据总体纵深防护和局部纵深防护的原则,对被保护目标分别实施周界防护、区域防护、空间防护、定点防护,构成点、线、面、空间或其组合的综合防护系统。

2. 视频监控系统

视频安全防范监控系统是利用视频技术探测、监视设防区域并实时显示、记录现场图像的电子系统或网络。视频安全防范监控系统根据建筑物的使用功能及安全防范管理的要求,对需要进行视频安全防范监控的场所、部位、通道等进行实时、有效的视频探测、视频监视、图像显示、记录与回放,并具有视频入侵报警功能。系统能自成网络独立运行,并能与入侵报警系统、出入口控制系统、消防联动控制及辅助照明装置联动。

3. 出入口控制系统

出入口控制系统是利用自定义符识别技术以及模式识别技术对出入建筑物及其周边区域的目标进行识别并能控制出入口执行机构启闭的电子系统或网络。出入口控制系统由前端识读装置与执行机构、传输部件、处理/控制设备、显示/记录设备4个主要部分组成。出入口控制系统能根据建筑物的使用功能及安全防范管理的要求,对需要控制的各类出入口,按照各类不同的通行对象及其准入级别进行实时控制与管理,系统具有报警功能。

4. 电子巡查系统

电子巡查管理系统是对巡查人员的巡查路线、方式及过程进行管理和控制的电子系统。电子巡查管理系统也称为电子巡更系统,属于技术防范与人工防范的结合,电子巡查管理系统的作用是要求值班人员能够按照预先设定的路线顺序地对各巡查点进行巡视,同时也保护巡查人员的安全。电子巡查管理系统能根据建筑物的使用功能及安全防范管理的要求,按照预先编制的人员巡查程序,通过信息识读器或其他方式对人员巡逻的工作状态进行监督、记录,并能对意外情况及时报警。

5. 钥匙监控管理系统

钥匙监控管理系统是对整个库房的钥匙进行控制管理,对钥匙使用情况进行记录和录像,对钥匙所有管理人员的相关资料进行管理等安全管理系统。

在弹药仓库安全防范系统中,一般是以入侵探测与报警系统为核心,以视频监控系统和出入口控制系统为补充,以监控中心值班人员和哨兵巡逻力量为基础,以其他子系统为辅助,各系统之间既独立工作又相互兼容,从而形成一个全方位、多层次以及点、线、面、空间防范相组合的立体的防控体系。

(三) 安全防范系统的发展趋势

近年来,尤其随着现代化科学技术的飞速发展,犯罪分子犯罪的智能化、复杂化及隐蔽性更强,因此促使技术防范手段发展迅速。不论在器件上还是在系统的功能上都有飞速的发展。器件上的探测器由原先较简单、功能单一的初级产品发展成多种技术复合的高新产品。如微波—被动红外复合的探测器,它将微波和红外探测技术集中运用于一体。在控制范围内,只有两种报警技术的探测器都产生报警信号时才输出报警信号。它既能保持微波探测器可靠性强与热源无关的优点,又集被动红外探测器无需照明和亮度要求可昼夜运行的特点,大大降低了探测器的误报率。这种复合型的报警探测器的误报率,是单技术微波报警器误报率的几百分之一。又例如,利用声音和振动技术的复合型双鉴式玻璃报警器,探测器只有在同时感受到玻璃振动时的振动和破碎时的高频声音才发生报警信号,从而大大减弱因窗户的振动而引起的误报,提高了报警的准确性。电视监控系统的飞速发展使安全防范的技术更有效、更直观。微光、红外摄像机的研究开发成功,能使安全防范实现全天候及昼夜工作,摄像机的微型化和智能化使探测器更隐蔽。硬盘记录装置及可读/写式光盘的出现,使记录的图像更加清晰,保存时间更长,检索回放更加方便。多画面分隔器和多画面处理器的出现,大大减少了系统设备的数量,使系统更可靠,而监控范围也越来越大。

目前,将矩阵切换、多画面处理、硬盘录像以及网上传输等功能集成于一体的控制主机,使组成的安全防范系统更加完善、功能更加强大。特别是在引入了"入侵路径预测与警情处理系统"的理论和软件系统之后组成的安全防范系统,将不仅仅是只靠硬件设备和系统被动的监视和发现警情,还能使整个系统动态地运行,即把发现警情、监控警情和即刻处理警情结合起来,使犯罪活动不仅不能得逞,还将即刻捕获犯罪分子,从而使整个系统不仅能发现和监视,还能做到有效地控制。一个大型工程,由几个分系统构成一个综合的安全防范系统,它既有入侵防盗的功能,又有防火、防爆和安全检查的功能。当某一被探测点发出报警信号,它能自动通过电话线向报警中心报警,而报警中心也能自动探知报警信号的性质、地点及其他信息。探测信号的传输也由常规的模拟量的有线传输,转为如数字的无线传输,大大降低了施工过程中的布线工作量,节约了材料和劳力。报警控制器采用了大容量的 CPU,使信号和控制实现了计算机总线控制,大大降低了系统安装的工作量,提高了系统的可靠性。

二、入侵探测与报警技术

入侵探测与报警技术是将传感器技术、电子技术、计算机技术、通信技术等应用于探测非法入侵和防止盗窃等犯罪活动的重要技术手段,是安全防范监控的核心。入侵探测与报警技术通常由入侵探测器(又称防盗报警器)、传输通道和报警控制器3个部分构成。

入侵探测器是用来感知和探测入侵者入侵时所发生的侵入动作和移动动作的设备。通常由传感器和信号处理器组成。入侵者在实施入侵时总是要发出声响、产生振动波、阻断光路,对地面或某些物体产生压力,破坏原有温度场发出红外光等物理现象,传感器则是利用某些材料对这些物理现象的敏感性而将其转换为相应的电信号和电参量(电压、电流、电阻、电容等),然后经过信号处理器放大、滤波、整形后成为有效的报警信号,并通过传输通道传给报警控制器。

报警控制器的作用是对探测器传来的信号进行分析、判断和处理,当入侵报警发生时,它将接通声光报警信号震慑犯罪分子避免其采取进一步的侵入破坏;显示入侵部位以通知值班人员去做紧急处理;自动关闭和封锁相应通道;启动视频监视系统中入侵部位和相关部位的摄像机对入侵现场监视并进行录像,以便事后进行备查与分析。

信号传输通道是联系探测器和报警控制器的信息通道,通常可分为无线信号通道和有线信号通道两种。无线信号通道要先将探测信号调制到专用的无线电频道,由发送天线发出,报警控制器或控制中心和无线接收机先将空中的无线信号接收后解调还原为报警信号进行处理。

(一)入侵探测器

入侵探测器是将感知到的各种形式的物理量转化成符合报警控制器处理的电信号,进而通过报警控制器启动报警装置。入侵探测器一般由传感器、放大器和转换输出电路组成,其中传感器是核心器件,它的作用是将被测的物理量(如温度、压力、位移、振动、光和声音等)转换成容易识别、检测和处理的电量(如电压、电流和阻抗等)。传感器的输出往往是随被测物理量的大小变化而变化的一种连续变化的电量,需要经放大、转换处理后输出一种便于防盗报警控制器识别的状态信号。

入侵探测器的种类很多,按探测器的探测原理划分可分为机械型(开关、震动)、声波型(声音、超声波、次声波)、光线型(红外、微波、激光)、物理型(电磁、电缆)和多种技术复合入侵探测器。按警戒范围划分可分为点型入侵探测器、直线型入侵探测器、面型入侵探测器和空间型入侵探测器。下面主要阐述安全防范系统中常用的几种探测器及其特性和应用场合。

1. 开关型入侵探测器

开关型入侵探测器是一种电子装置,它可以把防范现场传感器的位置或工作状态的变化转换为控制电路通断的变化,并以此来触发报警电路。由于这类报警器的传感器的工作状态类似于电路开关,故称其为"开关型入侵探测器",它属于点控型报警器。

开关型入侵探测器常用的传感器有磁控开关、微动开关和易断金属条等。当它们被触发时,传感器就输出信号使控制电路通或断,引起报警装置发出声、光报警。

(1)磁控开关。磁控开关由带金属触点的两个簧片封装在充有惰性气体的玻璃管(称干簧管)和一块磁铁组成,见图6-29。

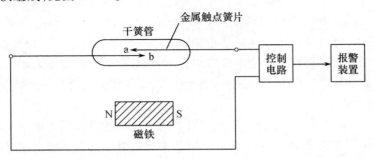

图6-29 磁控开关报警示意图

当磁铁靠近干簧管时,管中带金属触点的两个簧片在磁场作用下被吸合,a、b接通;磁铁远离干簧管达一定距离时干簧管附近磁场消失或减弱,簧片自身靠弹性作用恢复到原位置,a、 b 断开。

使用时,一般是把磁铁安装在被防范物体(如门、窗等)的活动部位(门扇、窗扇),干簧管装在固定部位(如门框、窗框)。磁铁与干簧管的位置需保持适当距离,以保证门、窗关闭磁铁与干簧管接近时,在磁场作用下,干簧管触点闭合,形成通路。当门、窗打开时,磁铁与干簧管远离,干簧管附近磁场消失,其触点断开,控制器产生断路报警信号。图 6-30 所示为磁控开关在门、窗上的安装情况。磁控开关由于结构简单、价格低廉、抗腐蚀性好、触点寿命长、体积小、动作快、吸合功率小,因此在实际应用中经常采用。

(2)微动开关。微动开关是一种依靠外部机械力的推动,实现电路通断的电路开关,见图 6-31。外力通过传动元件(如按钮)作用于动作簧片上,使其产生瞬时动作,簧片末端的动触点 a 与静触点 b、c 快速接通(a 与 b)和切断(a 与 c)。外力移去后,动作簧片在压簧作用下迅速弹回原位,电路又恢复 a、c 接通,a、b 切断状态。

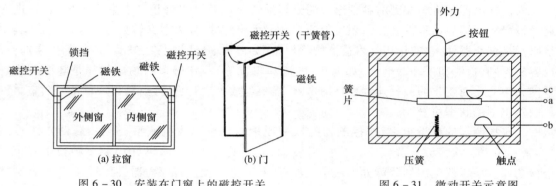

图 6-30　安装在门窗上的磁控开关　　　图 6-31　微动开关示意图

微动开关具有抗振性能好、触点通过电流大、型号规格齐全、可在金属物体上使用等特点,但是耐腐蚀性、动作灵敏度方面不如磁控开关。在现场使用微动开关作开关报警器的传感器时,需要将它固定在一个物体上(如展览台),将被监控保护的物品(如贵重的展品)放置在微动开关之上。展品的重力将其按钮压下,一旦展品被意外地移动、抬起时,按钮弹出,控制电路发生通断变化,引起报警装置发出声光报警。微动开关也适于安装在门窗上。

(3)易断金属导线。易断金属导线是一种用导电性能好的金属材料制作的机械强度不高、容易断裂的导线。用它作为开关报警器的传感器时,可将其捆绕在门、窗把手或被保护的物体之上,当门窗被强行打开或物体被意外移动搬走时,金属线断裂,控制电路发生通断变化,产生报警信号。目前,我国使用线径在 0.1~0.5mm 之间的漆包线作为易断金属导线。国外采用一种金属胶带,可以像胶布一样粘贴在玻璃上并与控制电路连接。当玻璃破碎时,金属胶带断裂而报警。但是,建筑物窗户太多或玻璃面积太大,则金属胶带不太适用。易断金属导线具有结构简单、价格低廉的优点,缺点是不便于伪装,漆包线的绝缘层易磨损而出现短路现象,从而使报警系统失效。

(4)压力垫。压力垫也可以作为开关报警器的一种传感器。压力垫通常放在防范区域的地毯下面,如图 6-32 所示,将两条长条形金属带平行相对应地分别固定在地毯背面和地板之间,两条金属带之间有几个位置使用绝缘材料支撑,使两条金属带互不接触。此时,相当于传感器断开。当入侵者进入防范区,踩踏地毯,地毯相应部位受重力而凹陷,使地毯下没有绝缘物支撑部位的两条金属带接触。此时相当于传感器开关闭合,发出报警信号。

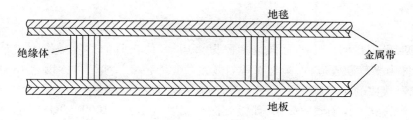

图 6-32　压力垫使用情况示意图

2. 微波入侵探测器

微波入侵探测器是利用微波能量的辐射及探测技术构成的报警器,按工作原理的不同又可分为微波移动探测器和微波阻挡探测器两种。

1)微波移动探测器(多普勒式微波探测器)

它是利用频率为 300~3000000MHz(通常为 10000MHz)的电磁波对运动目标产生的多普勒效应构成的微波探测装置,它又称为多普勒式微波探测器。

多普勒效应是指在辐射源(微波探头)与探测目标之间有相对运动时,接收的回波信号频率会发生变化,如图 6-33 所示。

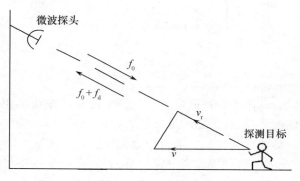

图 6-33　多普勒效应

设微波探头发射信号为 U_t,即

$$U_t = U_m \sin(\omega_0 t + \varphi_t)$$

式中:ω_0 为探头发射信号的角频率,$\omega_0 = 2\pi f_0$;φ_t 为发射信号的初始相位。那么,当探头与目标间有相对运动时,经目标反射后探头接收到的回波信号 U_r 为

$$U_r = U_m \sin[\omega_0(t - t_r) + \varphi_t] = U_m \sin\varphi$$

式中:t_r 为电磁波往返于探头与目标之间所需的时间,即

$$t_r = \frac{2R(t)}{c}$$

式中:c 为电磁波传播速度(即光速);$R(t)$ 为探头与目标之间的距离,是时间的函数,且有

$$R(t) = R_0 - v_r t$$

式中:R_0 为探头与目标间的初始距离;v_r 为目标与探头相对运动的径向速度。因此,回波信号的角频率为

$$\omega = \frac{d\varphi}{dt} = \frac{d}{dt}[\omega_0(t - t_r) + \varphi_t] = \omega_0\left(1 + \frac{2v_r}{c}\right)$$

也可写成

$$f = f_0\left(1 + \frac{2v_r}{c}\right) = f_0 + f_d, \quad f_d = \frac{2v_r}{c} \cdot f_0$$

由此可见，由于目标以 v_r 的径向速度向探头运动，使接收的信号频率不再是 f_0 而是 $f_0 + f_d$，此现象就称为多普勒效应，而附加频率 f_d 称为多普勒频率。如果目标以 v_r 径向速度背向探头运动时，则所接收的信号频率 f_0 低一个多普勒频率，即 $f_0 - f_d$。

由于 $c \gg v_r$，故多普勒频率较小，如微波探头发射频率 $f_0 = 10000\,\text{MHz}$，目标对探头的径向速度 $v_r = 1\,\text{m/s}$，则

$$f_d = \frac{2v_r}{c} \cdot f_0 = 66\,\text{Hz}$$

利用多普勒效应探测运动物体的微波移动报警器一般由探头和控制两部分组成，其探头框图如图 6-34 所示。

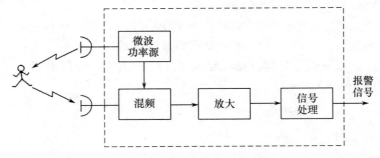

图 6-34 微波移动报警器探头框图

探头安装在警戒区域，控制器设在值班室。探头中的微波振荡源产生固定频率 f_0 的连续发射信号，其小部分送到混频器，大部分能量通过天线向警戒空间辐射。当遇到运动目标时，由于多普勒效应，反射波频率变为 $f_0 \pm f_d$，通过接收天线送入混频器产生差频信号 f_d，经放大处理后再传输至控制器。此差频信号也称为报警信号，它触发控制电路报警或显示。这种报警器对静止目标不产生多普勒效应（$f_d = 0$），没有报警信号输出。它一般用于监控室内目标。

2）微波阻挡探测器

微波阻挡探测器由微波发射机、微波接收机和信号处理器组成，使用时将发射天线和接收天线相对放置在监控场地的两端，发射天线发射微波束直接送达接收天线。当没有运动遮断微波波束时，微波能量被接收天线接收，发出正常工作信号；当有运动目标阻挡微波束时，接收天线接收到的微波能量减弱或消失，此时产生报警信号。

微波报警特点：利用金属物体对微波有良好反射特性，可采用金属板反射微波的方法，扩大报警器的警戒范围；利用微波对介质（如较薄的木材、玻璃钢、墙壁等）有一定的穿透能力，可以把微波探测器安装在木柜或墙壁里，以利于伪装；微波报警器灵敏度很高，故安装微波探测器尽量不要对着门、窗，以避免室外活动物体引起误报警。

3. 红外入侵探测器

红外入侵探测器是利用红外线的辐射和接收技术构成的报警装置。根据其工作原理又可分为主动式和被动式两种类型。

1）主动式红外探测器

主动式红外探测器是由收、发装置两部分组成，如图 6-35 所示。发射装置向装在几米甚至几百米远的接收装置辐射一束红外线，当被遮断时，接收装置即发出报警信号，因此它也是

阻挡式报警器,或称对射式报警器。通常发射装置由多谐振荡器、波形变换电路、红外发光管及光学透镜等组成。振荡器产生脉冲信号,经波形变换及放大后控制红外发光管产生红外脉冲光线,通过聚焦透镜将红外线变为较细的红外线束,射向接收端。接收装置由光学透镜、红外发光管、放大整形电路、功率驱动器及执行机构等组成。光电管将接收到的红外线信号转变为电信号,经过整形放大后推动执行机构启动报警设备。

图 6-35　主动式红外报警器组成

主动式红外探测器有较远的传输距离,因红外线属于非可见光源,入侵者难以发觉与躲避,防御界线非常明确。尤其在室内应用时,其简单可靠、应用广泛,但因暴露于外面,易被损坏或被入侵者故意移位或逃避等;在室外应用时则应考虑雾、雨、雪等天气因素的影响。

主动式红外探测器是点、线型探测装置,为了在更大范围内有效地防范,也可利用多机采取光墙或光网安装方式组成警戒封锁区或警戒封锁网甚至组成立体警戒区。其安装方式主要有两种。一是对向型安装方式,红外发射机与红外接收机对向设置,一对收、发机之间可形成一道红外警戒线。可以根据警戒区域的形状不同,将多组红外发射机和红外接收机合理配置,构成不同形状的红外线周界封锁线,如图 6-36(a)所示。二是反射型安装方式,红外接收机接收由反射镜或反射物反射回的红外光束。当反射面的位置和方向发生变化或红外入射光束和反射光束被阻挡而使接收机接收不到红外反射光束时,都会发出报警信号,如图 6-36(b)所示。

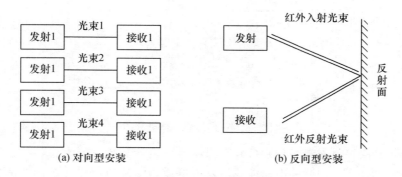

图 6-36　主动式红外探测器的安装方式

2) 被动式红外探测器

被动式红外探测器不向空间辐射能量,而是依靠接收人发出的红外辐射来进行报警。众所周知,任何有温度的物体都在不断向外界辐射红外线,人体的表面温度为 36℃,其大部分辐射能量集中在 $8\sim12\mu m$ 的波长范围内。

被动式红外探测器主要由光学系统、热传感器(或称为红外传感器)及报警控制器等部分组成。其核心是红外探测器件,通过光学系统的配合作用可以探测到某个立体防范空间内的热辐射的变化,如图 6-37 所示。

被动式红外探测器的特点主要有以下方面:不需要在保安区域内安装任何设备,可实现远距离控制;由于是被动式工作,不产生任何类型的辐射,保密性强,能有效地执行保安任务;不必考虑照度条件,昼夜均可使用,特别适宜在夜间或黑暗下工作;由于无能量发射,没有容易磨

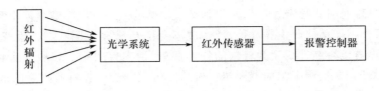

图 6-37 被动式红外探测器结构原理框图

损的活动部件,因而功耗低、结构牢固、寿命长、维护简便、可靠性高。缺点是相对于主动式探测误报率较高。

4. 周界报警探测器

为了防止非法的入侵和各种破坏活动,传统的防范措施是在这些区域的外围周界处设置一些屏障,如围墙、栅栏、钢丝篱笆网等,并安排人员巡逻。但是人力防范往往受到时间、地域、人员素质和精力等因素的影响,难免出现漏洞和失误。为了提高周界安全防范的可靠性,可以安装周界报警装置。周界报警探测器可以固定安装在现有的围墙或栅栏上,有人翻越或破坏时即可报警。传感器也可以埋设在周界地段的地层下,当入侵者接近或越过周界时产生报警信号,使值守人员及早发现,及时采取制止入侵的措施。

(1) 泄漏电缆探测器。泄漏电缆是一种特制的同轴电缆,见图 6-38,其中心是铜导线,外面包裹着绝缘材料(如聚乙烯),绝缘材料外面用两条金属散层以螺旋方式交叉缠绕并留有孔隙。电缆最外面为聚乙烯保护层。当电缆传输电磁能量时,屏蔽层的空隙处便将部分电磁能量向外辐射。为了使电缆在一定长度范围内能够均匀地向空间泄漏能量,电缆空隙的尺寸大小是沿电缆变化的。

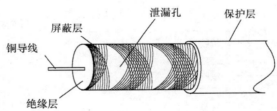

图 6-38 泄漏电缆结构示意图

把平行安装的两根泄漏电缆分别接到高强信号发生器和接收器上,就组成了泄漏电缆入侵探测器。当发生器产生的脉冲电磁能量沿发射电缆传输并通过泄漏孔向空间辐射时,在电缆周围形成空间电磁场,同时与发射电缆平行的接收电缆通过泄漏孔接收空间电磁能量并沿电缆送入接收器,泄漏电缆可埋入地下,如图 6-39 所示。当入侵者进入探测区时,使空间电磁场的分布状态发生变化,因而接收电缆收到的电磁能量发生变化,这个变化量就是入侵信号,经过分析处理后可使报警器动作。泄漏电缆探测器可全天候工作,抗干扰能力强,误报漏报率都较低,适用于高保安、长周界的安全防范场所。

(2) 光纤探测器。随着光纤技术的不断发展,传输损耗不断降低,传输距离不断加大,价格下降,加上在技术性能上又有独到的优点,光纤探测器在安防系统中越来越多地得到应用。光纤探测器基本由光发射器、光导纤维、光接收器组成。光发射器内的发光二极管发射脉冲调制的光线,此光沿光纤向前传播,最后到达光接收器,并把经光电检测后的信号送往报警控制器,从而构成一个闭合的光环系统。其探测机理主要有 3 种。

① 利用光纤断裂使光路中断探测。光纤细如发丝,可以做成各种形状进行隐蔽安装。根

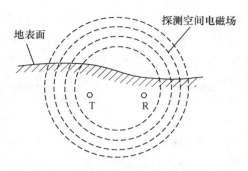

图 6-39 泄漏电缆产生空间磁场示意图
T—发射电缆；R—接收电缆。

据防范的不同场合和要求,光纤可以构成各种形状,环置于需要防范的周界,当入侵者侵入时会破坏光纤使其断裂,这时就会因光信号中断而触发报警。由于光纤极细,可以很方便地进行隐蔽安装,如安装在周围防御的钢丝网上,当发生因攀登、翻越、切断钢丝引起的光纤断裂时,通过报警控制器发出报警。也可以将透明的光纤埋在用纸、塑料或防止纤维等物制成的壁纸中或放到墙皮里或门板里,当入侵者凿墙、打洞或撕裂壁纸时产生报警。

② 利用光纤中光传输模式发生变化探测。系统由低功率激光器、聚焦透镜、多模光纤、光电探测器和报警控制器组成。由激光光源产生的光经透镜进入光纤中,多模光纤的输出端的发射光束投射出一个以一定模式分布的激光光强度斑点图。光纤通常埋在沙土层适当的位置。当有入侵者踏上光纤,使之受到扭曲,光强度分布模式图随之变化,从而触发报警。

③ 利用光纤中光路发生变化探测。系统由脉冲光发射器、脉冲探测器、终端、特制的光纤和报警控制器组成。将特制的两根光纤 A 和 B 紧紧靠在一起,埋入周界地下。在正常情况下,光脉冲经 A 传送到终端,再从终端经 B 传送到脉冲探测器,其到达时间是一定的。当有入侵者踏在光纤的上方地面时,光缆发生弯曲,光脉冲会在弯曲处从 A 窜入 B,缩短光路,从而触发报警。

（3）震动电缆探测器。震动电缆探测器根据原理不同,主要有驻极体震动电缆和电磁感应式震动电缆探测器两种类型。

① 驻极体震动电缆探测器。驻极体震动电缆是一种经过特殊充电处理后带有永久预置电荷的介电材料,利用驻极体材料可以制作驻极体话筒。驻极体电缆又称为张力敏感电缆或麦克风式电缆,其基本结构和普通的同轴电缆很相似,只不过是一种经过特殊加工的同轴电缆。在制作时对填充在其内、外导体之间的电介质进行静电偏压,使之带有永久性的预置静电荷。

当驻极体电缆受到机械震动或因受压而变形时,在电缆的内外导体就会产生一个变化的电压信号,此电压信号的大小和频率与受到的机械震动力成正比。与外电路相连就可以检测出这一变化的信号电压,并检测到较宽频域范围内的信号。由于驻极体电缆传感器的工作原理与驻极体麦克风相类似,故又称为麦克风电缆。使用时通常将驻极体电缆用塑料带固定在栅栏或钢丝上,其一端与报警控制电路相连,另一端与负载电阻相连。当有人翻越栅栏、铁丝网或切割栅栏、铁丝网时,电缆因受到震动而产生模拟电压信号即可触发报警。此外,由于驻极体电缆实际上就是一种精心设计的特制麦克风,因此利用它把入侵者破坏或翻越栅网、触动震动电缆时的声响以及邻近的声音传送到中心控制室进行监听,用来判断是否有入侵。

② 电磁感应式震动电缆探测器。在电磁感应式电缆的聚乙烯护套内,其上、下两部分空

间有两块近于半弧形充有永久磁性的韧性磁性材料。它们被中间两根固定绝缘导线支撑着分离开来。两边的空隙正好是两个磁性材料建立起来的永久磁场，空隙中的活动导线是裸体导体，当此电缆受到外力的作用而产生震动时，导线就会在空隙中切割磁力线，由电磁感应产生电信号。此信号由处理器进行选频、放大后将 300~3000Hz 的音频信号通过传输电缆送到控制器。当此信号超过一定的阈值时，便立刻触发报警电路报警，并通过音频系统监听电缆受到震动时的声响。

电磁感应式震动电缆安装简便，可安装在原有的防护栅栏、围墙、房顶等处，无需挖地槽。因电缆易弯曲，布线方便灵活，特别适合在复杂的周界布防。震动电缆传感器是无源的长线分布式，很适合在易燃易爆等不宜接入电源的地点安装。震动电缆传感器对气候、气温环境的适应性能强，可在室外各种恶劣的自然环境、气温环境和高低温的环境下正常地进行全天候防范。

（4）电子围栏式入侵探测器。电子围栏式入侵探测器也是一种用于周界防范的探测器。它由三大部分组成，即脉冲电压发生器、报警信号检测器以及前端的电围栏。当有入侵者入侵时，触碰到前端的电子围栏或试图剪断前端的电子围栏，都会发出报警信号。这种探测器的电子围栏上的裸露导线，接通由脉冲电压发生器发出的高达 10000V 的脉冲电压（但能量很小，一般在 4J 以下，对人体不会构成生命危害），所以即使入侵者戴上绝缘手套，也会产生脉冲感应信号，使其报警。

（二）报警控制器

报警控制器应能直接接收来自入侵探测器发出的报警信号，发出声光报警并能指示入侵发生的部位。声光报警信号应能保持到手动复位，如果再有入侵报警信号输入时，应能重新发出声光报警信号。另外，入侵报警控制器能向与该机接口的全部探测器提供直流工作电压。

入侵报警控制器应有防破坏功能，当连接入侵探测器和控制器的传输线发生断路、短路或并接其他负载时应能发出声光报警故障信号。报警信号应能保持到引起报警的原因排除后，才能实现复位；而在故障信号存在期间，如有其他入侵信号输入，仍能发出相应的报警信号。入侵报警控制器能对控制系统进行自检，检查系统各个部分是否处于正常工作状态。入侵报警控制器应有较宽的电源适应范围，当主电源变化为 ±15% 时，不需调整仍能正常工作。主电源的容量应保证在最大负载条件下连续工作 24h 以上。

根据用户的管理机制以及对报警的要求，可组成独立的小系统、区域互联互防的区域报警系统和大规模集中报警系统。

（1）小型报警控制器。小型报警控制器的一般功能：能提供 4~8 路报警信号、4~8 路声控复核信号、2~4 路电视复核信号，功能扩展后，能从接收天线接收无线传输的报警信号；能在任何一路信号报警时发出声光报警信号，并能显示报警部位和时间；对系统有自查能力；具有延迟报警功能；能向区域报警中心发出报警信号。

（2）区域报警控制器。对于一些相对规模较大的工程系统，要求防范区域较大，设置的入侵探测器较多，这时应采用区域入侵报警控制器。区域报警控制器具有小型控制器的所有功能，结构原理也相似，只是输入、输出端口更多，通信能力更强。区域报警控制器与入侵探测器的接口一般采用总线制，即控制器采用串行通信方式访问每个探测器，所有的入侵探测器均根据安置的地点实行统一编址，控制器不停地巡检各探测器的状态。

（3）集中报警控制器。在大型和特大型的报警系统中，由集中入侵控制器把多个区域控制器联系在一起。集中入侵控制器能接收各个区域控制器送来的信息，同时也能向各区域控制器发送控制指令,直接监控各区域控制器的防范区域。集中入侵控制器可以直接切换出任何一个区域控制器送来的声音和图像信号,并根据需要用录像机记录下来。还由于集中入侵控制器能和多台区域控制器联网,因此具有更大的存储容量和先进的联网功能。

(三)信号传输方式

入侵探测报警系统信号的传输就是把探测器中的探测信号送到控制器去进行处理、判别,确认有、无入侵行为。探测电信号的传输通常有两种方法,即有线传输和无线传输。

(1)有线传输。有线传输是将探测器的信号通过导线传送给控制器。根据控制器与探测器之间采用并行传输还是串行传输的方式不同而选用不同的线制。线制是指探测器和控制器之间的传输线的线数。一般有多线制、总线制和混合式3种方式。

(2)无线传输。无线传输是探测器输出的探测信号经过调制,用一定频率的无线电波向空间发送,由报警中心的控制器所接收。而控制中心将接收信号处理后发出报警信号和判断出报警部位。

在无线传输方式下,前端入侵探测器发出的报警信号的声音和图像复核信号也可以用无线方法传输,首先在对应入侵探测器的前端位置将采集到的声音与图像符合信号变频,把各路信号分别调制在不同的频道上,然后在控制中心将高频信号解调,还原出相应的图像信号和声音信号,并经多路选择开关选择需要的声音和图像信号或通过相关设备自动选择报警区域的声音和图像信号,进行监控或记录。

三、视频监控技术

(一)视频监控发展历程

视频监控系统是安全防范系统的重要组成部分,它以直观、方便、信息内容丰富而得到广泛应用,视频监控系统的发展与电子、通信的发展息息相关。视频监控系统的发展大致经历了3个阶段。

1. 基于模拟传输的视频监控系统

在20世纪90年代初及其以前,主要是以模拟设备为主的闭路监控系统,称为第一代视频监控系统,即模拟视频监控系统。这种基于模拟图像的视频监控系统从电视机、摄像机诞生的那天就已经诞生。其视频监控系统主要由摄像机、视频切换矩阵、监视器、录像机等组成,通过视频线、控制线连接,主要用于安保、生产管理场合。其特点是模拟视频信号传输,传输距离有限,安全性较差,监控方式单一。

2. 数字视频监控系统

20世纪90年代中期,随着计算机处理能力的提高和视频技术的发展,人们利用计算机的高速数据处理能力进行视频的采集和处理,从而大大提高了图像质量,增强了视频监控的功能。这种基于多媒体计算机的系统称为第二代视频监控系统,即模拟输入与数字压缩、显示和控制系统。因为核心设备是数字设备,因此可以称其为数字视频监控系统。这类视频监控系统主要由摄像机、各类采集设备、硬盘录像机、采集卡、视频压缩卡、通信接口卡、PC监控设备等组成,依赖于通信网络构成整个视频监控系统。采用计算机作为硬件平台,操作系统加应用软件方式来实现。系统主要缺点是系统不稳定,安全漏洞多,容易被黑客利用。另外,这种方式存在功耗大、环境适应能力差等缺点。

3. 智能网络化视频监控系统

20世纪90年代末,随着网络带宽、计算机处理能力和存储容量的迅速提高,以及各种实用视频信息处理技术的出现,视频监控进入了全新的网络时代,称为第三代视频监控系统,即智能网络化视频监控系统。第三代视频监控系统以网络为依托,以数字视频的压缩、传输、存储和播放为核心,以智能实用的图像分析为特色,引发了视频监控行业的技术革命。第三代视频监控领域,集中了多媒体技术、数字图像处理及远程网络传输等最新技术。不仅可以解决图像传输、远程控制、现场信号采集等监控功能,还可提供高质量的监控图像和便捷的监控方式。第三代视频监控系统一般基于 TCP/IP 架构,符合通信网的发展趋势。系统所有硬件、软件全都采用专业设计,具备专业的制造工艺。在编解码方面,采用专用的高速处理芯片,系统软件采用稳定性最高的实时专用操作系统,因此具有功能最强大、可靠性最高、功耗小、环境适应能力强、软件的扩展升级方便等优点,具有非常广泛而灵活的应用。

(二)视频监控系统构成

一个完整的视频监控系统,也许形态各异,但是都可以按照功能划分为 4 个组成部分,即前端设备、传输设备、控制设备和存储与显示设备。

1. 前端设备

前端设备包括摄像机及其配套的镜头、云台、解码器、支架和护罩等。支架的作用是固定摄像机和镜头;护罩的作用是保护摄像机和镜头工作稳定并延长其使用寿命;云台不仅起到固定摄像机的作用,更重要的是扩大了摄像机的视野范围。解码器的作用就是接收控制中心的控制命令并驱动云台、镜头和摄像机工作。

(1)摄像机。视频安全防范监控系统常用的摄像机种类繁多,型号规格各异。从所采用的器件可分为 CCD 器件和 CMOS 器件摄像机;从色彩可分为黑白摄像机和彩色摄像机;从工作制式可分为模拟式和全数字式摄像机;从信号的传输形式可分为有线传输和无线传输摄像机;从结构形式可分为枪式、云台、半球、球机、一体化摄像机等形式。

摄像机是一种把景物光像转变为电信号的装置。其结构大致可分为 3 个部分,即光学系统(主要指镜头)、光电转换系统(主要指摄像管或固体摄像器件)和电路系统(主要指视频处理电路)。

摄像机镜头按照其功能和操作方法可分为常用镜头和特殊镜头两大类。常用镜头又可分为定焦距(固定)镜头和变焦距镜头两种。特殊镜头是根据特殊的环境或用途专门设计的镜头。镜头的光圈分为电动和自动两种,自动光圈的镜头适于光照度经常变化的场所。

① 定焦距镜头:焦距是固定的、手动聚焦。常用于监视固定场所。

② 变焦距镜头:焦距是可调的,以电动或手动调焦聚焦,可对监视场所的视场角及目的物进行变焦距摄取图像。适合远距离观察和摄取目标,常用于监视移动物体。

③ 广角镜头:又称为大视角镜头或短焦距镜头,安装这种镜头的摄像机可以摄取广阔的视野。

④ 针孔镜头:细长的圆管形镜筒,端部是直径为几毫米的小孔,多用在隐蔽监视的环境。

镜头的特性参数很多,主要有焦距、光圈、视场角、镜头安装接口和景深等。所有的镜头都是按照焦距和光圈来确定的,这两项参数不仅决定了镜头的聚光能力和放大倍数,而且决定了它的外形尺寸。

CCD 是电荷耦合器件(Charge Coupled Device)的简称,它能够将光线变为电荷,并将电荷存储及转移,也可将存储的电荷取出使电压发生变化,因此是理想的摄像机组件,以其构成的 CCD 摄像机具有体积小、重量轻、不受磁场影响、具有抗震特性而被广泛应用。CCD 摄像机的主要技术指标有 CCD 尺寸、像素数、分辨率、低照度等。CCD 尺寸指的是 CCD 图像传感器感光面的对角线尺寸,早期的 CCD 尺寸比较大,目前,CCD 尺寸以 1/3in 为主流。像素数指的是摄像机 CCD 传感器的最大像素数,一般有两种表示方法,一是给出水平及垂直方向的像素数,如 500H×582V,二是以前两者的乘积值表示,如 30 万像素。对于一定尺寸的 CCD 芯片,像素数越多则意味着每一像素单元的面积越小,因而由该芯片构成的摄像机的分辨率也就越高。

分辨率是衡量摄像机优劣的一个重要参数,它指的是当摄像机摄取等间隔排列的黑白相间条纹时,在监视器上能够看到的最多线数。当超过这一线数时,屏幕上就只能看到灰蒙蒙的一片而不能再辨别出黑白相间的线条。分辨率是用电视线来表示的,彩色摄像头的分辨率在 330~500 线之间。分辨率与 CCD 和镜头有关,还与摄像头电路通道的频带宽度直接相关,通常规律是 1MHz 的频带宽度相当于清晰度为 80 线。频带越宽,图像越清晰,线数值相对越大。

低照度指的是当被摄景物的光亮度低到一定程度而使摄像机输出的视频信号电平低到某一规定值时的景物光亮度值,也称其为灵敏度,它是 CCD 对环境光线的敏感程度,或者说是 CCD 正常成像时所需要的最暗光线。照度的单位是勒克斯(lx),其数值越小,表示需要的光线越少,摄像头也越灵敏。黑白摄像机的灵敏度大约是 0.02~0.5lx,彩色摄像机多在 1lx 以上。0.1lx 的摄像机用于普通的监视场合;在夜间使用或环境光线较弱时,推荐使用 0.02lx 的摄像机。与近红外灯配合使用时,也必须使用低照度的摄像机。另外,摄像的灵敏度还与镜头有关,0.97lx/F0.75 相当于 2.5lx/F1.2 或相当于 3.4lx/F1。

在视频监控中,摄像机根据场所及要求不同,常用的摄像机有以下几种。半球形摄像机:用在监控范围小,安装位置较隐蔽;一体化摄像机:用途广泛,更多的和云台搭配使用;固定摄像机:用途广泛,在普通环境下使用较多;红外摄像机:用在光线为 0 或极低的情况下;球形摄像机:用在监控范围宽广,需要监控到四周情况,如图 6-40 所示。

(a) 半球形摄像机　　(b) 一体化摄像机　　(c) 固定摄像机　　(d) 红外摄像机　　(e) 球形摄像机

图 6-40　视频监控摄像机

(2) 解码器。解码器是为带有云台、变焦镜头等可控设备提供驱动电源并与控制设备如矩阵进行通信的前端设备。通常,解码器可以控制云台的上、下、左、右旋转,变焦镜头的变焦、聚焦、光圈以及对防护罩雨刷器、摄像机电源、灯光等设备的控制,还可以提供若干个辅助功能开关,以满足不同用户的实际需要。解码器按照云台供电电压分为交流解码器和直流解码器。交流解码器为交流云台提供交流 220V 或 24V 电压驱动云台转动;直流解码器为直流云台提供直流 12V 或 24V 电源,如果云台是变速控制的,还要求直流解码器为云台提供 0~33V 或 36V 直流电压信号,来控制直流云台的变速转动。按照通信方式解码器分为单向通信解码器和双向通信解码器。单向通信解码器只接收来自控制器的通信信号并将其翻译为对应动作的电压/电流信号驱动前端设备;双向通信解码器除了具有单向通信解码器的性能外,还向控制器发送通信信号。因此,可以实时将解码器的工作状态传送给控制器进行分析。另外还可以将报警探测器等前端设备信号直接输入到解码器中,由双向通信来传送现场的报警探测信号,以减少线缆的使用。解码器的电路是以单片机为核心,由电源电路、通信接口电路、自检及地址输入电路、输出驱动电路、报警输入接口等电路组成。解码器一般不能单独使用,需要与系统主机配合使用。

（3）云台。云台是安装、固定摄像机的支撑设备,通过控制系统在远端可以控制其转动方向,分为固定云台和电动云台两种。固定云台适用于监视范围不大的场合,在固定云台上安装好摄像机后可调整摄像机的水平和俯仰的角度,达到最好的工作姿态后只要锁定调整机构就可以了。电动云台适用于对大范围进行扫描监视,它可以扩大摄像机的监视范围。电动云台高速姿态是由两台执行电动机来实现,电动机接收来自控制器的信号精确地运行定位。在控制信号的作用下,云台上的摄像机既可自动扫描监视区域,也可在监控中心值班人员的操纵下跟踪监视对象。云台根据其回转的特点可分为只能左右旋转的水平旋转云台和既能左右旋转又能上下旋转的全方位云台。一般来说,水平旋转角度为0°~350°,垂直旋转角度为90°。恒速云台的水平旋转速度一般在3°~10°/s内,垂直速度为4(°)/s左右。变速云台的水平旋转速度一般在0(°)/s~32(°)/s,垂直旋转速度在0(°)/s~16(°)/s内。在一些高速摄像系统中,云台的水平旋转速度高达480(°)/s以上,垂直旋转速度在120(°)/s以上。

（4）防护罩。防护罩是监控系统中重要的组件。它是使摄像机在有灰尘、雨水、高低温等情况下正常使用的防护装置。防护罩一般分为两类。一类是室内用防护罩,这种防护罩结构简单,价格便宜。其主要功能是防止摄像机落灰并有一定的安全防护作用,如防盗、防破坏等。另一类是室外用防护罩,这种防护罩一般为全天候防护罩,即无论是刮风、下雨、下雪还是高温、低温等恶劣情况,都能使安装在防护罩内的摄像机正常工作。摄像机工作温度一般为-5~45℃,而最合适的温度是0~30℃;否则会影响图像质量,甚至损坏摄像机。因而这种防护罩具有降温、加温、防雨、防雪等功能。同时,为了在雨雪天气仍能使摄像机正常摄取图像,一般在全天候防护罩的玻璃窗前安装有可控制的雨刷。有的全天候防护罩是采用半导体器件加温和降温的防护罩。这种防护罩内装有半导体元体,既可自动加温也可自动降温,并且功耗较小。

2. 传输设备

视频监控有视频基带传输、光纤传输、网络传输、无线传输等传输方式。

（1）视频基带传输。视频基带传输是最为传统的电视监控传输方式,对0~6MHz视频基带信号不做任何处理,通过同轴电缆直接传输模拟信号。优点:短距离传输图像信号损失小,造价低廉。其缺点:传输距离短,300m以上高频分量衰减较大,无法保证图像质量;一路视频信号需布一根电缆,传输控制信号需另布电缆;其结构为星形结构、布线量大、维护困难、可扩展性差。

（2）光纤传输。光纤传输的主要设备是光纤和光端机。光端机实质上就是一个电信号到光信号、光信号到电信号的转换器。从传输方式上光端机分为数字光端机和模拟光端机两类。数字光端机是将所要传输的图像、语音以及数据信号进行数字化处理,再将这些数字信号进行复用处理,使多路低速的数字信号转换成一路高速信号,并将这一信号转换成光信号。在接收端将光信号还原成电信号,还原的高速信号分解出原来的多路低速信号,最后再将这些数据信号还原成图像、语音以及数据信号。模拟光端机就是将要传输的信号进行幅度或频率调制,然后将调制好的电信号转化成光信号。在接收端将光信号还原成电信号,再把信号进行解调,还原出图像、语音或数据信号,现在市面上基本都是数字光端机。光纤传输是解决几十甚至几百公里电视监控传输的最佳解决方式,通过把视频及控制信号转换为光信号在光纤中传输。其优点:传输距离远、衰减小、抗干扰性能最好,适合远距离传输。其缺点:对于几公里内监控信号传输不够经济;光熔接及维护需专业技术人员;设备操作处理、维护技术要求高,不易升级扩容。

(3) 网络传输。网络传输是解决点位极其分散的监控传输方式,采用 MPEG 音/视频压缩格式传输监控信号。其优点:采用网络视频服务器作为监控信号上传设备,有 Internet 网络安装上远程监控软件就可监看和控制。其缺点:受网络带宽和速度的限制较大。用网络传输可以直接使用 IP 摄像机或者使用网络视频服务器。从某种角度上说,视频服务器可以看作是不带镜头的网络摄像机,或是不带硬盘的 DVR,它的结构也大体上与网络摄像机相似,是由一个或多个模拟视频输入口、图像数字处理器、压缩芯片和一个具有网络连接功能的服务器所构成。视频服务器将输入的模拟视频信号数字化处理后,以数字信号的模式传送至网络上,从而实现远程实时监控的目的。

图 6-41 所示为运用网络实现远程监控的系统连接。

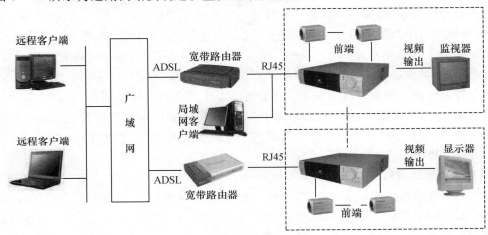

图 6-41 网络远程监控的系统连接

(4) 无线传输。视频信号可以通过多种无线方式进行传输,如微波、3G 网络、WiFi 无线局域网、卫星系统等。不同的无线系统有其特殊的适应性,用户可以根据实际的需求选择恰当的无线传输方式进行视频传输。无线传输是解决几公里甚至几十公里不易布线场所监控传输的解决方式之一。无线传输的优点:省去布线及线缆维护费用,可动态实时传输广播级图像。其缺点:由于采用无线传输,传输环境是开放的,空间很容易受外界电磁干扰。

3. 控制设备

常见的视频控制设备主要由视频矩阵、多画面分割器、视频分配器与视频切换器、控制键盘等组成。

(1) 视频矩阵。视频矩阵主机是视频安全防范监控系统中的核心设备,视频矩阵控制器可将前端摄像机的视频信号,按一定的时序分配给特定的监视器进行显示。显示图像可以固定显示某一场景,也可按程序设定的时间间隔对一组摄像机的信号逐个切换显示。当接到报警信号或其他联动信号时,可按程序设定固定显示报警点场景。在视频矩阵主机的控制下,监视器能够显示任意多的图像信号;单个摄像机摄取的图像可同时送到多台监视器上显示。也可通过主机发出的串行控制数据代码,去控制云台、摄像机镜头等现场设备。对系统内各设备的控制均是从这里发出和控制的。视频矩阵主机的功能主要有视频分配放大、视频切换、时间地址符号发生、专用电源等。

（2）多画面分割器。多画面分割器又称多画面处理器,在多个摄像机的电视监控系统中,为了节省监视器和图像记录设备,往往采用多画面处理设备,将多路视频信号合成为一路信号输出到一台监视器显示,使多路图像同时显示在一台监视器上,常用处理方式有4画面、9画面及16画面。采用多画面分割器还可以用一台图像记录设备（如硬盘录像机）同时录制多路视频信号,是电视监控系统中的常用设备。多画面处理器有单工、双工和全双工类型之分。

（3）视频分配器与视频切换器。视频信号分配:即将一路视频信号(或附加音频)分成多路信号,也就是说,它可将一台摄像机送出的视频信号供给多台监视器或其他终端设备使用。当一路视频信号送到相距较远的多个监视器时,一般应使用视频分配器,分配出多路幅度为1V峰值、阻抗是75Ω的视频信号接到多个监视器,各个监视器的输入阻抗开关均拨到75Ω上。视频分配器除了有信号分配功能外,还兼有电压放大功能。视频切换:为了使一个监视器能监视多台摄像机信号,需要采用视频切换器。切换器除了具有扩大监视范围,节省监视器的作用外,有时还可用来产生特技效果,如图像混合、分割画面、特技图案、叠加字幕等处理。视频切换器相当于选择开关的作用。采用电子开关形式,好处是干扰较少、可靠性强、切换速度快。目前,许多系统都有一种自动顺序切换器,又称为时序切换器。

（4）控制键盘。控制键盘的主要功能是实现摄像机画面的选择切换、云台及电动镜头的全方位控制、室外防护罩的雨刷及辅助照明灯的控制等操作。在控制键盘上一般有很多数字键及功能键,其中数字键用于选择摄像机输入及监视器输出,功能键则用于对选定的前端设备进行各种控制操作。

4. 存储与显示设备

（1）硬盘录像机。硬盘录像机(Digital Video Recorder, DVR),即数字视频录像机,相对于传统的模拟视频录像机,采用硬盘录像,故常常被称为硬盘录像机。它是一套进行图像存储处理的计算机系统,具有对图像/语音进行长时间录像、录音、远程监视和控制的功能。

（2）显示设备。显示部分一般由几台或多台监视器组成。它的功能是将传送过来的图像一一显示出来。在有多台摄像机组成的监控系统中,一般就不是采用一一对应显示出来,而是采用几台摄像机的图像信号用一台监视器轮流切换显示。显示设备也可采用矩阵+监视器的方式来组建电视墙。一个监视器显示多个图像,可切割显示或循环显示。目前采用的有等离子电视、液晶电视、背投、LED屏、DLP拼接屏等。图6-42所示为某仓库监控中心的显示设备。

图6-42 某仓库监控中心的显示设备

（三）视频监控发展趋势

视频监控系统是安全防范系统的组成部分，它是一种防范能力较强的综合系统。视频监控以其直观、方便、信息内容丰富而广泛应用于许多场合。随着计算机、网络以及图像处理、传输技术的飞速发展，视频监控系统正朝着前端一体化、视频数字化、监控网络化、系统集成化、视频处理智能化的方向发展。

1. 前端一体化

前端一体化指将前端设备（摄像机、变焦镜头、云台、护罩等）集成为一体，内置嵌入式实时操作系统和 Web 服务器，直接提供以太网端口。摄像机内集成了各种协议，支持热插拔和直接访问，摄像机生成 JPEG 或 MPEG－4 数据文件，可供任何经授权客户机从网络中任何位置访问、监视、记录并打印，而不是生成连续模拟视频信号形式图像。

2. 视频数字化

数字化监控系统是将计算机网络技术、多媒体技术与监控技术有机地结合起来的一种全新的监控系统。它能将监控系统和计算机网络系统连接起来，使两个相互独立的系统开始走向融合，实现真正的三网合一（数据、语音和图像），在理念和方式上取得重大突破。利用计算机网络技术，将数字化的监控信息传送到网络上，与现有的信息管理系统融为一体，使网络中的每一台多媒体计算机上均可实现对监控信息的管理和调用，提高管理水平和管理效率。数字化监控系统的出现已经突破了传统监控的范畴，在其基础上增加了管理的概念，并成为现代化管理的一个有效手段。数字化监控系统的优势主要表现在以下几个方面：一是系统容量大，在传输中占用的带宽很小，可以有任意多的前端摄像机和多个分控中心，扩容方便，无论增加摄像机还是监视器都只需要增加相应的终端设备和编解码器而无需对已有的系统作任何改动；二是视频质量较高，现有的视频编解码技术可以达到 DVD 的清晰度，完全满足安全防范 5 级图像的要求；三是施工简单、方便维护，由于采用网络传输方式，可以省却很多线缆，减少施工量，在中心控制机房也无需大量的视频电缆，方便管理与维护。

3. 监控网络化

监控网络化主要指以网络化的信号传输与控制为依托，以数字化的视频压缩、传输、存储和播放为核心，通过设立中心监控平台实现对系统内所有视频编解码器及 DVR 等设备的集中管理与控制，用户仅需通过 IE 浏览器登录中心监控平台，即可实现全网中各个监控点的控制和图像的调用与浏览。

在网络化监控系统中，所有摄像机都通过有线或者无线以太网连接到网络，使用户能够利用现有的局域网基础设施。使用 5 类网络线缆或无线网络方式即可传输图像以及云台镜头控制命令。一台工业标准服务器和一套控制管理应用软件就可承担整个监控系统的运行。网络化监控系统更易于升级和扩展，可以轻松添加更多 IP 摄像机。系统具有全面远程监视能力，任何经授权客户机都可直接访问任意摄像机。

4. 系统集成化

数字化和智能化是网络化的前提，网络化又是系统集成化的基础，系统集成化的发展将赋予视频监控系统更为广阔的应用空间。视频监控系统的数字化和智能化是将系统中的信息流（包括视频、音频、控制等）从模拟状态转换为数字状态，从根本上改变视频监控系统从信息采集、数据处理、传输、系统控制的方式和结构形式。信息流的数字化、编码压缩、开放式的协议、视频图像智能化分析与处理，使视频监控系统与安全防范系统中其他各子系统间实现无缝连接，并在统一的操作平台上实现管理和控制，这就是系统集成化的含义。

视频监控系统的网络化意味着系统的结构将由集总式向集散式系统过渡。集散式系统采用多层分级的结构形式,具有微内核技术的实时多任务、多用户、分布式操作系统以实现抢先任务调度算法的快速响应。组成集散式监控系统的硬件和软件采用标准化、模块化和系列化的设计,系统设备的配置具有通用性强、开放性好、系统组态灵活、控制功能完善、数据处理方便、人机界面友好以及系统安装、调试和维修简单化,系统运行互为热备份,容错可靠等优点。监控系统网络化将使整个网络系统硬件和软件资源共享以及任务和负载共享,这是系统集成的一个重要概念。

5. 视频处理智能化

智能视频监控技术是指采用智能化的视频分析算法,利用计算机对视野范围内的图像目标进行自动的检测、跟踪、分析和提取,为用户提供关键有用的预警信息。用户可以根据视频内容的分析功能,通过在不同摄像机的场景中预设不同的报警规则,一旦目标在场景中出现了违反预定义规则的行为,系统会自动发出报警,监控工作站自动弹出报警信息并发出警示音,用户可以通过单击报警信息,实现报警的场景重组并采取相关措施。

目前监控系统中,存储和传输问题是首要面临的难关,大量无用视频信息被存储、传输,既浪费了存储空间又增加了带宽,智能分析的目的是为了视频存储所需要的空间减少从而缓解带宽压力,或者对于一些无用视频则采用低码流方式进行压缩或传输,更方便整套系统调查或查询使用,提升监控系统的应用价值。智能化的监控平台以网络化传输、数字化处理为基础,以各类功能与应用的整合和集成为核心,实现单纯的图像监控向报警联动、GIS、GPS、流媒体、图像识别以及移动侦测等应用领域的广泛拓展与延伸。

四、出入口管理控制技术

出入口控制系统(Access Control System,ACS)是利用自定义符号识别或模式识别技术对出入口目标进行识别并控制出入口执行机构启闭的电子系统或网络。出入口控制系统采用主动的方法,从加强日常事务管理入手,对出入口实现自动控制与管理,并能快速进行判断。对符合条件的出入请求予以放行,对不符合条件的出入请求予以拒绝,并发出报警信息。同时它还能全方位地记录出入及报警信息。

(一)系统原理与功能

出入口控制系统采用主动的方法,对出入口实现自动控制与管理,同时它还能全方位地记录出入及报警信息。

1. 系统原理

出入口控制就是对出入口的管理,该系统控制各类人员的出入以及他们在相关区域的行动,通常也被称为出入口控制系统。其控制的原理:按照人的活动范围,预先制作出各种层次的卡或预定密码。在相关的出入口等处安装识别设备,用户持有效卡或密码方能通过或进入。由识别设备接收人员信息,经解码后送控制器判断,如果符合,门锁被开启;否则报警。出入口控制系统的基本组成如图6-43所示。

出入口控制是一个系统概念,整个出入口控制系统由卡片、读卡器、控制器、锁具(磁力锁、电插锁、阴极锁等)、按钮、电源、线缆、控制软件及门磁开关等设备组成。在出入口控制系统的硬件中,读卡器和控制器是关键设备。针对不同的设备,按不同的依据选择。

出入口控制系统包括3个层次的设备。底层是直接与人员打交道的设备:有识别设备、电子门锁、出口按钮、闭门器、报警传感器和报警喇叭等;控制器接收底层设备发来的有关人员的

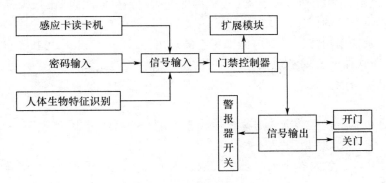

图6-43 出入口控制系统的基本组成

信息,通过通信网络同计算机连接起来就组成了整个建筑的出入口系统;计算机装有出入口系统的管理软件,向它们发送控制命令,对它们进行设置,接收其发来的信息,完成系统中所有信息的分析与处理。出入口控制的主要目的是对重要的通行口、出门口通道、电梯进行出入监视和控制。该系统可以控制人员的出入,还能控制人员在楼内及其相关区域的行动。每个用户持有一个独立的卡或密码。对已授权的人员,凭有效的卡片、代码或生物特征,允许其进入;对未授权人员将拒绝其入内。可以用程序预先设置任何一个人进入的优先权。对某时间段内人员的出入状况、某人的出入情况、在场人员名单等资料实时统计、查询和打印输出。系统所有的活动都可以用打印机或计算机记录下来。

2. 系统功能

出入口控制系统功能主要分为基本功能和管理功能两个方面。

1) 基本功能

(1) 根据用户的使用权限设置日期、时间以及可通过哪些门。对所有门均可在软件中设定门的开启时间、重锁时间以及每天的固定常开时间。

(2) 对进入系统管理区域的人所处位置以及进入该区域的次数做详细的实时记录。当有人非法闯入或某个门被强迫打开,系统可以实时记录并报警。

(3) 与报警系统联动,产生防盗报警后,系统可立即封锁相关的门。

(4) 与视频监控系统联动,当产生报警同时,系统可联动视频录像或切换矩阵主机监视报警画面。

(5) 与消防系统联动,在发生火灾时,打开所有或预先设定的门。

(6) 控制电梯、保温、通风、紧急广播、空气调节和照明等系统。

(7) 系统可按用户要求在现有的基础上扩充其他子系统。各应用子系统自成管理体系,同时通过网络互联,成为一个完整的一卡通管理系统。这种应用方式既满足各个职能管理的独立性,又保证用户整体管理的一致性。

2) 管理功能

(1) 对通道进出权限的管理。进出通道的权限就是对每个通道设置哪些人可以进出,哪些人不能进出。进出通道的方式就是对可以进出该通道的人进行进出方式的授权,进出方式通常有密码、读卡(生物识别)、读卡(生物识别)+密码3种方式。进出通道的时段就是设置可以进出该通道的人在什么时间范围内可以进出。

(2) 实时监控功能。系统管理人员可以通过计算机实时查看每个门区人员的进出情况

（同时可有照片显示）、每个门区的状态（包括门的开关、各种非正常状态报警等）；也可以在紧急状态打开或关闭所有的门区。

（3）出入记录查询功能。系统可储存所有的进出记录、状态记录，可按不同的查询条件查询，配备相应考勤软件可实现考勤、出入口一卡通。

（4）异常报警功能。在异常情况下可以实现计算机报警或报警器报警，如非法侵入、门超时未关等。

（5）反潜回功能。就是持卡人必须依照预先设定好的路线进出；否则下一通道刷卡无效。本功能是防止持卡人尾随别人进入。

（6）防尾随功能。就是持卡人必须关上刚进入的门才能打开下一个门。本功能与反潜回实现的功能一样，只是方式不同。

（7）消防报警监控联动功能。在出现火警时出入口系统可以自动打开所有电子锁让里面的人随时逃生。与监控联动通常是指监控系统自动当有人刷卡时（有效/无效）录下当时的情况，同时也将出入口系统出现警报时的情况录下来。

（8）网络管理监控功能。大多数出入口系统只能用一台计算机管理，而具有此项功能的系统则可以在网络上任何一个授权的位置对整个系统进行设置监控查询管理，也可以通过 Internet 进行网上异地设置管理监控查询。

（9）逻辑开门功能。就是同一个门需要几个人同时刷卡（或其他方式）才能打开电控门锁。

（二）系统总体构成

出入口控制系统一般由身份识别单元、出入口控制单元、电锁与执行单元、传感与报警单元、管理与设置单元等部分构成。

1. 身份识别单元

身份识别单元起到对通行人员的身份进行识别和确认的作用，是出入口系统的重要组成部分，实现身份识别的方式主要有卡证类身份识别方式、密码类识别方式、生物识别类身份识别方式以及复合类身份识别方式。通常应该首先对所有需要安装的出入口点进行安全等级评估，以确定恰当的安全性，安全性分为一般、特殊、重要、要害等几个等级，对于每一种安全级别可以设计一种身份识别的方式。例如，一般场所可以使用进门读卡器、出门按钮方式；特殊场所可以使用进出门均需要刷卡的方式；重要场所可以采用进门刷卡加乱序键盘、出门单刷卡的方式；要害场所可以采用进门刷卡加指纹加乱序键盘、出门单刷卡的方式。这样可以使整个出入口系统更具有合理性和规划性，同时也充分保障了较高的安全性和性价比。有关卡证类身份识别、密码类识别、生物识别类身份识别请参阅第二章相关内容。

2. 出入口控制单元

出入口控制单元是出入口系统的中枢，又称出入口控制器，就像人体的大脑一样，里面存储了大量相关人员的卡号、密码等信息。另外，出入口控制器中有运算单元、存储单元、输入单元、输出单元、通信单元等，负担着运行和处理的任务，对各种各样的出入请求作出判断和响应。如果希望规划一个安全和可靠的出入口系统，则首先必须选择安全、可靠的出入口控制器。

影响出入口控制器的安全性、稳定性、可靠性的因素很多，通常表现在以下几个方面。

（1）控制器的分布与安全。控制器必须放置在专门的弱电间或设备间内集中管理，控制器与读卡器之间具有远距离信号传输的能力，不能使用通用的 Wiegand 协议，因为 Wiegand 协议只能传输几十米的距离,这样就要求出入口控制器必须离读卡器就近放置,大大不利于控制器的管理和安全保障。设计良好的控制器与读卡器之间的距离应不小于1200m。控制器必须具有一定的防破坏措施,如具有一定的防砸、防撬、防爆、防火、防腐蚀的能力,尽可能阻止各种非法破坏的事件发生。

（2）控制器的硬件设计。出入口控制器的整体结构设计应尽量避免使用插槽式的扩展板,以防长时间使用造成氧化而引起的接触不良;使用可靠的接插件,方便接线并且牢固可靠;元器件的分布和线路走向应合理,减少干扰,同时增强抗干扰能力;机箱布局合理,增强整体的散热效果。出入口控制器是一个特殊的控制设备,必须强调稳定性和可靠性,够用且稳定的出入口控制器才是好的控制器,不应该一味追求使用最新的技术和元件。控制器的处理速度也不是越快越好、门数越集中就越好。控制器必须具有各种即时报警的能力,如电源、UPS等各种设备的故障提示,机箱被打开的警告信息以及通信或线路故障等。

（3）控制器的程序设计。相当多的出入口控制器在执行一些高级功能或与其他弱电子系统实现联动时,完全依赖计算机及软件来实现,由于计算机是非常不稳定的,这可能意味着一旦计算机发生故障时会导致整个系统失灵或瘫痪。所以设计良好的出入口系统中所有的逻辑判断和各种高级功能的应用,必须依赖出入口控制器的硬件系统来完成,也就是说,必须由控制器的程序来实现,只有这样,出入口系统才是最可靠的,并且也有最快的系统响应速度,而且不会随着系统的不断扩大而降低整个出入口系统的响应速度和性能。

3. 电锁与执行单元

电锁与执行单元部分包括各种电子锁具、挡车器等控制设备,这些设备应具有动作灵敏、执行可靠、良好的防潮、防腐性能,并具有足够的机械强度和防破坏的能力。

电子锁具按工作原理的差异,具体可以分为电插锁、磁力锁、阴极锁、阳极锁和剪力锁等,可以满足各种木门、玻璃门、金属门的安装需要。每种电子锁具在安全性、方便性和可靠性上各有差异,也有自己的特点,需要根据具体的情况来选择合适的电子锁具。

4. 传感与报警单元

传感与报警单元包括各种传感器、探测器和按钮等设备,最常用的就是门磁和出门按钮,应具有一定的防机械性创伤措施。这些设备全部都是采用开关量的方式输出信号,设计良好的出入口系统可以将门磁报警信号与出门按钮信号进行加密或转换,如转换成TTL电平信号或数字量信号。同时,出入口系统还可以监测出以下报警状态:报警、短路、安全、开路、请求退出、噪声、干扰、屏蔽、设备断路、防拆等状态,可防止人为对开关量报警信号的屏蔽和破坏,以提高出入口系统的安全性。另外,出入口系统都应该对报警线路具有实时的检测能力。

5. 管理与设置单元

管理与设置单元主要指出入口系统的管理软件。管理软件一般应支持客户端/服务器的工作模式,并且可以对不同的用户进行可操作功能的授权和管理。管理软件应具有良好的可开发性和集成能力。管理软件应该具有设备管理、人事信息管理、证章打印、用户授权、操作员权限管理、报警信息管理、事件浏览和电子地图等功能。

（三）系统分类

1. 按硬件构成模式分类

出入口控制系统按硬件构成模式可分为一体型和分体型。

（1）一体型。此类系统的各个组成部分通过内部连接、组合或集成在一起,实现出入口控制的功能,系统构成如图6-44所示。

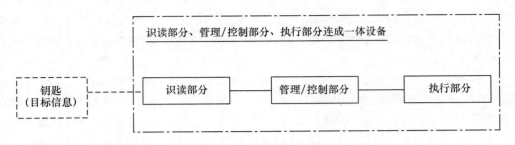

图 6-44　一体化产品组成

(2) 分体型。此类系统的各个组成部分,在结构上有分开的部分,也有通过不同方式组合的部分。分开部分与组合部分之间通过电子、机电等手段连成一个系统,实现出入口控制的功能。系统组成如图 6-45 所示。

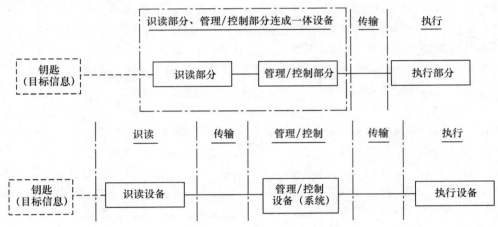

图 6-45　分体型结构组成

2. 按管理控制方式分类

出入口控制系统按管理控制方式可分为独立控制型、联网控制型和数据载体传输控制型。

(1) 独立控制型。此类出入口控制系统,其管理与控制部分的全部显示、编程、管理、控制等功能均在一个设备(出入口控制器)内完成。

(2) 联网控制型。此类出入口控制系统,其管理与控制部分的全部显示、编程、管理、控制功能不在一个设备(出入口控制器)内完成。其中显示、编程功能由另外的设备完成。设备之间的数据传输通过有线或无线数据通道及网络设备实现。

(3) 数据载体传输控制型。此类出入口控制系统与联网型出入口控制系统区别仅在于数据传输的方式不同,其管理与控制部分的全部显示、编程、管理、控制等功能不是在一个设备(出入口控制器)内完成。其中,显示、编程工作由另外的设备完成。设备之间的数据传输通过对可移动的、可读写的数据载体的输入、导出操作完成。

3. 按出入口现场设备连接方式分类

出入口控制系统按出入口现场设备连接方式可分为单出入口控制设备型(单门控制器)和多出入口控制设备型(多门控制器)。

(1) 单出入口控制设备型对单个出入口实施控制的单出入口控制器所构成的控制设备。

（2）多出入口控制设备型能同时对两个以上出入口实施控制的单个出入口控制器所构成的控制设备。

4. 按联网模式分类

可分为总线制、环线制、单级网、多级网。

（1）总线制出入口控制系统的现场控制设备通过联网数据总线与出入口管理中心的显示、编程设备相连，每条总线在出入口管理中心只有一个网络接口。

（2）环线制出入口控制系统的现场控制设备通过联网数据总线与出入口管理中心的显示、编程设备相连，每条总线在出入口管理中心有两个网络接口，当总线有一处发生断线故障时，系统仍能正常工作，并可探测到故障的地点。

（3）单级网出入口控制系统的现场控制设备与出入口管理中心的显示、编程设备的连接采用单一联网结构。

（4）多级网出入口控制系统的现场控制设备与出入口管理中心的显示、编程设备的连接采用两级以上串联的联网结构，且相邻两级网络采用不同的联网结构。

五、其他安全防范技术

（一）电子巡查系统

1. 系统原理与功能

电子巡查系统是安全技术防范体系中人防＋技防的总的防范手段。电子巡查系统是哨兵在规定的巡逻路线上，在指定的时间和地点向中央控制站发回信号以表示正常。如果在指定的时间内，信号没有发到中央控制站，或不按规定的次序出现信号，系统将认为异常。有了巡查系统后，如巡逻人员出现问题或危险，会很快被发现，从而增加了库区的安全性。

电子巡查系统还可帮助管理者分析巡逻人员的表现，在安全防范系统中应考虑机防与人防的相互结合，而且管理者可通过软件随时更改巡逻路线，以配合不同场合的需要。也可通过打印机打印出各种简单明了的报告。计算机可实时读取巡查系统所登记的信息，从而实现对哨兵的有效监督管理。系统的优点是可使巡查管理能更加合理、充分地分配兵力；同时管理人员能快速查阅巡查结果，大大降低管理人员的工作量，并最终实现管理人员的自我约束管理。

在指定的巡逻路线上，安装巡查按钮或读卡器，哨兵在巡逻时依次输入信息。控制中心的计算机上有巡查系统的管理程序，可以设定巡查线路和方式。其主要功能如下：

（1）实现巡查系统的设定、修改。

（2）实现巡查时间的设定、修改。

（3）在重要区域及巡查路线上安装巡查点。

（4）中心可以查阅、打印各巡查人员的到位时间及工作情况。

（5）巡查违规记录提示。

2. 系统分类

电子巡查系统分为在线式系统和离线式系统。在线式系统通常与门禁系统组合应用，较适用于建筑内安全防范监控。离线式系统较适用于整个仓库的安全防范监控。

（1）在线式巡查系统。在线式巡查系统一般由巡查站、巡查控制器和装有巡查软件的微机管理中心组成。巡查站的数量和位置由巡逻的具体情况而定，巡查站多安装于库区的重要位置。巡逻地点安装读卡机并联到管理计算机。巡更人员携带感应卡片刷卡，读卡机即时将读卡数据上传到中央监控室管理计算机,能够实时显示巡逻地点的巡逻状态、巡逻事件以及巡逻报警等。在线式巡查系统的缺点:需要布线,施工量大,成本较高;安装传输数据的线路容易遭到人为破坏,需设专人值守监控计算机,系统维护费用高;优点是能实时管理。

（2）离线式巡查系统。离线式巡查管理系统也叫后备式巡查系统。其工作原理:在每个巡逻地点,布置一些制成如纽扣、钱币等形状的感应卡片,巡逻人员手持读取器。巡逻前先带上读取器及事件卡片,先用读取器读取本人的标识人员感应卡片,然后巡更器的使用人员便可去巡逻。巡逻到某地点后,巡查人员用读取器读取该地点的感应卡片。回到控制室管理处,管理人员将巡逻回来读取器的读卡数据通过传输器上传到管理计算机中。这样,计算机中的巡更软件就能够显示和管理巡查数据。离线式电子巡查系统的缺点是巡查员的工作情况不能随时反馈到中央监控室。它的优点是无需布线,安装简单、易携带,操作方便,不受温湿度、范围的影响,系统扩容、线路变更容易且价格低,不易被破坏。

（二）钥匙监控管理系统

1. 系统组成

钥匙监控管理系统包括钥匙柜和管理软件两部分。钥匙柜包括钥匙柜金属结构体、钥匙柜格（数量可根据客户需要定值）、钥匙状态指示灯、刷卡器、报警器、电控锁等。钥匙柜主体结构如图 6-46 所示。

管理软件可以显示钥匙在位状态、对钥匙柜操作人员进行管理授权、钥匙取放记录的查询统计等。钥匙柜管理软件主界面如图 6-47 所示。

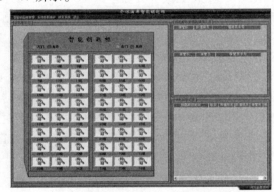

图 6-46　钥匙柜主体结构　　　图 6-47　钥匙柜管理软件主界面

2. 主要功能

钥匙监控管理系统主要功能包括以下几个方面。

（1）可以对系统的所有操作进行记录和录像,包括钥匙的取走、还回、非法开门等,同时具有检索、打印功能,检索的资料可以保存为 Excel 文件,作为长期保存的资料。

（2）能对所有管理人员的相关资料进行管理,包括管理人员的姓名、性别、部门、职务、所管钥匙编号等。

（3）可以设定一名保管员管理多把钥匙或一把钥匙被多名保管员管理。

（4）某些重要场所的钥匙,可以被设置成必须由 3 个操作员共同操作才能提取或归还。

（5）可以在紧急状态时释放所有的钥匙,包括火警、紧急战备状态等。

（6）检测到非法操作或错误操作时,发出报警信号,如非法打开钥匙柜门、越权提取钥匙等。

思考与练习

1. 简述环境监控系统的基本原理与系统组成。
2. 简述消防安全监控系统的基本构成。
3. 简述离子感烟探测器的基本原理。
4. 简述弹药仓库安全防范系统的主要构成。
5. 简述钥匙监控系统的组成与主要功能。

第七章 军事物联网与弹药保障可视化

弹药保障过程是信息流与装备物流的有机统一。信息流通过自动识别技术、数据通信技术、EDI 技术、卫星导航定位技术以及管理信息系统等使指挥控制命令上传下达,顺畅流通;装备物流运用自动化设施设备、立体化投送装备,根据指挥控制信息流按计划要求到达保障位置。军事物联网是弹药储供信息化发展的高级形式,弹药保障可视化是物联网在弹药保障领域中的具体应用。本章主要阐述物联网及其军事应用和弹药保障可视化相关内容。

第一节 物联网及其军事应用

一、物联网起源与发展

(一)物联网的起源

21 世纪是一个以网络计算机为核心的信息时代,数字化、网络化、信息化、全球化是 21 世纪的时代特征。通过计算机技术、数据通信和互联网技术实现现代物流和电子商务已经成为大势所趋。在技术革新迅猛发展的背景下,为满足对单个产品的标识和高效识别,1999 年美国麻省理工学院的自动识别实验室在美国统一代码委员会的支持下,提出要在计算机互联网的基础上,利用射频识别、无线数据通信技术,构造一个覆盖世界万物的系统。这就是物联网的雏形,旨在提高现代物流、供应链管理水平,降低成本,这也被誉为是具有革命性意义的现代物流信息管理新突破。2005 年,国际电信联盟(ITU)发布了《ITU 互联网报告 2005:物联网》,系统地介绍了意大利、日本、韩国与新加坡等国家的物联网应用案例,提出了"物联网时代"的构想。世界上的万事万物,小到钥匙、手表、手机,大到汽车、楼房,只要嵌入一个微型的射频标签芯片或传感器芯片,通过互联网就能够实现物与物之间的信息交互,从而形成一个无所不在的"物联网"。这是首次正式提出"物联网"的概念。世界上所有的人和物在任何时间、任何地点,都可以方便地实现人与人、人与物、物与物之间的信息交互。2009 年 1 月,IBM 提出"智慧地球"构想,其中物联网为"智慧地球"不可或缺的一部分。IBM 认为,智慧地球将感应器嵌入和装备到电网、铁路、桥梁、隧道、公路、建筑、供水系统、大坝、油气管道等各种物体中,并通过超级计算机和云计算组成物联网,实现人类社会和物理系统的整合。奥巴马在就职演讲后对"智慧地球"构想做出积极回应,并将其提升到国家级发展战略,至此,物联网的概念逐渐被接受,并掀起了世界各国进行物联网研究和应用的浪潮。

物联网概念的产生和兴起背后,至少有两个背景因素起了决定性的作用:一是世界的计算机及通信科技已经发生了巨大颠覆性的改变和发展;二是物资生产科技发生了巨大的变化,使物质之间产生相互联系的条件也基本成熟。毫无疑问,物联网可以实现人与人、物与物、人与物之间的信息沟通,广泛应用于交通、物流、医疗、零售、监测、军事等重要领域,必将为我们带来全新体验,也将改变未来人类社会的生活、工作方式。

物联网的政治和经济地位很容易让人联想到互联网在当今社会的地位。物联网在发展国民经济、建设文明和谐社会、维护保障国家安全及推动科学技术进步等方面具有重要的战略意义,对国家安全、经济和社会发展产生重大影响。

(二) 物联网的定义

物联网概念的兴起和发展,很大程度上得益于ITU的互联网发展年度报告,但是截至目前,对物联网还没有一个明确的、大家都认可的定义,大多数研究机构或学者都以自己的理解角度从各个方面对物联网进行定义。目前,相对比较成熟和有影响力的定义有下面几种。

(1) 物联网是把所有物品通过RFID和条码等信息传感设备与互联网连接起来,实现智能化识别与管理。该定义是最早的物联网概念,由麻省理工学院AutoID研究中心在1999年提出。这个定义实质上是将物联网等同于RFID技术和互联网的结合应用。RFID标签可谓是早期物联网最为关键的技术和产品环节,当时认为物联网最大规模、最有前景的应用就是在零售和物流领域。利用RFID技术,通过计算机互联网实现物品的自动识别和信息的互联与共享。

(2) 物联网是在任何时刻、任何地点、任何物体之间的互联,无所不在的网络和无处不在的计算的发展愿景,除RFID技术之外,传感器技术、纳米技术、智能终端技术将得到更加广泛的应用。国际电信联盟(ITU)从1997年开始每一年出版一本世界互联网发展年度报告,该定义是ITU在2005年的年度报告《ITU互联网报告2005:物联网》中正式提出的,同时还阐述了"物联网时代"的构想。

(3) 物联网是由具有标识、虚拟个性的物体(对象)所组成的网络,这些标识和个性等信息在智能空间使用智慧的接口与用户、社会和环境进行通信。该定义出自于欧洲智能系统集成技术平台在2008年发布的报告《Internet of Things in 2020》。该报告分析预测了未来物联网的发展趋势,认为RFID和相关的识别技术是未来物联网的基石,因此更加侧重于RFID的应用及物体的智能化。

(4) 物联网是一个动态的全球网络基础设施,它具有基于标准和互操作通信协议的自组织能力,其中物理的和虚拟的"物"具有身份标识、物理属性、虚拟的特性和智能的接口,并与信息网络无缝整合。物联网将与媒体互联网、服务互联网和企业互联网一道,构成未来互联网。该定义来自于欧盟第7框架下RFID和物联网研究项目组在2009年发布的研究报告。该项目组主要研究目的是便于欧洲内部不同RFID和物联网项目之间的组网,协调RFID的物联网研究活动、专业技术平衡与研究效果最大化以及项目之间建立协同机制等。

通过对上述4种定义的比较和分析不难看出,物联网的概念起源于RFID对客观物体进行标识并利用网络进行数据交换这一思想,并经过不断扩充、延展、完善而逐步形成。定义(1)和(3)强调利用RFID技术对物体对象进行识别。这种基于RFID技术的物联网主要由RFID标签、读写器、信息处理系统、编码解析与寻址系统、信息服务系统和互联网组成,通过对拥有全球唯一编码的物品的自动识别和信息共享,实现开环环境下对物品的跟踪、溯源、防伪、定位、监控及自动化管理等功能,通常应用在生产和流通(供应链)领域。定义(2)和(4)则强调物联网本身是全球信息基础设施,可以实现物理世界和信息世界的无缝融合,使世界上的物、人、网与社会融为一个有机的整体。实际上,物联网上述的每个定义都侧重于物联网的一个方面,很难兼顾物联网其他的内涵和特点。

综合以上定义,本书认为物联网是指通过射频识别、红外感应、全球定位系统、传感网等各种信息感知设备或手段,获取物品的物理属性及其状态信息,按照标准或约定的通信协议,连接物与物、人与物、人与人进行信息交换和传输,通过分布式、大容量、高性能的信息计算与处理,以实现智能化识别、定位、跟踪、监视、控制和管理等应用,最终实现物理世界和信息世界深度无缝融合的一种信息网络。

(三)物联网发展动态

物联网作为正在兴起的、支撑性的多学科交叉前沿信息领域,无论是从政府规划层面,还是从科研发展和产业推进等层面,都正在被各国政府持续推进。目前,包括我国在内的世界主要国家和组织纷纷制定了各自与物联网相关的战略规划,促进物联网的发展和应用。

美国是物联网的主导和先行国家之一,目前已将传感网技术列为"在经济繁荣和国防安全两方面至关重要的技术"。2008年11月,美国IBM公司提出"智慧地球"(Smart Planet)设想,并于2009年年初,得到奥巴马政府的积极回应,将"智慧地球"提升为国家层面的发展战略。"智慧地球"把新一代IT技术充分应用到各行各业中,如把感应器嵌入和装备到电网、铁路、桥梁等各种物体中,并连接形成物联网。在此基础上,将各种现有网络进行对接,实现人类社会与物流系统的整合,从而使人类以更加精细和动态的方式管理生产和生活,达到"智慧"的状态。这种"智慧"状态将引发大量"聚合服务"应用的产生,而人—物应用、物—物应用还会不断被开发、被集成,预示着聚合服务巨大的市场潜力。

欧盟于2009年6月制定了物联网产业详细的发展规划《欧盟物联网行动计划》,其中包括监督、隐私保护、芯片、基础设施保护、标准修改、技术研发等在内的14项主体内容,以及管理、隐私及数据保护、"芯片沉默"权利、潜在危险、关键资源、标准化、公私合作、管理机制、国际对话、环境问题、统计数据和进展监督等一系列工作,被视为重振欧洲战略的组成部分。欧洲物联网主要应用于企业管理、交通运输、医疗卫生等方面。例如,全球电源和自动设备制造商ABB在其芬兰赫尔辛基的工厂里采用RFID技术,追踪每年外运的20万件传动装置,利用RFID系统提高货物运输的追踪效率,可靠地记录货物运输日期,降低物流和仓储任务外包的风险;瑞士制药集团诺华制药正在研发一种带有新型电子系统的芯片,可以安装在药片中,提醒患者遵从医嘱,从而增强药物疗效。

日本和韩国是全球首批提出物联网战略的国家,先后提出"U-Japan""U-Korea""I-Japan"等系列计划,从大规模开展信息基础设施建设入手,稳步推进、不断拓展和深化信息技术应用,以此带动社会和经济发展。例如,"U-Japan"计划以"基础设施建设"和"信息技术应用"为核心,重点强调泛在网络社会的基础建设和信息通信技术的广泛应用,促进社会系统的改革,解决社会的医疗福利、环境能源、防灾救灾、教育人才、劳动就业等一系列社会问题。"I-Japan"战略致力于构建一个个性化的物联网智能服务体系,让数字信息技术融入社会的每一个角落,确保日本在信息时代的国家竞争力。

此外,法国、德国、澳大利亚、新加坡等国也在加紧部署物联网发展战略,加快推进下一代网络基础设施建设的步伐,以推动社会与国民经济的整体发展。

我国是物联网发展起步较早的国家之一。目前,中国与德国、美国、英国、韩国等一起成为物联网国际标准制定的主要国家,我国传感网标准体系框架已初步形成。2009年8月,国家领导人指出,要积极创造条件建立中国的传感网中心或"感知中国"中心,大力发展物联网。"加快物联网的研发应用"也于2010年3月第一次写入中国政府工作报告,被列入中国国家级重大科技专项,成为国家五大新兴战略性规划。各部门各地区积极响应国家号召,纷纷出台各项举措,推动物联网发展。

二、物联网总体架构

(一) 物联网体系结构

物联网作为新兴的信息网络技术尚处在起步阶段。目前,还没有一个广泛认同的物联网体系结构。但是,物联网体系的雏形已经形成,物联网基本体系具有典型的层级特性。从系统的角度看,物联网至少应由信息感知、网络传输和智能处理3个部分组成。物联网的关键在"网"而不在"物",因为"物"只有有了"网"才会使任何地点、任何时间变得有"智慧",只有有了支撑层中的"智能信息处理平台","物"才会变得"智能"。因此,在物联网的架构中必须突出物联接入层和技术支撑层。从关键技术的角度来看,一个完整的物联网系统一般来说包含以下5个层面的功能,即信息感知层、物联接入层、网络传输层、技术支撑层和应用接口层。另外,公共技术不属于物联网技术的某个特定层面,而是与物联网技术架构的各层都或多或少存在着关联,它包括标识与解析、安全技术、网络管理和服务质量管理等。物联网体系结构如图7-1所示。

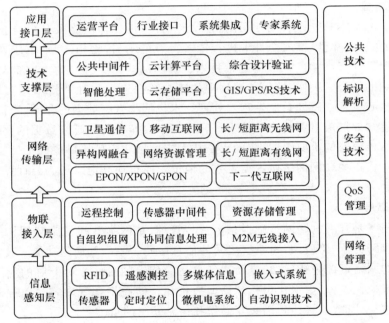

图7-1 物联网体系结构

1. 信息感知层

信息感知层的作用相当于人的眼、耳、鼻、喉和皮肤等的神经末梢,它是物联网获取物体信息的来源,其主要功能是识别物体、采集信息。该层的主要任务是将现实世界的各种物体的信息通过各种手段实时并自动地转化为虚拟世界可处理的数字化信息或者数据。信息感知层是物联网发展和应用的基础,RFID技术、传感和控制技术、短距离无线通信技术是信息感知层涉及的主要技术,其中又包括芯片研发、通信协议研究、RFID材料、智能节点供电等细分领域。物联网所采集的信息主要有以下种类。

(1) 传感信息,如温度、湿度、压力、气体浓度、生命体征等。

(2) 物品属性信息,如物品名称、型号、特性、价格等。

(3) 工作状态信息,如仪器、设备的工作参数等。

(4)地理位置信息,如物品所处的地理位置等。

2. 物联接入层

物联接入层主要由基站节点或会聚节点和物联网接入网关等组成,完成末端各节点的组网控制和数据融合、会聚,或完成末梢节点下发信息的转发等功能。当末梢节点之间完成组网后,如果末梢节点需要上传数据,则将数据发送给基站节点,基站节点收到数据后,通过接入网关完成与承载网络的连接;当应用层和服务层需要下传数据时,接入网路收到承载网络的数据后,由基站节点将数据发送给末梢节点,从而完成末梢节点与承载网络之间的信息转发与交互。

物联接入层重点强调各类接入方式,涉及的典型技术有移动无线网络、传感器网络、WiFi、3G/4G 网络、有线或者卫星等。接入单元包括将传感器数据直接传送到通信网络的数据传输单元以及连接无线传感网和通信网络的物联网网关设备,其中物联网网关根据使用环境的不同,有行业物联网网关和家庭物联网网关两种,将来还会有用于公共节点的共享式网关。严格来说,物联网网关应该是一种跨信息感知层和网络传输层的设备。

3. 网络传输层

网络传输层的基本功能是利用互联网、移动通信网、传感器网络及其融合技术等,将感知到的信息无障碍、高可靠性、高安全性地进行传输。为实现"物物相连"的需求,物联网网络传输层将综合使用 IPv6、3G/4G、WiFi 等通信技术,实现有线与无线的结合、宽带与窄带的结合、感知网与通信网的结合。同时,网络传输层中的感知数据管理与处理技术是实现以数据为中心的物联网的核心技术。感知数据管理与处理技术包括物联网数据的存储、查询、分析、挖掘、理解以及基于感知数据决策和行为的技术。云计算平台作为海量感知数据的存储、分析平台,将是物联网网络传输层的重要组成部分,也是技术支撑层和应用接口层的基础。在产业链中,通信网络运营商将在物联网网络层占据重要的地位。而正在高速发展的云计算平台将是物联网发展的又一助力。

4. 技术支撑层

该层主要任务是开展物联网基础信息运营与管理,是网络基础设施与架构的主体。技术支撑层用于支撑跨行业、跨应用、跨系统之间的信息协同、共享、互通的功能。技术支撑层对下层网络传输层的网络资源进行认知,进而达到自适应传输的目的。对上层的应用接口层提供统一的接口与虚拟化支撑,虚拟化包括计算虚拟化和存储虚拟化等内容。而技术支撑层则要完成信息的表达与处理,最终达到语义互操作和信息共享的目的。

5. 应用接口层

物联网的行业特性主要体现在其应用领域内,目前绿色农业、工业监控、公共安全、城市管理、远程医疗、智能家居、智能交通和环境监测等各个行业均有物联网应用的尝试,某些行业已经积累了一些成功的案例。应用接口层是物联网和用户(包括人、组织和其他系统)的接口,它与行业需求结合,实现物联网的智能应用。应用接口层主要完成服务发现和服务呈现的工作。

(二)物联网技术框架

基于物联网的体系结构,物联网的技术框架可以分为感知技术、网络技术、应用技术、安全与管理技术 4 个层次,如图 7-2 所示。

1. 感知技术

感知技术是指构成物联网军事应用的总体架构底层,用于感知信息的技术,包括 RFID 技

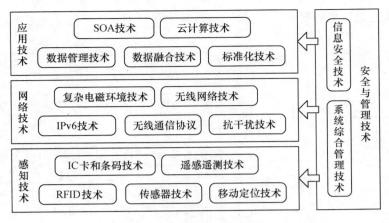

图 7-2 物联网的技术框架

术、传感器技术、遥测遥感技术、IC 卡与条形码技术、移动定位技术等。其中 RFID 技术和传感器技术是物联网军事应用的重点技术,可以协助实现有效的战场态势感知,满足作战力量"知己知彼"的要求,有助于提高军事信息获取的实时性、准确性、全面性,为指挥人员做出正确而有效的决策提供有力的支撑。

2. 网络技术

网络技术是指能够会聚感知数据,并实现物联网数据传输的技术。从技术角度可以分为传感器网络通信技术和传输网络通信技术。传感器网络通信技术主要采用自组织网络技术和异构网络接入与融合技术。传输网络通信技术作为互联网的核心,随着互联网的发展,技术已经相对成熟。针对不同的应用,都有相应的网络通信技术,如 IPv6 技术、ZigBee 技术、无线通信协议技术等。

3. 应用技术

应用技术指用于物联网数据处理和利用,以及用于支撑物联网应用系统运行的技术,包括 SOA 技术、云计算技术、数据管理技术、数据融合技术、标准化技术等。

4. 安全与管理技术

安全与管理技术是指用于物联网的信息安全和系统管理的技术,包括信息安全技术、系统综合管理技术等。

(三)物联网标准体系

标准化工作对一项技术的发展有着很大的影响。缺乏标准将会使技术的发展处于混乱的状态,而盲目的自由竞争必然会形成资源的浪费,多种技术体制并存且互不兼容必然给广大用户带来不便。标准制定的时机也很重要,标准制定和采用得过早,有可能会制约技术的发展和进步,标准制定和采用得过晚,可能会限制技术的应用范围。

传统的计算机和通信领域标准体系一般不涉及具体的应用标准,而物联网各标准组织都比较重视应用方面的标准制定,这与传统的计算机和通信领域的标准体系有很大不同,同时也说明了"物联网是由应用主导"这一观点在国际上已成为共识。

总地来说,国际上物联网标准工作还处于起步阶段。目前各标准组织自成体系,国际体系尚未形成。物联网覆盖的技术领域非常广泛,涉及总体架构、感知技术、通信网络技术、应用技术等各个方面。物联网标准组织有的从机器对机器通信的角度进行研究,有的从泛在网角度进行研究,有的从互联网的角度进行研究,有的专注传感网的技术研究,有的关注移动网络技术研究,有的关注总体架构研究。在标准方面,与物联网相关的标准化组织较多,物联网技术标准体系如图7-3所示。

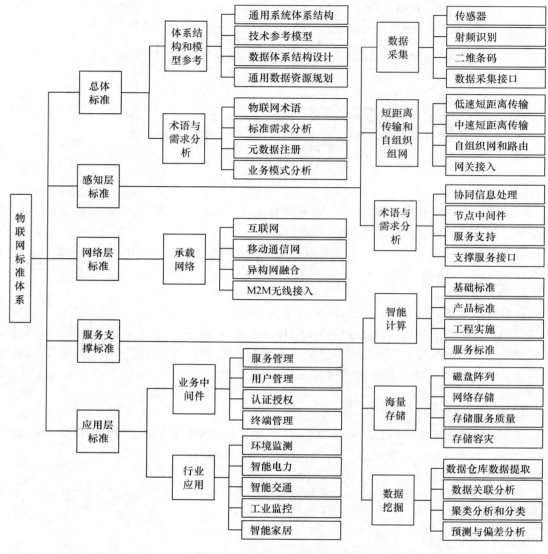

图7-3 物联网技术标准体系

三、物联网军事应用

(一)物联网军事应用现状分析

在军事信息化变革中,世界各国纷纷加强研究和建设,物联网给军事信息化建设带来的推动和影响,早已被以美国为首的发达国家所重视,这些国家利用先进的信息技术储备,从不同层次、不同领域开展了大量的有关物联网军事应用方面的研究和实践,取得了许多显著的应用成果。

美国陆军开展了大量的传感网建设项目,如灵巧传感器网络、无人值守地面传感器群和战场环境侦察与监视系统等。其中,"灵巧传感器网络"(Smart Sensor Web,SSW)是美国陆军提出的针对网络中心战的需求所开发的新型传感器网络。其核心思想是在战场上布设大量的传感器,向战场指挥员提供从大型传感器矩阵中得来的动态更新数据库以及实时或近实时的战场信息,包括高分辨率数字地图、三维地形特征、多重频谱图形等信息。系统采用预先制定的统一标准解读获取到的信息,再与如公路、建筑、天气、单元位置等信息,其他传感器输入的信息相互关联,从而为交战网络提供诸如开火、装甲车发动及爆炸等触发传感器的实时信息。SSW 系统实现了传感器基于网络平台的集成。例如,一个被触发的传感器主体可能会要求在其范围内激活其他传感器,达到对前后相关信息的澄清和确认。陆军战场环境侦察与监视系统是一个智能化传感器网络,可以更为详尽、准确地探测到精确信息,如一些特殊地形地域的特种信息(如登陆作战中敌方岸滩的翔实地理特征信息,丛林地带的地面坚硬度、干湿度)等,为更准确地制定战斗行动方案提供情报依据。该系统由撒布型微传感器网络系统、机载和车载型侦察与探测设备等构成,为各作战平台与单位提供"各取所需"的情报服务,使情报侦察与获取能力产生质的飞跃。

美国海军最近也确立了"传感器组网系统"、网状传感器系统 CEC(Cooperative Engagement Capability)、先进布放式系统、濒海机载超光谱传感器、"海洋网"等研究项目。传感器组网系统利用现有的通信机制对从战术级到战略级的传感器信息进行管理,而管理工作只需通过一台专用的商用便携机即可,不需要其他专用设备。该系统以现有的带宽进行通信,并可协调来自地面和空中监视传感器及太空监视设备的信息。网状传感器系统 CEC 是一个无线网络,适用于舰船或飞机战斗群进行感知数据处理,使每艘战船不只是依赖于自己的雷达,还依靠其他战船或装载 CEC 的战机来获取感知数据,利用这些数据合成具有很高精度的图片,极大地提高了测量和打击精度。先进布放式系统是一种被动水下声学传感器网络。它可以提供实时信息,在濒海区域监视敌方潜艇和水面舰艇。濒海机载超光谱传感器系统利用非声超光谱传感器提供近实时的目标探测、分类和识别,用于反潜战、搜索和营救及区域绘图。"海洋网"是一种自由部署的水下网络系统,采用"远程声呐调制解调器",在固定或移动的水下节点之间通过声传播实现通信,提供水下指挥、控制、通信和导航等服务。

在传感网建设方面,美军开展了智能微尘(Smart Dust)、沙地直线(A Line in the Sand)、狼群(Wolf Pack)等众多项目。智能微尘是由微处理器、无线电收发装置组成的超微型传感器,彼此间能够相互定位,组成无线网络,收集数据并向基站发送。未来的智能微尘甚至可以悬浮在空中几个小时,形成严密的监视网络。狼群中的"狼"是无人值守、智能化程度很高的电子侦察和电子攻击装置,分布在邻近的几只"狼"在"头狼"带领下组成了一个分布式"狼群"系统,进行信息交换。一只"狼"出了故障或遭毁坏,其他"狼"可以接替工作。"狼群"可以完成目标探测、识别、定位和干扰等任务。

在勤务支援保障领域,美军以 RFID 等识别技术为核心实施了大量应用项目,大大提高了其战场可视化勤务保障能力。例如,美军后勤军事转型中为了具备实现"感知与反应后勤"能力,实施了"连接后勤人员"的网络建设计划,该计划的主要内容包括 3 个部分。第一,通过战斗勤务保障自动化信息系统接口和 VSAT 卫星通信实现关键后勤节点的连接。第二,通过安装移动跟踪系统和广泛使用 RFID 标签实现后勤行动的可视性。移动跟踪系统是一种卫星双向文本通信和定位导航移动系统,提供在运可视及车队间通信。RFID 标签广泛应用于提供集装箱和货盘载运物资信息。第三,部署作战指挥持续保障系统,将大量分散的后勤信息系统、在运可视系统及其他离散数据源提供的信息统一汇总到一个决策支持系统中,为机动部队指挥官提供关键后勤物资的动态信息。在此基础上,美军还开发出一种集成的 RF 通信器的新型卫星接收器，可提供车载物资的可视化，实现在运的和视觉外的战场补给品跟踪。同时，利用 RFID 技术，美军研制了由物资器材管理系统、全资产可视系统、需求查询信息系统和舰队库存管理与分析上报系统等构成的在储物资可视化系统体系；由物资库存控制站自动化信息系统、高级跟踪与控制系统、民用资产可视化系统、后方维修系统、综合持续维修系统和可变环境中的分发与修理系统、标准采购系统、标准自动化物资管理系统等组成在处理物资可视化系统体系。同时，美军还开发了部队物资运输信息系统、部队人员运送信息系统等在运可视性系统。以上系统通过后勤信息网、全球运输网和后勤人员连接网，实现了指挥官对物资在储、在处理和在运的全程可视化，大大提高了保障的精确性和效能，实现了"适时、适量、适地"的聚焦后勤保障能力。

（二）物联网军事应用模式分析

1. 基于 RFID 的军事物联网应用模式

基于 RFID 的军事物联网应用模式通常是指通过对我方或友方的各类作战要素、作战单元"贴上"RFID 标签，使得移动或非移动的战场物资、武器装备或作战人员连接起来，实现战场资源的连接、跟踪和管理。当然，这种应用模式绝不仅仅限于 RFID 标签，还包括其他的识别装置（如扫描条码），甚至未来可能出现的各类新型自动化标签。由于不可能在敌方目标上粘贴标签，所以这种基于 RFID 的军事物联网应用模式一般都是用于以控制和管理我方或友方活动为主的指挥控制、勤务支援领域，如力量控制、军事运输、物资供应、装备维护等，其示意图如图 7-4 所示。

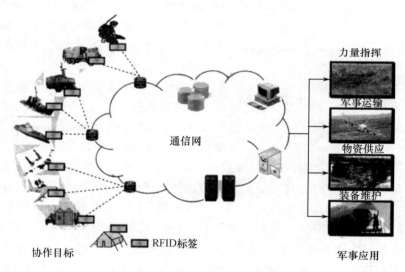

图 7-4 基于 RFID 的军事物联网应用模式

2. 基于传感网的军事物联网应用模式

由于军事领域目标存在我方、友方、敌方之分的特殊性，这就使得对敌方目标进行探测和监视活动时，基于传感网的军事物联网应用模式的优势显现出来。基于传感网的军事物联网应用模式中的传感网并不局限于狭义上的传感器组网，也包括其他的各类侦察监视手段，如卫星、飞艇、雷达、无人飞机等。这种军事物联网应用模式通过各类传感器及其他侦察监视手段，间接连接非协作目标，进行信息的感知探测，为战场提供各类具体的应用服务，如侦察监视、战场监控等，其概念图如图 7-5 所示。

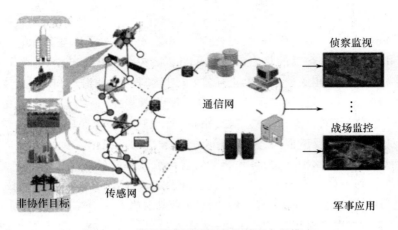

图 7-5 基于传感网的军事物联网应用模式

（三）物联网在装备保障中的应用

当前,信息技术和系统的大量应用为装备保障提供了充分的信息支持,彻底解决了以往的"前方需求""后方资源"和"保障过程"三大迷雾问题,实现"前方需求可知、后方资源可视、保障过程可控",使保障更加精确、快捷和充分。

采用 RFID 技术能使每个标签储存大量数据,通过卫星等实现远距离实时识别;每一件物体都可寻址、通信和感知。物资数量、品种、位置、发货人和收货人等信息以及物品的存储温度、湿度、化学、压力、声学等各项细微的环境变化一目了然。战时还可以进行损伤评估,并及时传输给指挥员和管理人员,实现了"全维可视"和"全程可视",并据此可为部队在准确地点、准确时间提供适量保障,极大地提高物资、器材补给的时效性和准确性。

采用物联网技术,可以建立一条从战略后方直达战斗前沿的通道,以"从生产线到散兵坑"的动态物资流,取代固定仓库群,真正形成一个信息化、以配送为基础的勤务支援保障系统。一方面,通过感知系统,能够预知、预报和及时了解前沿部队物资、油料、器材消耗情况,从而全面掌握从整个战场到最低保障单元的勤务支援保障需求;另一方面,根据随时随地感知、测量、捕获的保障物资信息,不断优化保障方案,实现补给和需求准确对接,有效避免了"物海战术"造成不必要的盲目、混乱和低效。利用物联网技术与被动的请领式保障不同,建立在对部队保障需求,及时了解掌握的基础上的主动配送式保障,由重速度的物资流体系取代重数量的物资储备体系,是供应方式上的一个巨大转变。

现代战争中,装备型号多,技术保障涉及厂商多,而不同的装备其检修接口也不统一,一旦装备在战场上发生故障,操作人员无法维修解决故障,可能影响战局的形势。建立统一的装备战场技术保障模式,根据战场态势情况,进行充分监测,对装备的使用、损毁、故障的状态进行充分分析,为装备技术保障提供充分的信息,有效保障部队完成多样化军事任务。

物联网在装备保障的"储、供、修"等各个环节都有着非常大的应用空间。

（1）储。物资储备就是装备保障的源头,先有了储备才能组织有效的供应。物资器材需要储备,良好的储存环境可以保持武器装备的优良性能。可以利用物联网感知和监测技术,对仓库全方位不间断地监控,包括仓库内的温度、湿度以及仓库周边等主要辖区的安全防盗。目前,越来越多的测量、控制、现场分析设备已发展成为具有数字通信接口的智能设备,只用一根通信电缆,用数字化通信代替模拟信号传输,就可将所有现场智能设备进行连接,完成现场设备的控制、监测和远程参数调整等功能,实现数字化控制与管理,为装备保障提供物资储存的实时情况。

（2）供。军械弹药库、油料库、通信器材库、装甲器材库、军需库等领域,建立以物联网技术为基础的军用物资在供、在运的状态自动感知与智能控制信息系统。采用 RFID 技术,在各类军用物资上附加统一的相关信息的电子标签,通过读写器自动识别和定位分类,可以实施快速收发作业,并实现从生产线、仓库到散兵线的全程动态监控;在物流系统中利用 RFID 技术与卫星定位技术,可以完成重要物资的定位、跟踪、管理和高效作业,提高对供给、运输环境的感知与监控能力以及快速反应能力,达到物资供给、配送的可视化、实时化、精确化和高效化。

（3）修。建立通用终端平台,为各种装备实现保障软件开发提供技术基础,使得多种技术保障手段能够在一种硬件终端上实施。战场上,武器装备损毁,通过装备战场技术保障通用平台,接收装备上的终端设备信息,利用装备的自动检测维修系统,能帮助装备维修人员迅速判断故障,并进行快速修理。对于复杂的故障,维修人员可以借助数字化通信网,向远在千里之外的技术专家请教。技术专家则可以通过显示屏,对维修人员进行技术指导,从而在技术上实现远程诊断和远程修理,从战术上实现远程支援。

第二节 弹药保障可视化

一、弹药保障可视化基本概念

可视化原是计算机科学领域的专业名词,是指运用计算机图形学和图像处理技术,将科学计算的结果以及过程转换为图形或图像在屏幕上直观、形象地显示出来,并进行交互处理的理论技术和方法。弹药保障可视化这个概念,主要来源于美军的"联合全资产可视化"(Joint Total Asset Visual)概念,1999 年美军《联合全资产可视化战略计划》中定义为:及时、准确地向各大总部、各军兵种、国防部各机构提供人员、作战单元、装备和补给品的所在位置、运输状况、特性信息的能力。它实际上是一种系统、能力和活动的综合载体。提出这个计划也是根据第一次海湾战争中出现的后勤保障的种种问题,分析其根本原因,得出的一个新形势下怎样做好现代战争的后勤保障方法。此方法在不断完善的过程中逐渐成为一个新的理论,依据这个后勤管理的思想,在 2003 年第二次海湾战争中,美军在后勤物资的保障工作出现了前所未有的新机遇,利用可视化信息管理技术,结合计算机网络和 RFID 技术,及时、准确地对战场所需的物资进行调配和运送,保障了战争的顺利进行,第二次海湾战争的胜利完全离不开现代后勤的保障体系。

弹药保障是装备保障的组成部分,地位重要又极具特色。弹药保障可视化主要是指依托国家、国防信息基础设施和军队自动化信息网络体系,以计算机技术、网络技术、通信技术、自动识别技术、电子数据交换技术等为主要支撑,实时、准确地获取弹药保障资源、保障需求、保障状态等信息,实现弹药的适时、适地、适量保障。

弹药保障可视化是弹药保障信息化建设的宏大工程,其主要内容包括以下几个方面。

（1）保障资源可视化。弹药保障资源可视化可分为静态信息可视化和动态信息可视化。静态信息可视化是指保障资源的数、质、时、空等静态参数的可视化。动态信息可视化是指保障资源流通和变化参数的可视化。保障资源可视化关键是弹药管理的标准化、制度化和弹药储存数据库的建设。

（2）保障需求可视化。将保障需求可视化,才能知道部队需要什么,才能利用可视的保障资源实施有效的保障,以提高保障效益。只有实现保障需求和资源的双重可视化,才能实现保障资源和保障对象的关系可视化。

（3）保障过程可视化。实现弹药筹措、运输、储存、供应等一系列物流过程的可视化，真正建立起一道弹药保障和保障资源之间的可视化"桥梁"。只有掌握了从工厂到战场的整个过程的物资状态，才能制定科学的保障计划，做出正确的决策。

（4）保障控制可视化。通过建立客观、可信的各类保障历史数据库。充分研究弹药保障的实现方式和保障规律，运用数据模型，掌握保障资源的管理准则，利用数字化处理方式，实现对保障全过程的控制信息数字化处理，以达到实时或近实时的可知、可视。

（5）保障环境可视化。平时，弹药保障环境包括工厂、仓库、交通运输线路、可动员资源和保障力量等；战时，还包括战场信息及其作战地理环境。

二、弹药保障可视化体系架构

（一）总体架构

弹药保障可视化可以分为战略级、战役级和战术级3个基本层次。

战略级保障可视化，是指实现总部级总体弹药保障的宏观可视，充分把握弹药保障活动的总体运行状态、变化规律和变化趋势。在实现战略弹药保障可视过程中，要以可视化技术为手段，始终把改革和完善保障体制放在首要位置。

战役级保障可视化，是指实现战区级弹药保障的可视，其主要内涵和战略级保障可视类似，只是自身的层次略微低一些，它是连接战略级保障可视和战术级保障可视的桥梁和纽带。

战术级保障可视化主要针对部队的实际，对一些主要的专业性工作进行可视化设计，其内涵主要包括仓储、维修、供应、训练等各个专业子系统的可视化，并实现对人员训练、弹药等装备器材的供应全过程进行动态跟踪、查询和显示等。

（二）技术架构

为了保证系统的扩展和升级，实现全面综合集成与迅速适应不断变化的新环境，系统总体框架必须具有开放性，实现这个目标的基础就是统一平台化的设计。遵照这个原则，弹药保障可视化系统的总体框架如图7-6所示。

图7-6 弹药保障可视化系统总体框架

此框架是以信息流为主线，按"采集—存储—传输—转换—传递—处理"的流程，构建应用服务平台、数据资源交换平台、数据资源管理平台、通信数据采集平台，同时，信息安全体系和标准规范体系贯穿这个平台,确保整个体系的数据流安全和规范化。

弹药保障可视化系统采用基于 Web 技术为核心的层次结构。各个层可以选择与其负荷和处理特性相适应的硬件,合理地分割层次结构并使其孤立,使系统的结构变得简单、清晰,提高程序的可维护性,应用的各层可以选择各自最适合的开发语言,有利于变更和维护应用技术规范,按层分割功能使各个程序的处理逻辑变得十分简单。

整个技术结构概括为以下 5 个层次。

（1）用户层。用户层主要是系统的管理和实际使用者,包括作战部队、弹药仓库、物流运输、保障总指挥部、供应厂家和装备管理部门。

（2）应用层。应用层由各个分系统组成,包括弹药本身信息、弹药申请、运输平台等,并按照相关标准和规范建立系统及其他系统部件。

（3）数据层。数据层是由辅助数据库、弹药数据库、基础地理数据库组成,同时,建立元数据库,分类编码数据库。

（4）网络传输层。网络传输层是以计算机网络通信为主的,适应各种通信方式的传输平台,能满足不同协议、不同格式的信息传输。

（5）应用技术支撑层。应用技术支撑层以分布式数据库技术、自动识别技术、地理信息与定位技术、计算机网络技术支撑整个可视化保障系统。

（三）硬、软件结构

1. 硬件结构

可视化保障系统硬件一般由 RFID 模块、GPS 和 GIS 模块、可视化数字终端模块、计算机网络模块和分布式数据库模块等组成。

（1）RFID 模块。RFID 是一种非接触式的自动识别技术,它通过射频信号自动识别目标对象并获取相关数据,识别工作无需人工干预,可工作于各种恶劣环境。RFID 技术可识别高速运动物体并可同时识别多个标签。每个货物可分配到一个具有唯一性的电子标签。电子标签识别装置安装在运送货物的车门处,当货物出(入)库及在运输的路途中,电子标签识别装置通过天线对标签上的数据信息进行读取记录,利用有线或无线网络传递给远程的控制管理中心。

（2）GPS 和 GIS 模块。这里 GPS 是全球定位系统的缩写,具体应用是基于我国建立的北斗卫星导航定位系统。GPS 和 GIS 模块是以空中卫星为基础的高精度无线电导航的全球定位系统,在全球任何地方以及近地空间能够提供准确的地理位置、速度及精确的时间信息。GPS 定位装置的功能是通过接收卫星信号计算出货物的具体位置,完成对运送车辆、船舶、飞机位置的定位功能。这是弹药保障全程监控的基础。

（3）可视化数字终端模块。可视化数字终端模块主要由不同用户使用的可以通过终端系统实时查询弹药运输的详细情况,并通过数字终端进行短消息的发送,发送的短消息包括弹药的登记信息、运输人员、上下运输装备、位置信息、报警信息等。

（4）计算机网络模块。计算机网络技术实现了资源共享,可使用户在任何地方查询网上的任何资源,极大地提高工作效率,促进了系统管理运用的自动化。可视化保障系统是一个基于网络平台的数据集成系统,高速、稳定、安全的网络通信是其获得成功的基础和关键。可视化保障系统网络环境应主要包括局域网、广域网和无线网,网络高速化也是可视化保障系统进行数据实时访问的重要条件。

（5）分布式数据库模块。由于弹药保障工作涉及的层次、业务繁多,覆盖的范围非常广泛,因而决定了可视化保障系统必须是由一个多数据源组成的综合数据库系统。作为可视化保障系统的核心,分布式数据库系统把数据库技术和网络技术的应用统一起来,以适应装备各种机构、各个部门地域分散的需要。

2. 软件结构

弹药保障可视化系统的软件结构主要以管理信息系统、数据库、决策支持系统等构成。

(1)管理信息系统。管理信息系统主要包括弹药请领系统、弹药发出系统、弹药运输平台以及其他各个业务系统和保障指挥系统等。

(2)数据库。系统数据库的构成主要包括:我国基础地理信息系统数据库,栅格地图数据库、卫星影像图等空间数据库,运输平台数据库、弹药信息数据库以及主要包括地质构造、军事标图系统,国家和军队颁发的相关法规文件,县级的全国人口、社会经济、敌社情等信息的相关专题数据库。

(3)决策支持系统。其主要包括对弹药储存空间进行精确设计,合理布局,使弹药存放到位,模拟和预测未来联合作战弹药消耗标准,设计分发方案等决策支持系统。

三、弹药保障可视化系统组成

(一)弹药保障可视化系统组成

综合现代信息技术和弹药保障需求,弹药保障可视化系统主要应由基础支撑、信息采集与传输、数据资源和系统应用4个部分组成。

1. 基础支撑部分

基础支撑部分主要包括信息基础设施(计算机网络等)、信息标准及弹药及物资编码、关键技术(自动识别与采集技术、数据中心及数据仓库技术等)和弹药保障的理论知识。

(1)信息基础设施。依托军队指挥自动化网、国防通信网以及国家和地方信息基础设施。

(2)信息标准。其主要包括弹药及保障物资信息分类、指标体系、各类信息编码代码等各类标准和规范等。

(3)关键技术。其主要包括自动识别与信息采集、地理信息系统、卫星导航定位系统、决策支持、模拟与仿真、信息安全、数据库、数据仓库技术等关键技术。

(4)装备保障理论知识。其包括与弹药保障有关的军事理论、装备保障知识、保障标准制度和业务处理流程等。

2. 信息采集与传输部分

其主要包括源数据采集和电子数据交换。

(1)信息采集。采用条码技术、射频技术等识别技术对源数据进行自动采集,通过识别、筛选、转换、整合等,构建相关数据库系统。

(2)电子数据交换。按照建立的数据格式和要求,在网上进行系统间数据交换和相应处理。

3. 数据资源部分

(1)弹药保障数据中心。按照现行的弹药保障体制,在弹药综合数据库和专业综合数据库的基础上,采取按级存储、集中管理的数据分布策略,分别建立弹药仓库、弹药保障基地、机关弹药管理部门三级数据中心,形成上下贯通、左右互联的多级数据分布存储体系。实现对储备物资的统计、汇总、查询、分析、辅助决策等各综合应用,提供弹药保障数据的接收更新、统计汇总、备份恢复,以及用户定义、访问授权等管理功能,依托军队计算机网络,实现机关弹药管理部门、弹药保障基地、弹药仓库之间的数据交换。

（2）综合数据库。按照统一的信息体系和标准，通过对相关专业数据库进行数据抽取、筛选、转换和融合，实现各类业务信息主题数据库，并形成军委、战区综合数据库。

（3）专业数据库。对各种与弹药保障相关的如搬运机械、车辆、专业物资、器材等，建立相关专业数据库，存储各类专业物资信息和数据。

（4）基础数据库。对与弹药保障有关一些基础信息和数据进行存储和管理，如数字地图、兵要地志、办公文档等。

4. 系统应用部分

其主要是面向弹药保障用户的系统，其依托军队计算机网络，实现对弹药保障的需求、状态、过程和控制可视，主要有仓库综合管理应用平台、部队弹药保障应用系统、机关应用系统等。

（二）弹药保障可视化系统建设

建设弹药保障可视化系统，具有显著的军事效益，该系统将使战时的弹药保障做到适时、适地、适量，作为战争胜利的坚实后盾。弹药保障可视化系统建设是一项复杂而艰巨的任务，需要采取有效的方法组织实施。

（1）整体规划、系统建设有步骤、分阶段实施。

建设弹药保障可视化系统，是一项综合性系统工程，必须搞好顶层设计，加强统筹规划。要组织力量进行系统论证，制定出切实可行的建设方案与分阶段实施计划。同时，在系统建设过程中，还要根据新情况、新问题以及新技术的发展变化，及时调整规划和计划，使系统建设沿着正确轨道发展。

（2）改建结合、加强对现有弹药保障系统的综合集成。

建设弹药保障可视化系统是一个渐进的过程，是在充分利用我军弹药保障自动化建设的成果的基础上，通过采用大量的、成熟的先进技术，对现有保障信息系统进行改造、升级、补充、更新、综合与集成而实现。特别是近年来互联网技术的迅猛发展，以及自动识别技术（如射频卡、光储卡、二维条形码等）在军事物流领域的推广使用，使得研究与建设军事物流可视化具有更多的技术支撑和基础。

（3）加强领导、加快弹药保障可视化系统的建设步伐。

运用系统工程方法，建立强有力的领导机构，实施有力的组织领导。要专门成立弹药保障可视化系统建设办公室，由中央军委、战区及部队弹药保障部门和指挥勤务、工程管理、信息技术等专家组成。投入专项经费，争取得到军内和国家有关部门的支持，充分利用各方先进的技术和力量，充分吸收外军已有的研究成果，切实加快军事物流可视化信息系统的建设步伐。

建设弹药保障可视化系统，关键完成好以下4项分系统建设。

（1）建设畅通、可靠的军队计算机网络系统。

计算机网络是弹药保障可视化系统建设的重要基础部分。目前，全军部队师旅机关、后方仓库的局域网已经建成，并实现了互联互通。采用先进成熟的网络技术，在各类弹药仓库内部建成连接仓库机关办公楼与保管作业区的计算机网络，为仓库综合管理平台提供一个实时、高效、可靠、保密的网络环境。同时，通过该网络实现仓库与上级单位的网络互联，实时、准确地与有关单位进行信息交流，达到信息资源共享的目的，提高整体保障能力。

（2）建设高效的弹药信息源数据采集系统。

数据采集系统是弹药保障可视化系统的重要组成部分。建设数据采集系统目的是实现资源共享、共用。通过建设各级综合数据库和数据中心，依托计算机网络，实现数据资源共享。

通过对信息作综合性分析、处理、提取有价值的决策分析信息,迅速、可靠地提供给各级首长和机关,使繁复、门类众多的基础信息成为立体、动态、可供决策支持的综合信息,提高信息的利用率,形成结构合理、数据稳定、资源共享的一体化数据环境。

(3) 完善统一的物资编码及相关的信息标准系统。

为保证弹药保障可视化系统建设目标的实现和实现互联、互通、互操作的要求,在系统建设中必须加强标准化工作。建设中,需要贯彻实施的标准主要包括信息处理和交换、数据通信网络、术语和词汇等各类标准;各类物资编码代码等各类标准和规范;工程管理和质量管理、可靠性和可维修性、安全和电磁兼容、设备等各类标准。其中,尽快完善各类物资编码代码是当前标准化工作的当务之急。

(4) 研制更新通用的弹药管理软件系统。

目前,弹药管理应用的是弹药数质量管理信息系统,但该系统还是单机运行,缺少很多可视化方面的功能。在此基础上,研制通用的弹药管理系统,其目的是保证管理信息的互联互通操作。实现部队到基地,直至仓库的信息查询、电子调拨处理和相关文电处理等功能。

第三节 美军联合全资产可视性系统

在现代战争条件下,战场形势瞬息万变,对军队保障的快速反应能力提出了更高的要求。大量储备、逐级前送的传统保障方式已不能适应现代战争的作战需求,必须对军队实施"精确"保障。美军在海湾战争中,由于标识不清,美军向中东地区运送的4万多个集装箱中有两万多个不得不重新打开、登记、封装并再次投入运输系统。当海湾战争结束时,还有8000多个打开的集装箱未能加以利用。根据海湾战争的教训,美军重点开展了资产可视性系统的建设,使部队在战时和平时都能及时"看"到所接收物资的信息,以免再发生类似的问题。战场保障需求是促使美军联合全资产可视性发展的直接动因。此外,美军在此建设上有更深的背景。一方面,冷战结束后,美国认为其面临的威胁发生了巨大变化,因此对其军事战略进行了重大调整,即从应付全球战争转变为应付较大规模的地区性冲突与地区性战争。为确保美国军事战略的顺利实施,美参联会于1996年制定了《2010年联合构想》,4年后又推出了《2020年联合构想》。根据新的思想,美军后勤应能在各种军事行动全过程中,在准确的地点与时间向联合作战部队提供数量适当的人员、装备与补给品。要实现这一目标,就必须做到部队保障中资产的高度透明化。另一方面,冷战结束后美国国防资源的投入相对减少,如何用较少的人力、财力维持和提高部队的战备水平,成为美军考虑的重点问题之一。鉴于以上原因,美军在海湾战争后,把利用信息技术实现全资产可视作为部队保障建设的重点,投入大量的人力、物力,历经十几年的努力,现已基本建成了全军性的联合全资产可视性系统。美军的联合全资产可视系统的开发和运用,使美军能及时了解工业基地及被保障部队的供需状况,最大限度地利用现有资源,以提高保障效率,增强部队的战备能力,在美军保障中发挥了重大的作用。

一、概念提出与建设历程

(一) 基本概念

联合全资产可视性中的"资产"包括各类补给品和人员(含伤病员),按其状态主要分为以下几类。①在储资产。包括:储存在部队级和总部级(岸上和海上)仓库中的资产以及存放在拍卖或销毁机构的资产;为支援修理而由修理机构保持的库存品;作为国防部与供货商伙伴关系之一,部分由供货商管理的库存品。②在处理资产。包括:正在采购或修理的资产;某些向供货商订购但还未发运的资产;某些由供货商管理的库存品;正在后方级建制的或商业的仓库以及中间级维修设施接受修理的资产。③在运资产。指处于部队请领和保障运输时间段内的资产,如处于不同的物资管理机构之间的资产、已由供货商发货但物资管理站尚未收到的资产、临时使用或从承包商处借来的资产以及无法归入别类的资产。

美军的联合全资产可视性是由"全资产可视性系统"来实现的。"全资产可视性系统"是用于获取全资产可视性能力的一个由多个保障自动化信息系统构成的自动化信息网络,本质上是一个集成的数据环境。具体地说就是一个能够进入官方数据源系统,以及存储有储存中的、处置中的资产数据的相关数据库。该系统必须能够收集所需的保障资产数据,并把它们融合到一起,然后以一种有用的形式把信息提交给用户。目前,美军的全资产可视性自动化信息系统由若干个功能不同的保障信息系统构成,其中有的系统依托原有的保障信息系统,有的则是新开发的系统,有的则是对原有系统的改造。最终这些保障信息系统形成了一个保障自动化信息网络,该网络可以发送和接收近实时的保障信息。所有用以实现全资产可视性的自动化信息系统能够与普通用户使用同一数据库,保障人员通过该保障自动化网络可方便地查看、更新和下载全资产信息。

(二)建设历程

美军在联合全资产可视性建设过程中并没有明确的划分阶段,但通过分析联合全资产可视性产生和发展的过程,可将联合全资产可视性的建设历程大体划分为以下4个阶段。

1. 雏形阶段

这一阶段大约为20世纪50年代到海湾战争前。美军从20世纪50年代就已经开始强调保障指挥管理自动化建设,这一时期,美军保障信息化建设处于物资供应、交通运输和仓库管理等保障业务工作的个别试验阶段。同一时期,美军开始将计算机技术运用于补给管理领域,1954年,美空军器材部率先安装了第一台计算机,1955年美军全军已有3台计算机用于处理物资器材的补给业务,1956年,美驻欧第7集团军建立了一个自动化库存品控制中心。20世纪六七十年代,随着计算机技术的进一步发展,软、硬件和后勤业务数据库建设水平的不断提高、规模扩大,所涉及的后勤业务从以前的单一业务管理向部门内部提高综合效益的方向转变。这一时期,美军的后勤管理自动化从处理单个项目逐步发展到建立综合性的后勤管理自动化系统。美军在这一时期,各军兵种和国防后勤局都相继建立了本系统自上而下比较统一配套的后勤指挥管理自动化系统。例如,美陆军20世纪60年代建成了"运输数据自动化系统""日用品管理标准系统"和"标准仓库系统"等;美海军在20世纪60年代中期则先后建成了"物资管理站统一自动数据处理系统"和"物资储存站自动数据处理系统";空军于20世纪60年代初建成了"物资管理库存控制与分发系统"和"标准基地补给系统"。到了20世纪80年代初期,美军各级后勤自动化系统不断完善,专用软件应用水平大幅提高,后勤信息化装备设施、标准化建设步伐加快,计算机在美军后勤部队得到了普及。各军种建立了从总部到部队的以补给业务为主体的后勤管理自动化系统。如美陆军的18个现役师在1989年全部实现了后勤管理自动化。一个师配备"分队级后勤系统"计算机120台、"陆军战术后勤计算机系统"计算机60台。可以说,到20世纪80年代末,美军在一些领域资产可视性已经出现雏形。但20世纪50年代到80年代末的这个时期,美军还没有明确的资产可视性的概念,只是应用计算机对物资器材的补给管理提供帮助。这一时期可称为美军全资产可视性的雏形阶段。

2. 概念明确阶段

这一阶段大约是从 1992 年 4 月到 1995 年 11 月。全资产可视性作为一种完整的概念到海湾战争后被明确提了出来。尽管在海湾战争前,美军应用信息技术对传统后勤改造已经取得了一定的成果,但还远远满足不了后勤部门对后勤信息精确掌握的需求,在海湾战争中,以前困扰美军的后勤迷雾仍然没有解决。针对海湾战争中出现的物资补给不透明问题,美国国防部于 1992 年 4 月公布了"国防部全资产可视性计划"。该计划第一次明确了全资产可视性的概念,并提出了全资产可视性的内容,包括"在储资产""在处理资产""在运资产"等,从而正式启动了美军资产可视性的建设进程。在概念明确阶段,美军完成的主要工作经过充分的论证,明确了全资产可视性的概念及其建设的基本内容,建立了全资产可视性建设的领导机构,开始在各军种进行资产可视性的试验,制定并完善了资产可视性的实施计划,并得到了美军各军种的支持。

3. 大规模建设阶段

这一阶段大约为从 1995 年 11 月到 1999 年 1 月。将前一阶段制定的全资产可视性战略计划和实施计划付诸实施,对全资产可视性建成部分投入实践。同时,根据实践的结果,不断对全资产可视性战略计划和实施计划中不合理或过时条文加以修正,并提出了联合全资产可视性的概念。为了顺利推行全资产可视性的更高阶段,美军成立了负责联合全资产可视性建设事宜的最高领导机构——联合全资产可视性委员会,并制定了 21 世纪初联合全资产可视性建设的设想——《联合全资产可视性战略计划》。经过这一阶段的建设,美军在 1999 年基本完成了全资产可视性的建设,并投入使用。1997 年美军全资产可视性建设对资产的覆盖率为 60%,1998 年美军全资产可视性建设对资产的覆盖率为 82%,截至 1999 年,美军全资产可视性建设对资产的覆盖率已达到 94%。

4. 发展与完善阶段

这一阶段大约为从 1999 年开始至今。在全资产可视性系统基本完成以后,美军并没有对全资产可视性的建设停滞不前,由于对资产的覆盖率还没有达到 100%,因此,1999 年以后,美军不断地提高可视性资产的覆盖率,并利用新的后勤保障理论、新的技术不断提高全资产可视性系统的效能。主要工作是,一是加快自动化系统一体化进程。如在各军种资产可视性系统的基础上建设全军性质统一的资产数据信息库、开发信息系统接口,以便使各种自动化系统能够非常顺畅地连接起来,使用户在任何地方、任何时间通过任何系统和工具均可很快地获得所需的资产状况、位置等信息。二是改进相关的自动化信息系统。美军在实现资产可视性的过程中,注意对现有自动化系统的充分利用,但有些系统在功能上不能完全支持全资产可视性运行方案,因此将不断地对其加以改进完善,使之适应资产可视性的总体需求。三是不断改善数据质量和及时性。在实践过程中,美军发现其在储、在运和在处理信息系统缺乏标准化的数据元、电子数据交换的事务处理格式、文件传输协议,也缺乏具有结构化查询能力的关系数据库,因而有时无法提出及时、完整而准确的数据。例如,美军在运行在运可视性系统中发现,其输送和补给数据质量较差,一个主要原因是缺乏一个统一的电子数据交换标准。鉴于此,美军采取了有效措施加以解决,其中最重要的措施之一就是制订数据标准,加大电子数据交换的使用。四是制订新的规章和程序,加强规章和标准的统一性。例如,在运可视性问题,有时存在不同的运输情况下采用不同的运输规章和程序,有些版本已经过时,有些则互相冲突和矛盾,并且有时在做同样一件事时需要使用不同的代码。为了解决这种问题,美国运输司令部制订了新的国防运输条例,拟用它来统一、简化并替换已有的标准和程序。五是增加通信容量。美军除保有现行通信能力外,计划投资并开发额外的通信能力,这样,即使在通信需求的高峰期,其通信容量也不会受到影响,确保全部国防资产的可视性。六是加大自动识别技术的开发利用力度。即在现有基础上,按照实现全资产可视性的总体要求,更好地利用现成的或开发新的效能更佳的自动识别技术和工具。随着这些措施的实施,美军的资产可视性率已明显提高,2000年美军全资产可视性建设对资产的覆盖率为96%。有些军种资产的可视性率更高,如到2001年美空军的资产可视性率已达到100%。时至今日,美军的全资产可视性建设也没有停止,美军将在实践中不断发现现有的资产可视性能力的不足,不断完善其资产可视性能力。

(三)功能和目标

1. 主要功能

联合全资产可视性的设想是通过提供一种联合能力,使全球美军在执行任务时能获取及时、准确、有用的数据和信息。联合全资产可视性系统的主要功能是提供全军范围内的信息查询,可供查询的信息包括以下内容。

(1)库存信息。主要包括批发和零售级资产现有库存状况等信息。补给品种类包括第一类(给养)、第二类(被服装具)、第三类(油料)、第四类(工程、设障器材)、第五类(弹药)、第六类(个人生活用品)、第八类(卫生医药器材)和第九类(修理零配件)。

(2)运输信息。包括陆运、海运、空运资产的信息,这些信息存储在联合全资产数据库中,每10min从全球运输网接收一次。

(3)国防机动跟踪信息。主要利用地面机动跟踪系统所获取的资产跟踪信息,包括指定物品和车辆的准确位置、出发地、预计到达日期/时间、实际到达日期/时间等信息。

(4)在运资产可视性信息。主要是利用RFID标签自动获取在运资产可视性信息。

(5)采办信息。主要是来自国防后勤局和补给保障机构的采办信息。

(6)战备物资信息。主要包括战备和应急库存物资,如弹药、装备等存储位置和数量等信息。

(7)部队装备信息。包括最终成品、第七类(大型整体装备)和海军陆战队预置库存等建制装备的位置、状态等信息。

(8)散装油料信息。主要指国防后勤局所属储存设施中现有油料情况、各军种拥有的在国防后勤局所属设施储存的油料情况等信息,以及运油船运输过程中的可视性信息。

(9)弹药信息。包括弹药和爆炸品的状况、数量、位置等信息。

(10)医疗信息。包括血液、血液制品和医疗补给品的状况等信息。

2. 建设目标

联合全资产可视性的具体目标如下:

(1)建立使用单位的信心,减少重复请领。作战部队对于所请领的物资状况,经常都不具有可视性,结果使用单位对于补给系统是否收到了请领书、是否采取了行动心中无底。由于对补给系统缺乏信心,造成部队对同样物资的重复请领。结果是物资发运和接收机构的阻塞现象加重,对军民运力的需求增大,同时也给战区运来不需要的物资器材。如果使用单位与综合物资管理部门、供应商、发运机构、港口部门之间,具有实时的请领(包括请领书及其物资器材)跟踪的能力,也就是物资使用单位对自己申领后勤部门是否收到,是否已采取行动,物资是否已经发出,物资现在所处的位置、状态、数量等均能实时可视,则将建立使用单位对补给系统的信心,消除重复请领的主要根源。可以减轻物资管理部门工作量,提高工作效率,也不会给战区运来大量不必要的物资器材。

（2）缩短物资请领时间,提高部队战备。全资产可视性系统完全投入使用后,将对保证在满足使用单位请领和采购时、在采购和修理物资器材时,对所有可用资产均通盘考虑。这样,国防后勤局就能利用各军种拥有的部队一级资产来满足部署到战区的作战部队提出的成千上万优先紧急的或缺货欠发的请领需求。这种好处并不仅限于战时。在平时,部队使用单位向总部补给系统提出大量物资器材需求,而附近其他军种部队保障机构却可能存在可供调配的同样物资器材。武器系统经常由于重要补充备件的请领原因等待采购而被延误,战备受到损失;而此种备件在附近其他军种（在有些情况下是本军种）的部队级保障设施中即可获得。

（3）提高军费使用效益。在未实现全资产可视性前,国防部补给系统实行多级物资储备,用以满足使用单位需要。各级一般根据本身资产状况作出物资器材订货与修理决策,而很少考虑其他军种资产的可用情况。这种做法往往造成储备过剩,因为综合物资器材管理部门可能指示采购新的资产,而与此同时,在补给系统的某处,却存在大量的未申报的部队一级多余物资器材。

联合全资产可视性使综合物资管理部队可以利用部队一级多余资产,充抵采购数或者推迟采购。它也能使综合物资管理部门减少修理量。也就是说,全资产可视性的实现,使美国防部有了将全军所有资产统一管理的可能,美国防部可利用全资产可视性对全军的物资进行统一管理、统一调配、统一采购,这必将减少物资不必要的采购、修理,提高全军物资的整体使用效益。

（4）使作战计划制订与评估更加科学。联合全资产可视性的实现将给军事计划人员提供查明物资器材紧缺和加快修理与生产所需要的信息。使军事计划人员充分掌握自己的后勤保障力量是否可以满足作战行动的需要,使军事计划人员对部队实施军事行动的能力的评估更加科学、准确,为顺利完成作战行动提供更加科学的保证。

二、体系构成与运行维护管理

（一）系统体系结构

美军联合全资产可视性系统最初采用基于功能的体系结构。该体系结构由功能体系结构、数据体系结构和技术体系结构3个部分组成。功能体系结构是数据体系结构和技术体系结构的基础,描述了联合全资产可视性的用户机器信息需求,同时还说明了当前的信息来源,以及信息如何在全资产可视性数据仓库中流动,使用了一系列业务流程图和相应表格来进行说明。

为适应联合作战的要求,美军制订了《指挥、控制、通信、计算机、情报、监视和侦察一体化保障活动体系结构框架》文件,联合全资产可视性办公室在此基础上于1997年制定了基于作业的体系结构框架。该框架主要包括作业体系结构和系统体系结构。联合全资产可视性原来的基于功能的体系结构为制定联合全资产可视性作业体系结构打下了良好的基础。

联合全资产可视性作业体系结构由连续性的作业流程图、信息交换需求框以及源、接收节点、表构成,如图7-7所示。作业流程图描述了联合全资产可视性信息保障的各项联合作战任务。信息交换需求框架描述了任务、作业要素和信息流之间的关系,是作业体系结构的重要组成部分。

联合全资产可视性的系统体系结构包括现行系统体系结构和未来系统体系结构。现行系统体系结构是指目前已部署到各联合司令部,并称为"战区联合全资产可视性"的系统体系结构,其主要利用各种联合全资产可视性信息的数据库,如图7-8所示。

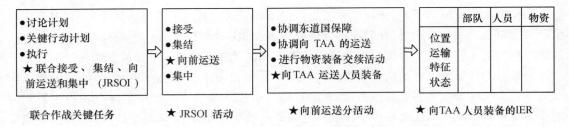

图7-7 保障部署活动的作业流程图
TAA—战区集结地域；IER—信息交换需求。

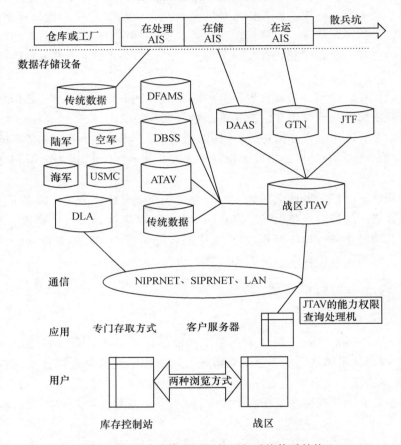

图7-8 联合全资产可视性现行系统体系结构
AIS—自动化信息系统；ATAV—陆军全资产可视性；DAAS—国防自动化寻址系统；DBSS—国防血液标准系统；
DFAMS—国防燃料自动化管理系统；DLA—国防后勤局；GTN—全球运输网；JTAV—联合全资产可视性；
JTF—联合特遣部队；LAN—局域网；NIPRNET—非安全互联网协议路由网；SIPRNET—安全互联网协议路由网；
USMC—美国海军陆战队。

未来系统体系结构强调利用中间件尽可能从数据源处查询数据。利用中间件技术，可以直接进入官方数据源，在中间件对数据加以融合或合并，然后再以回答查询的方式让数据返回到用户的屏幕上，如图7-9所示。这与现行系统结构是不同的，现行系统体系结构是通过主动或被动的文件传送过程获得数据，而未来系统体系结构则是通过以下过程获得数据：利用"数据字典"界定本环境中所有的潜在数据；利用"目录"说明数据寓意何处，并解释如何按"数据字典"的界定来翻译数据；字典和目录都配置在中间件里。中间件使用目录把申请提交给数据源,并将数据送给用户。

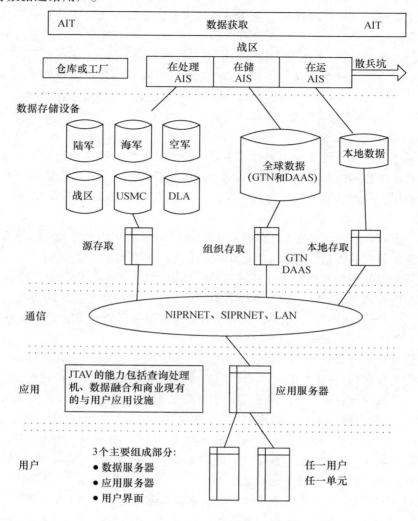

图 7-9 联合全资产可视性未来系统体系结构框图

AIS—自动化信息系统;AIT—自动识别技术;DAAS—国防自动化寻址系统;DLA—国防后勤局;GTN—全球运输网;LAN—局域网;NIPRNET—非安全互联网协议路由网;SIPRNET—安全互联网协议路由网;USMC—美国海军陆战队。

(二)系统组成与数据来源

1. 系统组成要素

联合全资产可视性系统主要由以下要素组成。

(1)战区联合全资产可视性。可为战区总司令、联合特遣部队司令官及各军种部队司令官提供所属部队现有的、正在运来的、往回撤运的和已请领的资产的可视性。其可视性数据还包括预置的、内部转运的战争储备、战区储备和国家储备资产的可视性。

(2)联合人员可视性。可为各级司令官提供进出战区或在战区执行任务的人员方面的信息。

(3)本土作业联合全资产可视性即军种间可修资产可视性。旨在实现军种间的可修资产的可视性及其重新分配,已在陆军器材部所有的零散供应设施、海军陆战队所有的零散供应设施、海军库存品控制站和部队司令部的一个零散供应设施实施。

（4）医疗器材的全资产可视性。医疗项目经理办公室已完成了驻欧美陆军卫材中心与驻欧美军司令部之间在联合全资产可视性方面的初始对接。美陆军医疗器材局目前正在设计联合医疗资产信息库，这是一个建立在联合全资产可视性需求基础之上的共用数据服务器。

（5）联合全资产可视性的弹药部分。联合全资产可视性办公室与有关方面协商后签署了一份备忘录，明确了弹药可视性倡议与弹药管理标准系统对国防后勤的重要作用，并指出二者互为补充，不存在相互重叠或竞争的问题。

2. 系统数据来源与安全

联合全资产可视性系统所使用的数据主要来源于一些数据库和后勤信息系统。数据存取主要通过数据服务器一级负责收集和提供信息的关键设备进行，每个服务器都根据用户需求存取和积累数据。根据联合全资产可视性运行方案，主要依靠3种服务器进行数据存取，即本地服务器、全球服务器和企业服务器。

本地服务器提供本地区数据（只存储一个地理区域或战区内的数据）的存取。海外用户通过本地服务器只能获得战区数据，而美国本土用户通过本地服务器只能获得美国本土的数据。全球服务器可使用户获取其所在战区或地区外的数据，即海外用户利用全球服务器可获取批发级资产的数据，美国本土用户可获取海外战区存储的数据。企业服务器与用户所处位置无关，它包含了国家级的联合信息。全球运输网和后勤信息处理系统就是两种企业服务器。全球运输网能收集、融合和综合与国防运输系统有关的信息。

美军在联合全资产可视性系统建设过程中，非常重视系统安全，在联合全资产可视性应用系统存取数据的保密性、完整性和可获取性等方面都采取了安全措施，目的是通过提供安全技术和规程来保护敏感的保密和非保密信息。美军联合全资产可视性系统采取的安全策略与安全保护技术，一是利用密码对用户识别与鉴定，进行入网访问控制；二是对信息进行分类，区分为保密信息和非保密信息，并存放在不同的服务器上；三是对信息进行加密；四是利用防火墙控制访问。随着技术的发展，美军不断对系统的安全进行风险性评估，根据评估结果，对存在的潜在危险采取改进措施，以减少危险的发生。例如，引入"警卫"系统安全软件自动对非法用户进行监测，把数据从非保密服务器转移到保密服务器上等。另外，美军还制定严格的网络安全管理策略，按照联合全资产可视性风险管理计划、联合全资产可视性操作方案、系统管理员手册、用户手册等文件制定联合全资产可视性的安全程序，确保网络的安全可靠。

（三）信息系统构成

联合全资产可视性是在各军种、国防部各部门资产可视性建设的基础上实现资产信息的综合一体化，其主要功能是提供全军范围内的信息查询，包括库存信息、在运信息、国防机动跟踪资产信息、射频识别标签（在运资产可视性）信息、采办信息、战备物资信息、部队装备信息、散装油料信息、弹药信息、医疗信息等。从总体来看，美军在资产可视性信息系统的建设上可归纳为3个组成部分，即在储资产可视性信息系统、在运资产可视性信息系统和在处理资产可视性信息系统。

1. 在储资产可视性信息系统

美军的在储资产包括各类补给品，分为批发级和零售级两种储备。为了提高物资补给保障效率，美军强调必须提高在储资产的可视性，分别建立了批发级和零售级的在储资产可视性信息系统。

（1）批发级在储资产可视性信息系统。批发级在储资产的可视性指实有库存物资（按状况代码和用途代码编制)的信息,而物资需求的可视性则是指重新订货点物资量、补给请领量、保留限额量等的信息。不同部门对其可视性的需求重点不同,如综合物资管理部门要求具有由其直接管理的批发级资产的可视性,以满足使用单位请领要求、确定采购数量、补充储备量,做出修理、处理决策;各级后勤人员、战区司令官、联合特遣部队指挥官、各军种、各大单位、武器系统管理人员要求具有对批发级资产的可视性,以便协助作战部队解决物资器材问题,评估后勤对作战计划的影响。

美军各大单位都开发出一些能够提供一定在储资产可视性能力的自动信息系统,并正采取一系列旨在改进和增强这种可视性能力的措施。在用的系统主要有:①物资器材管理系统,这是美军联合后勤系统中心开发的一系列应用系统软件,供物资库存控制站和其他机构使用;②后勤资产支持评估系统,它能向使用单位提供使用标准军事请领与核准程序查询国防后勤局一级资产状况的能力;③陆军全资产可视性系统,可提供美陆军总部一级资产的可视性,其能力将进一步扩大到国防后勤局所管理的资产;④需求查询信息系统,可提供国防物资再利用和销售处资产的可视性;⑤后勤信息网,可提供国防后勤局、各军种、联邦勤务总署、国防物资再利用和销售处等单位资产的可视性。

(2)零售级在储资产可视性信息系统。零售级资产的可视性包括实有库存资产(编有状况码)和请领中的资产两部分。与批发级资产相同,零售级资产的信息指重新订货点物资量、补给请领量、保留限额量等。综合物资管理部门,要求具有对零售级资产及其需求的可视性,以便通过零售级的横向调配协助满足请领需要、预测需求,提出或推迟采购、修理,编制零售级、批发级的综合分层计划和年度库存品报告。司令部门和各大单位要求具有对零售级资产及其需求的可视性,有助于判定完成任务能力、紧急行动能力和计划的需求量。部队基层补给机构要求对中级部队部级机构(仅限本军种补给系统中的中级机构)的资产具有可视性,以使本部队指挥官提出的判断补给需求(有关野战训练演习或紧急行动的补给保障需求)的要求能予以满足。

用于零售级在储资产可视性信息系统主要有:①物资器材管理系统,该系统除能够提供批发级资产的可视性外,也能提供零售级资产的可视性;②陆军全资产可视性系统,可提供最低到陆军师一级的补给保障机构的零售级资产的可视性;③国防资产在分配计划系统,是一个审查和重新分配国防部剩余资产的中央系统;④舰队库存品管理与分析上报系统,是美海军大西洋舰队水面部队司令主持开发的系统,可提高舰载资产的可视性;⑤可执行任务资产来源系统,是一个基于个人计算机的系统,使用空军标准基地补给系统管理的部队资产,满足紧急优先的物资需求;⑥海军全资产可视性系统,能提供美海军库存物资的可视性及横向调配能力;⑦标准自动化物资管理系统和陆军全资产可视性系统接口,能提供美陆军所有但由美国防后勤局管理的零售级资产的可视性,从而可以利用美陆军零售级资产解决国防后勤局缺货待发的请领和充抵拟采购数。

2. 在运资产可视性信息系统

在运资产可视性是指在平时、战时以及紧急情况下从始发地到目的地对物资、人员、伤病员以及军用或商用空运、海运、地面运输资产的状况、位置、特性等进行跟踪的能力。为此,美军认为,在运资产可视性系统要满足4项基本需求:一是能够跟踪人员由起点到目的地之间的运送;二是能够识别所运物资类别并监视由起点到目的地之间运输过程中物资所处的位置;三是能够与指挥控制系统连接,并且最终连接到全球作战指挥系统;四是能够提高国防部跟踪个人请领物资、专项物资和部队物资运输的能力,并且能将物资转移到新的目的地。所建系统在平时、战时和紧急情况下可同时为作战部门和后勤部门提供服务,能够在从起点到目的地(包括重新部署和后撤运输)的整个过程中连续地工作。

为达成上述目标,美军在着力解决3个技术问题,即源数据输入、电子数据交换与自动识别技术。准确的源数据输入是实现在运资产可视性的关键。也就是说,所有的运输数据不仅要求精确,而且格式还必须标准、统一,以便于输入相关系统。例如,若将某件物品装在何处、由何种工具运输、运往何处、现在位置等数据及时地输入到全球运输网,有关单位或人员便可获得该物品的可视性。电子数据交换可使所有军用或民用数据库和跟踪系统将数据输入全球运输网。美国国防部制订并实施了一项国防运输电子数据交换计划,制定了电子数据交换标准。美军目前使用的自动识别技术包括多种多样的读、写存储技术,用来处理资产识别信息。这些技术包括条形码、词条、集成电路或智能卡、光学存储卡、射频标签以及磁性存储媒体等,可给单件物品、合装货件、装备、空运托盘、集装箱等添加标识和签牌。自动识别技术还包括制配上述装置、阅读其上信息、将这些信息与其他信息结合起来所需的硬件和软件。

美国国防运输一般划分为6类,即部队物资运输、非部队物资运输、部队人员运输、非部队人员运输、伤员运输和个人财产运输。与之相应,各类运输的可视性都需要大量的信息系统来支持。以下重点介绍部队物资运输信息系统和部队人员运输信息系统。

(1) 部队物资运输信息系统。部队物资包括一切部队编制装备及随行补给品、海军陆战队海上预置装备、陆军存放于预置船上的部队装备以及预置的按部队建制配备的成套装备。为了提供部队物资从始发地到目的地运输途中的状态和所在位置,美军要求必须能够使用货运识别号、运输控制号、单位编号、单位代码等跟踪由部队或商业机构承运的部队物资。

根据部队物资运输途中在运可视性运行方案,与部队物资运输有关的信息系统主要有:①始发地使用的自动化信息系统,包括各军种的"运输协调员用的自动化信息系统";②港口使用的信息系统,包括"终端站管理系统"、用于水面(水陆)运输的"全球港口系统"和用于空中运输的"综合航空港系统Ⅱ";③战区运输使用的自动化信息系统,主要包括"运输协调员用的自动化信息系统Ⅱ"、用于跟踪陆军部队运输的"标准陆军指挥与控制系统"和用于战区间物资和集装箱运输预测和跟踪的"增强型陆军部运输管理系统";④全球运输网,可接收来自始发地自动化信息系统、装(卸)载港的自动化信息系统和战区运输自动化信息系统的部队运输数据;⑤对使用政府货运单的物资运输,其数据将由"运输协调员用的自动化信息系统Ⅱ"传送给"美国本土货运管理系统",由该系统对全球运输网进行更新。

(2) 部队人员运送信息系统。部队人员指进行部署调动的单位所属一切文职与军职人员。根据部队人员运输在运可视性运行方案,与部队人员运输有关的信息系统主要有:①标准自动化输入媒介装置,在出发地使用,用来自动获取人员信息;②综合航空港系统Ⅱ,空中机动司令部控制的航空装(卸)载港使用的系统,可提供物资运输清单、物资到达和离港的信息;③运输协调员用运输自动化信息系统,用在全球各地军事设施,能把标准乘客清单等人员运输信息传送给全球运输网;④全球港口系统在水运装(卸)载港使用的军事交通管理司令部海港作业系统,可提供物资清单、到达和离开信息;⑤乘客预定与清单编制系统,能使全球运输网跟踪部队人员从装载港到卸载港的运输情况,将每2h更新全球运输网络旅客运送信息。

3. 在处理资产可视性信息系统

在处理资产的可视性主要包括正在修理或正在采购物品的可视性。修理品的可视性从损坏品上送中级和基地级维修机构修理开始,到修理品运回单位或入库储存为止。采购中物品的可视性开始于物资管理部门办理采购某项物品的申请,结束于国防部各大系统的代表对订货验收完毕。

（1）在修资产可视性信息系统。美国国防部对在修品的可视性要求包括具体数据（估计修竣日期、按特定库存品编号和系列编号编列的状况码变更），也包括综合数据（如维修机构修理能力计划信息）。后勤管理部门和某些作战指挥部门需要获得的信息包括：某批送修品中已修竣的百分比，一定数量的修理品所需修理时间（按日数计算）；修理品修理和流动周期（按日数计算）；采用快速修理方法，某修理品最早修竣日期；预计的待修积压数；待修积压的原因（如缺件或修理能力不足）；预计的修竣数（按修理品品种和按日统计）。作战指挥部门需要在修数据以判断资产修竣归队后作战能力可能产生的变化。对于特殊的修理品，或者十分重要但又难以补充的修理品，作战指挥部门还需要精确数据，以便有效管理。

美军队在修品进行可视性处理的信息系统主要有：①物资库存控制站自动化信息系统，该系统是所有在储、在处理全资产可视性数据的中央数据库，美军综合物资管理的长远战略使用综合的物资管理系统取代现有的物资库存控制站自动化信息系统，但有些物资如油料、给养、弹药、被服等可采用单独的系统，如弹药管理标准系统、油料自动化系统等；②高级跟踪与控制系统，能提供在处理资产从发生故障、经过修理直到恢复完好或发还使用单位的全程可视性；③空军高级跟踪与控制系统，是一种管理工具，用于分析非完好资产、完好资产和消耗性资产的后勤（补给、运输、维修）数据；④民用资产可视性系统，能提供合同商修理设施中的在修品的可视性并对其实施控制；⑤后方维修系统，能完成后方修理的维修日程安排和特种支援功能（如危险物资器材、工具信息、设施设备的管理等）；⑥综合持续维修系统，重点是对陆军一切持续维修工作实施集中管理和工作量安排；⑦可变环境中的分发与修理系统，用于确定后方修理与分发的优先顺序，提高基地飞机可用性指标达标的概率，是美空军所属信息系统。

（2）采购资产可视性信息系统。采购资产指供货商根据与军方的合同正在交货的资产以及军方向供货商提供用于生产军方需要的其他产品的资产，但不包括部队一级就地购买的资产。上述合同的全资产可视性信息包括交货数量与日期。综合物资管理部门需要利用其完成的工作有：采用供货商直接交付的方式供使用单位订货；改进对缺货待发的请领书的状态报告；计划物资交付日期以预测仓库的物资接收工作量，筹划缺货待发请领物资的发放，评估未来的供应态势。同时，要各军种总部和一级司令部对重大采购行动和重大装备品的生产实施监督，联合参谋部和战区司令官可评估紧急行动态势、制订特别作战计划。

在提供采购资产状态、位置的可视性方面信息系统主要有：①标准采购系统，该系统能提高预定到货采购资产的可视性；②"标准自动化物资管理系统"电信子系统，该系统是美国防后勤局在其标准自动化物资管理系统中开发的一个跟踪采购资产状态的子系统，使用物品的国家库存品编号来核查库存品情况；③"增强型供货商交货后勤管理者"系统，该系统由美国防后勤局开发，可使物资库存控制站在进行采购时，由过去的目的地离岸价改变为产地离岸价（适用于国内供货商合同），可提供产地离岸价物资运输中的在运可视性和控制，并将有关信息作为国防部全资产可视性的组成部分，提供给全球运输网。

（四）系统运维管理

由于全资产可视性建设是一个庞大的系统工程，涉及美军的陆、海、空三军以及国防后勤局和其他联合司令部，因此，需要有一个强有力的机构进行组织和协调。美军采取的措施是成立一系列专门的领导机构，对全资产可视性建设实施高度集中统一的领导。

1."联合全资产可视性"委员会

"联合全资产可视性"委员会是指导美军全资产可视性建设的最高领导机构，成立于1998

年6月,主要工作是对联合全资产可视性建设的各项计划进行指导,监督计划的实施,分配资源,并评估"联合全资产可视性"实施计划的进展情况。

负责后勤的国防部副部长帮办任该委员会主席,成员有各军种负责后勤的副参谋长、国防后勤局局长、国防信息系统局局长、联合参谋部的人事和动员处处长与后勤处处长,以及美国运输司令部的副司令。该机构的特点是全军各大单位均派有代表,具有极高的权威性,有利于推动全军资产可视性的系统建设。

负责后勤的国防部副部长帮办通过"联合全资产可视性"委员会,对"联合全资产可视性"活动和问题进行政策上和工作上的指导。"联合全资产可视性"委员会还为国防部高层领导提供了一个讨论"联合全资产可视性"问题的论坛,并负责批准对国防部后勤机构有影响的建议。该委员会至少每6个月召开一次会议。"联合全资产可视性"委员会作为美军建设全资产可视性的最高领导机构,并不负责全资产可视性建设的日常工作,而只是负责确定全资产可视性建设的大的方向与制定建设战略性计划等。

2. "联合全资产可视性"办公室

尽管设立了全资产可视性建设的最高的领导机构——"联合全资产可视性"委员会,但由于"联合全资产可视性"委员会只起政策导向、向国防部高层领导提供咨询服务等作用,不负责全资产可视性建设的日常工作。但全资产可视性建设工作范围广、工作复杂,因而还要求对其进行日常管理。为此,负责后勤的国防部副部长帮办,委派陆军担任全资产可视性的执行机构,指示其成立联合国防全资产可视性办公室作为全资产可视性建设的日常管理机构。

"联合全资产可视性"办公室作为全资产可视性建设的日常管理机构,其人员来自参加国防全资产可视性委员会的各个单位。该办公室还包括联合后勤系统中心和联合运输信息管理中心的人员。其组织机构如图7-10所示。

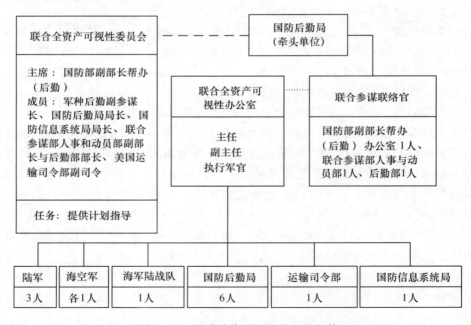

图7-10 联合全资严可视性组织机构

"联合全资产可视性"办公室具体职责:①监控本计划的执行,并向国防全资产可视性委员会提供实施情况的咨询;②编制全资产可视性系统原型和演示的计划和预算;③提出国防部全资产可视性工作的优先顺序,确定其开发的时间进度;④对国防部各部门、其他联邦机构、民用运输机构、供应商之间全资产可视性各项建设措施的发展、实施和综合提供便利;⑤改进全资产可视性工作的功能,并继续开发全资产可视性的基础设施,用于在未来进行更大改进;⑥推进现有自动信息系统的综合,提出改进标准系统、应用软件、有关数据库数据共享和交换能力的建议;⑦根据需要,提炼和细化各业务领域对资产可视性信息的要求,对现有的和未来的后勤自动信息系统能在何种程度上满足全资产可视性要求,以及使部门与使用单位共享资产信息方面具有何种能力也进行监控。

"联合全资产可视性"办公室可依据优先顺序向国防部各部门请求技术和功能援助,国防部各部门指定一个协调"联合全资产可视性"活动并向"联合全资产可视性"办公室提供反馈意见的联系单位。此外,"联合全资产可视性"办公室主任有权从政府资助的研究与发展中心和私营部门获取技术和功能分析情况。另外,"联合全资产可视性"办公室也可组织由国防部各部门代表组成的特别工作组。"联合全资产可视性"办公室还负责提出对业务规则的要求,它还进行组织协调、提出建议、协助全资产可视性有关事宜的仲裁。"联合全资产可视性"办公室还对促进国防部各部门之间全资产可视性计划的快速开发、实施和综合进行协助。"联合全资产可视性"办公室同时还对不由某一国防部部门专门负责的资产可视性有关原型及演示的结合与协调进行监督。该办公室还与其他单位协同,明确各家在全资产可视性有关行动中的作用,避免工作重复。"联合全资产可视性"办公室可按优先顺序向国防部各部门、国防后勤管理标准办公室以及综合信息管理中心请求提供技术援助,国防部各部门应指定一个联系单位,联系处理有关全资产可视性业务和向"联合全资产可视性"办公室提供信息反馈。此外,"联合全资产可视性"办公室主任有权向由联邦资助经费的研究和发展中心和私营领域合同单位获取技术援助。该办公室需要时也可成立包含国防部各部门代表的特别工作组。具体的全资产可视性系统建设工作的执行及管理,由国防部各部门自行负责。具体是:美国运输司令部,负责在运可视性系统的建设与日常管理;国防后勤局,负责横向调配有关工作、自动清单系统以及国防自动寻址系统与全球运输网之间的接口连接;各军种负责战区分发、预置物资标示等方面的工作。

3. 管理全资产可视性建设的其他机构

美军各军种也都成立了自己的资产可视性管理机构,对本军种的资产可视性建设实施集中统一领导。

(1)陆军资产可视性中心。它是陆军全资产可视性系统建设的管理机构,下设部队可视性处、资产管理处、后勤物资与计划和系统处。该中心作为陆军、国防部和联邦各部门物资管理信息系统和数据的管理机构,是陆军资产可视性数据唯一权威性的来源,负责管理陆军综合后勤数据库和相关信息管理系统。

(2)海军全资产可视性协调办公室。成立于1997年6月,由海军作战部副部长(后勤)办公室供应计划和政策处负责组建。该办公室与其他军种、国防后勤局和联合全资产可视性办公室一起协调相关的后勤信息系统及互联网信息处理技术的合理应用,为技术的推广和业务等程序的改进提供技术支持。其主要职责包括:制定海军全资产可视性战略计划;保持与联合全资产可视性办公室的联系,保持与美国运输司令部的联系,使与在运可视性有关的计划和创举保持同步;监督海军全资产可视性项目的开发、综合和实施;确定与相应司令部一致的未来项目实施的优先顺序,并监督计划的实施;使全资产可视性目标以最经济有效的方式实现。除美海军作战部的海军全资产可视性协调办公室外,美海军供应系统司令部于1997年10月也成立了海军供应系统司令部海军全资产可视性办公室。

三、建设经验与启示

美军联合全资产可视性建设取得如此巨大的成就,与美军在联合全资产可视性建设过程中所采取的一系列强有力的措施是分不开的。充分研究美军联合全资产可视性建设中采取的有效措施,对于指导我军的资产可视性建设是十分必要的。当然,美军在资产可视性的建设中,也遇到了这样或那样的问题,这些问题也会出现在我军建设资产可视性的过程中。借鉴美军的经验教训,可以使我军避免犯同样的错误,这也一定会缩短我军资产可视性的建设时间,节省我军有限的建设经费。

(一)建设经验

1. 建立领导和组织机构

如前面所述,美军成立了"联合全资产可视性"委员会、"联合全资产可视性"办公室、陆军资产可视性中心、海军全资产可视性协调办公室等机构来推行联合全资产可视性工作。

一个强有力的建设领导机构是全资产可视性系统建设顺利推进的保证。当一个新的事物产生时,必然会对老的事物产生冲击,全资产可视性系统也是如此。它的出现必将触动一些人的利益,改变部分后勤工作人员的工作内容,由于利益的驱使及工作人员习惯的作用,这都将影响全资产可视性系统的应用及普及。在这种情况下,只有在一个强有力的领导机构的领导下,排除这些阻力,强力推行全资产可视性系统,克服个人利益,改变后勤工作人员的工作习惯,全资产可视性系统才能顺利完成,美军的全资产可视性能力才能得以实现。这也正是美军建设了一系列专门的全资产可视性管理机构的初衷。

2. 科学确定建设顺序

联合全资产可视性系统不是一个简单的后勤指挥自动化系统,而是由一系列专业后勤指挥自动化系统组成的,也可以说全资产可视性系统是一个由一系列子系统组成的母系统。而其在建设时,不可能使所有的子系统同时进行,必须区分需求的轻重缓急,分阶段进行建设。为了区分各子系统的优先度,美军提出了优先准则和原理。美国国防部提出的优先准则和原理,最初的设想是把有限的资源分配给那些有最小投入和最大利润的应用项目。在进行资源分配时,美国国防部主要考虑以下 4 项准则,即效益、困难、资源和现有能力。首先是效益准则,全资产可视性的主要效益是提高作战能力和减少费用。提高作战能力源于国防部增强机动能力和重组装运、制订运输计划、进行充分的交通管理训练和确保人员、物资按时完整地到达目的地;较低的作业费用产生于运输和补给行动中效率的提高。举例来说,了解所需货物的状态和位置将减少装运货物的再次采购。其次是困难准则,美军研究认为,虽然在运可视性能够带来潜在的巨大效益,但一些技术或运作上的困难能够阻碍国防部的实施。举例来说,数据质量差会从在运可视性中央数据库中减少效益,遥远战区间缺乏必要的通信保障又把货物和人员的在运可视性限制在了战区内。再次是资源准则,主要包括:使所需系统增强的资源,如采购硬件、软件或通信方面资金和人员的需要;开发和增加应用系统的资源以及开发系统接口的资源。需要考虑的另一因素是获得必要资源和应用目标系统的时间需求。最后是现有能力准则,当前政策、程序及自动化系统已经向各军种和国防后勤局提供不同程度的在运可视性,在确定项目时必须考虑这些现有能力。

按照优先准则和原理,美军在全资产可视性建设过程中,确定了各子系统的优先建设顺序。例如,在军种间的优先建设的顺序是陆军优先;在在储、在运和在处理资产可视性的优先建设的顺序是优先建设在储资产可视性系统;在美军的多种补给品实现可视性的过程中,是以军种间消耗品可视性优先的顺序来建设的。美军在决定建设顺序时,正是应用优先准则和原理,考虑到效益、困难、资源和现有能力4个方面而决定其建设顺序的。也正是由于合理的建设顺序,减少了美军全资产可视性建设的困难,提高了有限资源的使用效益,使全资产可视性在短期内取得了效益,增强了各军种进一步建设全资产可视性的信心,增加了各军种进一步建设和完善全资产可视性的需求。

3. 注重对现有自动化系统的综合集成

美军资产可视性的实现是一个渐进的过程,是在充分利用几十年后勤自动化建设的成果基础上,并通过采用大量的成熟技术,对现有系统进行综合集成实现的。美军后勤在20世纪50年代就已陆续采购、装备并使用计算机处理日常事务,60年代建立了总部一级后勤自动化系统,其应用重点主要集中在物资器材的供应。70年代中期,各军种后勤和国防后勤局都建立了本身上下配套、比较统一的后勤自动化系统,形成了从总部到部队以补给业务为主体的后勤自动化管理体系。70年代后期,美军开始注重标准化和通用化问题,对原有系统进行标准化改进,实现更大范围内系统的综合,以提高后勤自动化系统的反应速度和工作效率。进入90年代,随着计算机技术、网络技术等的成熟,美军利用这些成熟技术对现有的各种后勤自动化信息系统进行综合集成,建立起各种计算机网,为实现资产的可视性提供了强有力的物质基础。特别是近年来互联网技术的迅猛发展,自动识别技术如射频识别、光储卡等在后勤领域的广泛应用,使实时提供资产的可视性成为现实。

4. 强调统一标准

各类系统软件只有具备了兼容性、互通性,才能在平时和实战中最大程度地发挥作用。美军在资产可视性系统的应用软件和系统软件的集成、研制中,十分重视统一标准、统一接口、统一内容,以提高系统的兼容性、互通性。在软件的开发方面,美军要求要严格执行军标《软件开发与文本》(MIL—STD—498),该标准对新软件的研制、修改、重复使用、再设计、维护及所有产生软件产品的其他工作都做了具体规定。在电子数据交换方面,美军在《国防全资产可视性实施计划》中明确提出:"为进行信息的电子交换,收、发方都必须使用相同的数据元和格式。全资产可视性要获得成功,国防部各部门必须努力达到后勤数据的标准化"。在《联合全资产可视性战略计划》中也指出:"通过对数据的标准定义和采取标准的访问机制,可实现对源共享数据的全球访问"。美军早在20世纪60年代就开始按照国防部指南——《国防后勤标准系统》(DOD 4000.25(D))规范电子数据交换。随着电子数据交换技术的发展,在美国国家标准委员会推出 SCXl2 电子数据交换(EDl)标准后,美军于1995年12月推出新的国防部电子数据交换标准——M《国防后勤管理系统》(DOD 4000.25)。该标准公布后,美军除要求新开发的系统要严格遵循新的电子数据交换标准外,还制定计划并投入巨资对原有系统进行数据改造,以适应新标准的要求。

5. 建设中运用全项目管理

全项目管理是指以满足项目建设的战略要求为目标,从项目建设的全局出发,运用系统理论和方法,对所有建设项目及资源进行总体规划、综合计划、全程控制,旨在实现建设整体效益最优的管理理论体系。

(1)运用全项目管理方法规划全资产可视性项目的建设。全资产可视性规划决定全资产可视性建设全过程的格局。其主要任务是确定全资产可视性建设长远发展目标,并制定全资产可视性建设长远发展规划。全项目规划制定完成后,还要提交国家、军队有关部门审议,经修改后形成定稿,予以公布,作为下一步制定全项目计划的依据和指导。

(2) 运用全项目管理方法制定全资产可视性项目的实施计划。全资产可视性计划是将全资产可视性规划进一步具体化和清晰化的环节。它将全资产可视性建设的发展规划转化为全资产可视性建设的具体实施计划,具体地讲,是将规划所拟定的、已获批准的概念项目转化成明确的项目计划。全资产可视性的建设计划是在全面综合和权衡军队资产可视性需要与国家、军队可能提供的现实条件之间的关系后制定的。与规划相比,它更强调服从现实可能性,在既定"总盘子"下做文章。

(3) 运用全项目管理理论对全资产可视性做出项目预算。全资产可视性建设一旦列入全项目管理计划,就要求在预算上给予保证。全项目预算主要是把全资产可视性建设计划的项目在下年度所需要的资金纳入下年度的预算中。全资产可视性的全项目预算是对全资产可视性的年度总体设计,是后勤资源配置的方式,而后勤资源配置的效率取决于后勤资源配置方式的选择。选择和确定何种预算方式,是由军队预算制度决定的。长期以来,美军一直运用PPBS方法对美军的各个项目,特别是大型项目做出预算,对全资产可视性项目也不例外。

(4) 运用全项目管理理论监督全资产可视性项目的执行。全资产可视性计划的执行是对全项目计划及预算的执行,其管理主要是对具体的全资产可视性建设项目实施控制与协调,它表示全资产可视性建设的管理进入通常意义上的项目管理阶段。这个阶段,各个已经立项并取得预算的全资产可视性建设项目分别展开,因此,对各个项目可基本上按照项目管理模式来管理。通过建立项目管理组织,确定项目目标和范围,制定项目计划,以及对项目进行跟踪与控制,从而对项目实施的全过程进行管理。

在全资产可视性建设的过程中,运用全项目管理的优点是:各项工程的逻辑起点和终点定位于实现全资产可视性建设整体效益最优,最大程度满足军事战略对军队后勤建设的需要;项目的管理以全局性、系统性、全过程为主要特征;以系统理论与方法为主要工具;以对全资产可视性建设所有项目及资源进行科学、长远的规划、计划和控制为主要特点。正是在这种对可视性工程建设实施系统化的、科学的管理,才使美军在有限的时间内,在投入资源有限的情况下,经过短短的10余年建设,基本完成了全资产可视性的建设,并在最近的实战中得以运用。

(二) 对我军的启示

从美军联合全资产可视性的建设来看,实现资产可视性能够极大地提高后勤保障效能,提高整个后勤系统的管理效益。当前,我军后勤信息化建设正面临新的发展机遇,为保证未来发展的顺利进行,结合美军的建设经验应注意把握以下几点。

(1) 科学定位发展目标。资产可视系统的建设是一项复杂的系统工程,涉及诸多问题,既有通信、定位、物资编目等技术问题,也有工作模式、思维方式等观念问题,这些都对可视系统建设起到一定的制约作用。要突出重点环节和关键系统,分阶段、分步骤进行建设,在首先解决有无问题的基础上,再逐步扩展、完善和提高。从现实看,全面实现后勤的可视性不现实,应该把实现仓库在储物资的可视性作为当前工作的重点,作为实现后勤"保障有力"的突破口。

(2) 加强资产可视性工作的组织协调。我军后勤资产可视性建设涉及后勤领域的各个方面,组织工作十分复杂,协调难度大,这就要求实施强有力的组织领导。一是要成立权威性的全军后勤资产可视性建设领导小组,二是要设立各级专项建设办事机构。

(3) 制定全面发展规划。为确保我军后勤资产可视性建设综合配套、协调有序地进行,需要加强高层次的统筹规划。一是要做好系统的发展论证,做好顶层设计,制定切实可行的系统建设规划和计划。对系统建设的内外环境、使用需求、系统功能、技术体系、建设步骤、建设方法、可行性等都要进行充分论证,对建设的先后顺序等都要予以明确。二是要做好资产可视性建设的督促检查,定期对规划计划进行调整。

(4)统一建设标准。在我军后勤资产可视性建设过程中,要高度重视标准化问题。一是要统一技术标准,包括网络、接口、软件的标准都要统一规范起来,建立统一的技术体系结构。二是要统一应用标准,包括后勤信息分类、物资编码、文件等。

(5)充分利用外部资源。单靠军队自身的力量无法完成后勤资产可视性建设工作,必须充分利用外部资源。一是要充分依托地方技术力量,加强军民结合。如资产可视性系统的开发和维护可根据合同委托给地方企业,某些项目可争取列为国家专项计划。二是要注重对外军已有成果的研究利用,如对美军的物资编目进行系统研究,时机成熟时整体移植到我军。

总之,在信息技术飞速发展的今天,只要目标明确、措施得当,就能抓住机遇实现具有我军特色的"资产"可视性,使我军后勤建设发生质的飞跃,实现跨越式发展,推动我军建设迈上新的台阶。

思考与练习

1. 简述物联网的体系结构。
2. 简述物联网在装备保障中的应用有哪些。
3. 简述弹药保障可视化的体系架构。
4. 弹药保障可视化主要包括哪些方面?
5. 论述军事物联网在弹药保障中的应用前景。

参 考 文 献

[1] 李家齐,缪立新. 现代物流信息技术[M]. 北京:中国物资出版社,2008.
[2] 王丰,姜大立,等. 现代军事物流[M]. 北京:中国物资出版社,2005.
[3] 庞明. 物联网条码技术与射频识别技术[M]. 北京:中国物资出版社,2011.
[4] 张成海,张铎,等. 条码技术与应用[M]. 北京:清华大学出版社,2010.
[5] 蔡军锋、高欣宝、傅孝忠. 弹药储供保障应用 RFID 的关键问题及其对策研究[J]. 物流工程与管理,2012,34(12):63－65.
[6] 李颖. 电子数据交换技术与应用[M]. 武汉:武汉大学出版社,2007.
[7] 蔡军锋,傅孝忠,李天鹏. 基于 EDI 技术的弹药储供保障体系构建与分析[J]. 物流科技,2012,11:93－95.
[8] 刘建业,曾庆化,等. 导航系统理论与应用[M]. 西安:西北大学出版社,2010.
[9] 何必,李海涛,等. 地理信息系统原理教程[M]. 北京:清华大学出版社,2010.
[10] 吴秀芹. 地理信息系统原理与实践[M]. 北京:清华大学出版社,2011.
[11] 王家耀. 军事地理信息系统在现代化战争中的作用及其发展[J]. 信息工程大学学报,2000,1(4):102－105.
[12] 杨爱民. 数据库技术及应用[M]. 北京:清华大学出版社,2012.
[13] 郑岩. 数据仓库与数据挖掘原理及应用[M]. 北京:清华大学出版社,2011.
[14] 雒伟群. 管理信息系统教程[M]. 北京:国防工业出版社,2012.
[15] 总装备部通用装备保障部. 弹药质量管理学[M]. 北京:国防工业出版社,2007.
[16] 李照顺,宋祥斌. 决策支持系统及其军事应用[M]. 北京:国防工业出版社,2011.
[17] 高铁路. 数据挖掘在弹药保障中的应用研究[D]. 石家庄:军械工程学院,2005.
[18] 易建政. 弹药储运装载管理决策支持系统操作使用教程[D]. 石家庄:军械工程学院,2005.
[19] 牟弦合、蔡军锋. 基于 Android 系统的弹药装载决策支持系统设计[J]. 物流工程与管理,2016,38(3):137－139.
[20] 殷雷、蔡军锋. 基于安卓平台的弹药储存与防护决策支持系统设计[J]. 电脑知识与技术,2016,12(3):90－92.
[21] 王静. 通用库房温湿度测控系统[D]. 青岛:中国海洋大学,2009.
[22] 殷德军,李林,等. 现代安全防范技术与工程系统[M]. 北京:电子工业出版社,2010.
[23] 王丰,甘明,李守耕. 军事虚拟物流[M]. 北京:中国石化出版社,2012.
[24] 唐建军. 现代军事物流仓储管理与高新技术[M]. 北京:中国知识出版社,2012.
[25] 蔡军锋,傅孝忠,于雪峰. 基于 Web 服务的弹药储供虚拟仓库设计与实现[J]. 物流工程与管理,2012,34(10):55－57.
[26] 肖生苓. 现代物流装备[M]. 北京:科学出版社,2009.
[27] 谭凤旭. 美军后勤科技装备发展综合研究[M]. 北京:解放军出版社,2006.